世界现象学（修订版）

〔德〕克劳斯·黑尔德 著

孙周兴 编 倪梁康 等译

未来哲学丛书

孙周兴 主编

商务印书馆
The Commercial Press

Klaus Held

Phänomenologie der Welt

© Klaus Held

本书中文版已经作者授权

未来哲学丛书

主编：孙周兴

学术支持
浙江大学未来哲学研究中心
同济大学技术与未来研究院

商籁印书馆（上海）有限公司　出品
The Commercial Press (Shanghai) Co. Ltd.

未来哲学丛书

作者简介

克劳斯·黑尔德（Klaus Held, 1936— ），哲学家，德国乌泊塔尔大学哲学系荣休教授。曾担任德国现象学学会主席。主要著作有：《活生生的当前——以时间难题为引线对胡塞尔先验自我存在方式问题的阐发》（1966）、《赫拉克利特、巴门尼德与哲学和科学的开端——一种现象学的沉思》（1980）、《处于多文化交叉口上的欧洲》（2001）、《政治世界的现象学》（2010）、《自然生活世界的现象学》（2012）、《欧洲与世界——关于世界公民现象学的研究》（2013）、《合时宜的沉思》（2017）、《圣经信仰——关于其起源和将来的现象学》（2018）等。

编者简介

孙周兴，1963年生，绍兴会稽人。1992年获哲学博士学位；1996年起任浙江大学教授；德国洪堡基金学者；现任浙江大学敦和讲席教授、同济大学特聘教授、中国美术学院南山讲座教授、教育部长江学者特聘教授、国务院学位委员会第七届学科评议组成员等。主要从事德国哲学、艺术哲学和技术哲学研究。著有《语言存在论》《后哲学的哲学问题》《以创造抵御平庸》《未来哲学序曲》《一只革命的手》等；主编《海德格尔文集》（30卷）、《尼采著作全集》（14卷）、《未来艺术丛书》、《未来哲学丛书》等；编译有《海德格尔选集》《林中路》《路标》《尼采》《悲剧的诞生》《查拉图斯特拉如是说》《权力意志》等。

总　序

　　尼采晚年不断构想一种"未来哲学"，写了不少多半语焉不详的笔记，并且把他1886年出版的《善恶的彼岸》的副标题立为"一种未来哲学的序曲"。我认为尼采是当真的——哲学必须是未来的。曾经做过古典语文学教授的尼采，此时早已不再古典，而成了一个面向未来、以权力意志和永恒轮回为"思眼"的实存哲人。

　　未来哲学之思有一个批判性的前提，即对传统哲学和传统宗教的解构，尼采以及后来的海德格尔都愿意把这种解构标识为"柏拉图主义批判"，在哲学上是对"理性世界"和"理论人"的质疑，在宗教上是对"神性世界"和"宗教人"的否定。一个后哲学和后宗教的人是谁呢？尼采说是忠实于大地的"超人"——不是"天人"，实为"地人"。海德格尔曾经提出过一种解释，谓"超人"是理解了权力意志和永恒轮回的人，他的意思无非是说，尼采的"超人"是一个否弃超越性理想、直面当下感性世界、通过创造性的瞬间来追求和完成生命力量之增长的个体，因而是一个实存哲学意义上的人之规定。未来哲学应具有一个实存哲学的出发点，这个出发点是以尼采和海德格尔为代表的欧洲现代人文哲学为今天的和未来的思想准备好了的。

　　未来哲学还具有一个非种族中心主义的前提，这就是说，未来哲学是世界性的。由尼采们发起的主流哲学传统批判已经宣告了欧洲中心主义的破产，扩大而言，则是种族中心主义的破产。在黑格尔式欧洲中心主义的眼光里，是没有异类的非欧民族文化的地位的，也不可能真正构成多元文化的切实沟通和交往。然而在尼采之后，形势大变。尤其是20世纪初兴起的现象学哲学运动，开启了一道基于境域—世界论的意义构成的思想视野，这就为未来哲学赢得了一个可能性基础和指引性方向。我们认为，未来哲学的世界性并不是空泛无度的全球意识，而是指向人类未来的既具身又超越的境域论。

未来哲学当然具有历史性维度，甚至需要像海德格尔主张的那样实行"返回步伐"，但它绝不是古风主义的，更不是顽强守旧的怀乡病和复辟狂，而是由未来筹划与可能性期望牵引和发动起来的当下当代之思。直而言之，"古今之争"绝不能成为未来哲学的纠缠和羁绊。在19世纪后半叶以来渐成主流的现代实存哲学路线中，我们看到传统的线性时间意识以及与此相关的科学进步意识已经被消解掉了，尼采的"瞬间"轮回观和海德格尔的"将来"时间性分析都向我们昭示一种循环复现的实存时间。这也就为未来哲学给出了一个基本的时间性定位：未来才是哲思的准星。

未来哲学既以将来—可能性为指向，也就必然同时是未来艺术，或者说，哲学必然要与艺术联姻，结成一种遥相呼应、意气相投的关系。在此意义上，未来哲学必定是创造性的或艺术性的，就如同未来艺术必定具有哲学性一样。

我们在几年前已经开始编辑"未来艺术丛书"，意犹未尽，现在决定启动"未来哲学丛书"，以为可以与前者构成一种相互支持。本丛书被命名为"未来哲学"，自然要以开放性为原则，绝不自限于某派、某门、某主义，也并非简单的"未来主义"，甚至也不是要把"未来"设为丛书唯一课题，而只是要倡导和发扬一种基本的未来关怀——因为，容我再说一遍：未来才是哲思的准星。

孙周兴

2017年3月12日记于沪上同济

目 录

第一编

作为起点的胡塞尔现象学

第一章　胡塞尔与希腊人

　　了解胡塞尔的人通常都会认为，胡塞尔想要成为一个彻底的开启者，因此他对哲学史并不很感兴趣，对之也鲜有涉猎。然而，我们在这里还应当有所区分：胡塞尔对传统的经典哲学家文字的认识可能的确比较单薄；尽管如此，对于思想史上那些至关重要的决定，他的感受力要比一般所以为的更强烈。

　　胡塞尔认为，这些决定中的第一个决定就是世界历史性的奠基行为，正是这个行为使哲学与科学——当时还是统一的——在希腊人那里获得了它们的起源意义。胡塞尔坚信，在这个"起源"中包含着一个意向，随此意向的出现，哲学—科学的思想已经预先看到了它们的任务，那些迄今仍然有效的任务。人们至此一直很少关心这样一个问题：穿越了几千年的思想进程，它所带有的原意向（Urintention）是否在胡塞尔那里得到了合乎哲学史的可靠阐释。哲学与科学的历史开端与他所描述的景象相符合吗？

　　对此问题的这样一种表述还是很幼稚的。并不存在一个仿佛记录在案的哲学和科学的开端。作为开端展现给我们的那些东西，从一开始就是我们的诠释所得出的结论。这种诠释当然必须满足这样一个要求：注意那些已获得的开端的证据。此外，它还必须具有这样的属性：它帮助我们昭示许多仅仅作为残篇保留下来的文字所具有的意义和联系。一个诠释在这些方面做得越是成功，它同时也就越接近那些在历史上作为开端而实际发生的东西。我所提出的第一个命题是：正是在胡塞尔对哲学与科学之开端的初步阐释中，包含着一些比以往更好地理解这个原创造的可能性。与此相关的是我的第二个命题：由于对胡塞尔来说，在他所阐释的希腊之原创造中，已经含有对他自己的哲学、对先验现象学纲领的遥远准备，因此，对于一门胡塞尔意义上的现象学来说，它必定将自己理解为对哲学的最古老理念的"改造"①。

这个最古老的理念是什么？按照他对希腊原创造的理解，胡塞尔主要是在《欧洲科学的危机与先验现象学——现象学哲学引论》②一书以及与此相邻近的文字中对此做出了许多暗示，但并没有做过系统的阐释。下列思考的第一个意图就在于：对胡塞尔的这个陈述进行"再构"。但我在这里将依据对希腊传统的认识，这个认识是与今天的研究状况相符合的；因为我的目的并不在于以传记的方式标明，胡塞尔曾对古代思想有过哪些了解，而是在于检验，对于我们目前对希腊原创造的分析工作来说，胡塞尔的那些初步诠释具有多少启示的力量。这项研究的第二个意图则在于：以此方式来澄清，一门具有现象学取向的哲学在今天面临着什么样的任务。

下面的论述分为三个部分，我将先后解释胡塞尔从希腊思想模式中所接受的对现象学的三个定义：其一，现象学作为哲学科学、作为知识（episteme），意味着一种与自然观点、与意见（doxa）的决裂。其二，这个决裂以及由此而形成的向现象学观点的过渡建立

① 黑尔德的德文原文是"Erneuerung"，意为"复兴""更新"等等。但黑尔德在这里使用此词，显然与胡塞尔后期的一篇文章有关。胡塞尔曾以"Erneuerung"为题为日本的《改造》（*Kaizo*）杂志撰写同名文章，故我们在此将它译作"改造"。对此概念，还可以参看本书第一编第四章《意向性与充实》。——译注

② 即《胡塞尔全集》第6卷，瓦尔特·比梅尔编，海牙，1954年；以下简称《危机》。——译注

在"悬搁"（epoche）这样一个意志决定的基础上。其三，现象学为自己提出的历史任务是克服近代哲学与科学的客观主义危机；然而这个危机的根源在于，近代科学放弃了对知识与技艺（techne）的古代限制，并且片面地成为"单纯的技艺"。在所有这三个部分中，我都将会关注希腊思想的另外两个动机是如何在胡塞尔那里重现的：前苏格拉底的动机，即思想朝向宇宙（kosmos）；以及苏格拉底的动机，它带有最终负责的辩解态度，即做出辩解（logon didonai）的态度。

一

在《危机》中，胡塞尔对希腊原创造的改造的出发点在于：区分意见和知识。这并非巧合，因为胡塞尔在这个区分中重新看到了那个最先开启了作为人类思想之可能性的先验现象学的步骤：从自然观点向哲学观点的过渡。这个步骤的确是在希腊思想的早期迈出的。真正意义上的哲学，即作为一种自身自知的特殊人类精神运动的哲学，是在公元前6与前5世纪之交随着这样一个认识而开始的：人类精神的这个运动建基于一种彻底的观点变更之上。留存给我们的赫拉克利特箴言的主导思想就是：多数人（polloi）或大多数人在通常的思想和行动中没有哲学明察的能力。①同样，对于他的同时代人巴门尼德来说，哲学明察的内在开端就在于，它凌驾于终有一死

① 如果我们在解释赫拉克利特箴言时假定，赫拉克利特始终都考虑到哲学明察将自身批判性地区分于多数人的观点，那么，大多数赫拉克利特箴言的意义与联系便可以得到理解。笔者在论述赫拉克利特和巴门尼德的书中已经通过详尽的解释论证了这个命题。这部书也是这里的阐释的依据。参看拙著：《赫拉克利特、巴门尼德与哲学和科学的开端——一种现象学的沉思》，柏林，1980年。——原注

的人（Sterblichen）的思想方式和行为方式之上；这个简单的动机既隐藏在他的教理诗的绪言背后，也隐藏在他引发诸多猜测的两个部分之划分的做法背后，即将教理诗划分为关于真理（aletheia）的部分和关于意见的部分。①因此，按其最早的自身理解，哲学的定义就在于，它不同于那种自明的、所有人都共有的思想方式和行为方式，我们可以随胡塞尔而将这种思想方式和行为方式称作"自然观点"。柏拉图也接受了这个最古老的哲学观念：通过讽刺家苏格拉底之口，柏拉图思想被看作一种知识（episteme）、一种在突出意义上的知识（Wissen），它是对意见、对单纯的意见的批判。在这个柏拉图的版本中，胡塞尔在《危机》中接受了这个最古老的哲学观念。

如果说柏拉图用"意见"概念来标示自然观点，那么他——还完全是在赫拉克利特和巴门尼德的精神中——所想到的便是与这个名词相近的表述，即dokei moi，后者大致意味着"我觉得""在我看来"。赫拉克利特激烈地抨击"多数人"，因为他们的思想和行为的风格的特点在于：他们局限于他们各自的"我觉得"的见解方式之上。这种拘泥于片面立场的状况妨碍了自然观点中的人将自己向那些有别于他自己见解的见解敞开。而通过对这种局限的克服，人便无所阻碍地获得对总体的目光，这个总体在各种"我觉得"之中始终只是部分地被看到。正如赫拉克利特所表述的那样，这个总体就是ta panta［万物］，是"所有和每一个"。②但这个"总体"要比这个表述所说明的更多：不仅仅是一大堆混乱的事件，而且是一种秩序，

① 参看拙著：《赫拉克利特、巴门尼德与哲学和科学的开端——一种现象学的沉思》，第3篇，第469页以下。——原注
② 参看第尔斯、克兰茨编：《前苏格拉底残篇》第1—3卷，苏黎世，1972—1975年，22B10、22B50、22B64（本章以下，作者在正文中将此书简称为DK，并标出相关页码。——译注）。——原注

通过它，各个"我觉得"的见解相互适合地构成一种统一；借助于这种统一，我们意识到自己生活在一个唯一的共同世界之中。因而赫拉克利特强调这种统一，并从他那个时代的希腊日常语言中把捉到"宇宙"这个词（DK, 22B30, 22B89），它非常适合于被用来标识那同一个世界的秩序（但我们不拟在这里阐述有关的理由）。

这样，一种由前一代人在米利都便已经起创、正处在开端中的科学所具有的对宇宙中的所有或每一个东西的好奇①，如今便从哲学的意见批判中获得了哲学的论证和赋义。以往对世界的好奇，表明自己是一种哲学的、产生于自然观点批判的对绝然总体的课题化、对这同一个世界的课题化。

在意见批判和世界课题化之间的这种联系，重又出现在胡塞尔那里，出现在哲学作为现象学而构造其自身的活动中。哲学观点对自然观点的克服就在于接受一种与这同一个世界的新型关系：这同一个世界，普全的境域，所有境域的境域，它在自然观点中从来没有作为境域而成为课题。在这个意义上，自然观点与早期希腊思想所批判的"意见"一样，它们的标志是盲目性。而向哲学观点的彻底转变在这里和在那里一样，意味着一种"将会看"（Sehendwerden）；它无非就是一种对世界境域的第一次自身敞开。

在早期思想家那里，哲学的意见批判观点中的世界总体并没有作为境域而成为课题。但仍有一些迹象表明，他们有这方面的意向，

---

① 最为清晰的是在《危机》的雏形维也纳演讲中，胡塞尔合理地强调了"好奇"（curiositas）对于科学之产生的积极意义，以及它与"惊奇"（thaumazein）的共属性（《胡塞尔全集》第6卷，第332页）。这一点有别于那种拒斥"好奇"的传统，海德格尔便仍然属于这个传统。他在《存在与时间》（图宾根，1979年，第36节，第172页）中申言："好奇同叹为观止地考察存在不是一回事，同thaumazein［惊奇］不是一回事。"（此处译文转引自海德格尔：《存在与时间》，中译本，陈嘉映、王庆节译，北京，1999年。——译注）——原注

尽管他们并不明确地知道这一点。赫拉克利特所激烈地攻击过的"爱奥尼亚学识"（die jonische historie）便是一个证据（DK, 22B40）。在希罗多德那里人们可以注意到，这种积聚的"学识"的目的并不仅仅在于收集随意的地理、人种、历史信息。在这后面，还含有这样一个信念：存在着一种涵盖世界的统一，它以多种方式显现出来。例如，在埃及的诸神中和在希腊的诸神中一样，有"同一个"神祇在宣示着自身。这同一个世界的各种事件是在杂多相互指引的显现方式中发生的——而这无非就是胡塞尔称之为"境域"的基本结构。

境域的世界理解的另一个痕迹还可以在历史上可确定的第一个反对早期哲学科学思维之突破的运动中找到：这种绝然总体思维的迅速展开不只是在今天才被那些对直至胡塞尔仍与之相连的传统的批判者看作一种自大自夸。普罗塔哥拉这位智者学派的鼻祖就已经发起了尤其是对巴门尼德的攻击，他把巴门尼德所说的"意见"的局限性看作"无尺度"。他的著名的人－尺度定理，即"人是万物的尺度"（DK, 80B1），具有论战的性质，并且意味着：想要追求一种知识，以便通过它而能够原则性地超越各个"我觉得"的局部性，这就是人的自以为是。①还在对"学识"的认识中，在这样一个认识（即在宇宙中存在着不计其数的相互争执的生活形态和经验的可能性）中已经潜伏着一个危险：面对这些丰富的可能性而听天由命，并且建议人们有意识地局限在他们各自的小世界之中。普罗塔

---

① 笔者在《现象学研究》中已经从现象学的观点出发详细论述了人－尺度定理的哲学史地位，并引证了重要的文献。参看拙文：《胡塞尔对"现象"的回溯与现象学的历史地位》，载《现象学中的辩证法与发生过程》，《现象学研究》第10卷，弗莱堡/慕尼黑，1980年，第108页以下。从另一角度所做的补充阐述，可以参看笔者的研究《黑格尔眼中的智者学派》，它发表于由里德尔（Manfred Riedel）主编的文集《黑格尔与古代辩证法》（美因河畔法兰克福，1989年）中。——原注

哥拉把这种听天由命变为一种德行，因为他在人-尺度定理中提出了一个相对主义的命题：根本不存在一个作为个别人或人群的各自的"我觉得"之周遭的普全世界。

在人-尺度定理中谈及的"事物"，也就是人在各自的"我觉得"之光中所遭遇的内心世界之事件，被普罗塔哥拉以特征描述的方式称为"chremata"。但它们并不都是我们在日常使用中所涉及的那些被给予性。与"事物"（chrema）相关的是"使用"（chraomai）。在最宽泛意义上的"用具"（Gebrauchsdinge）①构成了在通常实践中对我们有用的并且也只需是有用的东西的范围；普罗塔哥拉认为，没有必要去费心获取一个超越出这个习常范围的世界观点。

"某物对我有用"，在拉丁文中叫作"兴趣"（interest）。人们通常的生活范围，即普罗塔哥拉认为最好不要离开的那种生活范围，是由人各自的兴趣所规定的。由于局限在各自的兴趣之上，境域就变得狭窄，就是说，判断和行动的可能性视野就变得狭窄了。这样的可能性自身就有很多，多得不可估量。但人们始终只是在这些可能性的普全境域的某些片段中活动。恰如其分地说，他们各自生活在他们的世界之中：儿童的世界、运动员的世界，如此等等。所有这些世界都是对那同一个世界、对普全境域的限制，这些限制是由

---

① 我否认普罗塔哥拉的"chremata"与"事物"有关，因为我们在普罗塔哥拉和柏拉图那里还不能预设亚里士多德的实体结构与偶性规定。参看拙文：《胡塞尔对"现象"的回溯与现象学的历史地位》。对于包括柏拉图在内的早期思想家来说，"事物的特性"是周围世界的生活有意性与无益性的规定状态，而不是一个实体"上面"的属性。我们仍然坚持最后一个命题，而且在柏拉图方面我还要附加指出普劳斯（G. Prauss）的研究：《柏拉图与逻辑爱利亚学派》，柏林，1966年。然而，我关于"chremata"不是事物的主张是有所透支的。我们未必要在亚里士多德实体学说的意义上来解释周围世界的有用事物，我们也可以将它们解释为这样一些规定状态的捆索或集晶，它们正是如此构成了早期思想的课题；这可能就是柏拉图和普罗塔哥拉的见解，对此例如可以参看柏拉图在《泰阿泰德篇》（152a以下）中对人-尺度定理的解释，或者参看柏拉图在《斐多篇》（102b以下）中对灵魂不死的结尾证明。——原注

兴趣所决定的。我们可用胡塞尔的一个概念将它们称为"特殊世界"
（Sonderwelten）。[1]普罗塔哥拉对"意见"的偏袒恰恰表明：这种在绝
然总体面前的封闭性，亦即早期哲学的"意见批判"所试图打破的
封闭性，就在于将"我觉得"局限于各自认定的世界之上，即局限
于那些由兴趣决定的局部境域之上。

柏拉图对智者学派之批判的一个本质视角在于，他批评他们对
特殊世界有限性的辩护是站不住脚的，而且他也随之改造了原初的
哲学自身理解。在《国家篇》中（537c7），我们可以读到："综观者"
（synoptikos），即那种能够将全体放在一起观察的人，是"辩证论
者"（dialektikos），或者也可以说，是哲学家；而那些由于局限在特
殊世界之上无法综观（synopsis）的人，则不是辩证论者或哲学家。

作为判断和行动的可能性活动空间，一个有限的境域也开启了
对在此境域中的可能性的观看。每一个特殊世界都可以让人看到，
他在这个特殊世界中遭遇到什么样的事件。希腊人将这些可以被看
到的东西称为"显现的东西"。所以，柏拉图在《泰阿泰德篇》中
解释人-尺度定理时可以说，"我觉得"——对一个特殊世界的观看
的各种强调——的意思与"它如此显现给我"（phainetai moi）的意
思是完全相同的。在这里，我们才第一次在哲学史上明确地遭遇到
"phainesthai"，即受境域束缚的显现，以后的现象学分析便是围绕这
个显现进行的。人在其特殊世界中所遭遇的东西虽然是显现给他的，
但却只是在他的各种兴趣之光中显现给他。因此，他的目光并不停
留在这个显现者自身之所是的东西上面，而是立即在这个特殊世界

---

① 主要参看《危机》的附录XVII，《胡塞尔全集》第6卷，第458页以下；并参看马克斯：《理性
与世界——在传统与另一个开端之间》，海牙，1970年，第63页以下（《生活世界与诸生活世
界》）。——原注

以内超越出这个显现者，而后朝向它可能的用途。

据此，倡导这同一个世界的原初哲学—科学思想的开放性之基础就在于：摆脱那些对特殊世界的兴趣。这个思想自米利都学派以来就以一种无拘无束的好奇开放地朝向所有显现者，而且是作为其自身的显现者。"某物显现"就是指："它在其确定性中显露出来。"由于哲学—科学思维自它的希腊原创造起便准备让所有显现者都在其规定性中显现出来，因此它具有在已被强调的意义上的看的特征，即具有无兴趣的直观的特征。这个特征后来被亚里士多德标识为"理论"（theoria）。由于在意见批判的观点变换和世界的课题化之间存在着无法消除的联系，因而这种对显现者、对"现象"的开放的无兴趣性对于哲学—科学思维来说是建构性的。所以，哲学观点的无兴趣性重又出现在胡塞尔对希腊原创造的改造之中，而且它在其中是无法被回避的东西。

从根本上说，普罗塔哥拉是用他的人–尺度定理来指责那种对意见进行批判的和对世界保持开放的观点的意义和可能性。这个显而易见的指责就在于：人们究竟为什么要无兴趣地对这同一个世界开放自身，而不是满足于那些在受兴趣所限的视野中显现给他们的各种特殊世界呢？当柏拉图在这个指责面前维护原创造时，他只能做出以下前设才能够成功：如果对世界的理论朝向应当是有意义的，那么必定要有一种兴趣，这种兴趣要高于其他那些将人束缚在特殊世界上的兴趣。这种更高的兴趣只能是对此的兴趣：人成功地驾驭他的整个生活、他的全部此在。

但这样一种兴趣现在可能会踏入虚空，因为无法回避这样一种可能性：全部生活的成功根本不取决于人。也许生活的满足（eu zen）与幸福（eudaimonia）根本就不掌握在人的手中。前哲学的希腊文化便是如此考虑的。而在萌发哲学的时代里，反对这种在命运力量面前逆来顺受态度的是一种简单的明察：生活的成功是否取决于人自己，对此问题我们无法在不参与的思考中做出决断。个别的人、我自己必须决定着手去做。在这个决定的基础上，我才有权利说：对于我的生存的满足而言，问题的关键在于我自己，在于我在本己的责任中赋予我的此在的基本状态，而不在于某个处在这个责任之外的命运决断。

这种对自身负责所做的决定或许最清楚地表露在赫拉克利特的一句箴言中："人的习性就是他的（守护）神灵。"（Ethos anthropo daimon. DK, 22B119）"习性"（ethos）在这里是指生活的自身负责的持续状况。"神灵"（daimon）则是对那个出现在生活的幸与不幸之中的、无法支配的巨大力量的传统称呼。赫拉克利特的箴言可以说是把这个神灵世俗化了。这句箴言——与海德格尔的解释相反[①]——的重点应当在第一个词，它意味着：生活的幸与不幸取决于习性。这就是说，这里的关键在于自己选择态度和观点，即我在何种态度和观点中"进行"我的生活，而不在于人自己所无法负责的神灵的即命运的巨大力量。柏拉图后来在《国家篇》的神话（617e）中将这个明察表达为："不是神灵决定你们的命运，是你们自己选择命运。"

人应当对他自己的生活状态负责，这一点具体地表现在共同生活中：在这里，对我为自己所选择的以及我可能为其他人所建议的那种生活方式，我必须向其他人做出解释说明。我用这些话语来做出辩解（说理）。赫拉克利特还有苏格拉底都把这种在相互谈话中提

---

① 参看海德格尔：《根据律》，弗林根，1986年，第118页。有关笔者对此的态度，可参看拙文：《海德格尔与现象学原则》，载盖特曼－西弗特、珀格勒尔编：《海德格尔与实践哲学》，美因河畔法兰克福，1988年，第130页以下。——原注

出的辩解称为"逻各斯"（logos）。柏拉图则一再地诉诸他的老师苏格拉底的主导格言"做出辩解"。对自身责任的辩解性承担是苏格拉底—柏拉图的基本动机，它始终被胡塞尔视为他的哲学思考的源泉。在这个负责动机的关键位置上，刚才所提出的联系得到改造：对这一个世界的理论朝向是以对成功的生活的基本兴趣为前提的，而这个成功的生活又是以对通过辩解承担起来的责任的基本决定为前提的。

做出辩解就意味着摆出根据。在自然观点中的人就已知道如此理解的"做出辩解"，但他们是在他们生活于其中的特殊世界内寻找根据。他们始终被固定在他们各自的特殊世界兴趣上。因此，显而易见地，他们在做出辩解时所做的相互交谈是相互间不着边际的。只有在一个世界的共同性中，才能保证那些做出辩解者所做的提问和回答会真正相互切中。故而，就像赫拉克利特多次强调的那样，在辩解、逻各斯中包含着共有之物（koinon）（首先参看DK, 22B2, 22B114）。

与"共有之物"相对的概念是"idion"，即各种本己的和特有的东西。人必须超越他们各自特殊世界的兴趣状态的本己，并在一个共有的世界中相互遭遇，而后才能在做出辩解的过程中通过承担自身责任来认真地对待生活。根据这个结论，在雅典的城邦中——并非偶然地与哲学同时代——就形成了世界历史上的第一个民主制度，从而也形成了在最原初的和真正的词义上的"政治"。[1]就希腊的原创造来看，民主的基本特征就是开辟一个具有自身负责理由的共有世界。所以，在这个民主中，一切都取决于这种变幻不定的、

---

[1] 参看迈耶尔：《政治在希腊人那里的产生》，美因河畔法兰克福，1983年；以及福尔拉特：《一种政治哲学理论的基础》，维尔茨堡，1987年，第218页以下。——原注

超越出特殊世界性的并因此是开放的论证，希腊人将它称为"议事"（bouleuein/bouleuesthai）。在由修昔底德流传下来的关于战死者的名言（II40）中，伯里克利强调说：雅典的民主制并不认为，让逻各斯——在相互谈话中被感知到的理由——先行于对行动的决定是有害的；事情恰恰相反。

这样，希腊人在发现同一个理论世界的同时也发现了作为共有的政治理由的共有之物。但在这里发生了哲学—科学思维原创史上第一个深层的裂痕。是柏拉图第一个突出了辩解动机，以便针对智者学派的谦虚告诫来改造前苏格拉底哲学家的以意见批判方式进行的对绝然—总体的自身开放，但他完全处在对雅典民主制失败的印象之中：它的一连串失误的顶峰是由对苏格拉底这位"做出辩解"的英雄的法律谋杀构成的。于是柏拉图认为，所有这些恶果的根源都在于，在民主制城邦中进行的辩解实践始终还处在意见的层面上。

政治上的辩解与亟待做出的共有政治行为之决定相关联，并且必须在因此而有限的时间压力下满足于最近的理由。它具体意味着：在每一个政治议事中出现的许多可能的行为展望中，必须在决定时偏好其中的一个展望；人们必须随着这个决定而放弃其余的可能性。所有哲学议事的目的都指向一个行为展望的实施。就此而论，它始终是一个自身限制的过程，它带有有限性的印记。由于它所内含的这种局限性，政治议事具有了一种与自然观点中的相互交谈的结构相似性，后者同样带有局限性的标记，因为自然观点中的相互交谈始终被束缚在特殊世界的兴趣性中。

由于对雅典民主制状况的沮丧印象，柏拉图没有认识到，这种结构上的相似性并不是一种相同性：他把政治辩解的远景的有限性默默地等同于特殊世界的兴趣局限性。他没有看到，政治判断上的意见性的东西本质上不同于对各个特殊世界意见的固守。这种固守的缺陷在于，它没有对这同一个世界的共有之物的敞开目光。而真正的政治判断恰恰在于它在对这个共有世界的展望中关系到政治的"共有—本质"的共有世界，即关系到共有之物的共有世界。政治判断的有限远景并不单单是特殊世界兴趣的反射。在它之中甚至包含这样一些兴趣，但为政治的议事与判断打上有限性印记的并不是这些兴趣，而是在共同行为时无法消除的有限时间境域。由于这种有限性，每一个对共有政治辩解的贡献事实上都具有"我觉得"的特征，亦即具有意见的特征。然而，这种意见不再是赫拉克利特或巴门尼德对政治辩解的呼吁所激烈反对的那种意见，而是一种已经通过它的开放的世界联系而变得具有辩解性质的意见。

　　存在着这同一个政治世界的共有之物，这个世界恰恰在变得具有辩解性质的意见的局部的观看中向人敞开自身——柏拉图在他对意见的批判中恰恰忽略了这样一个由人的本己政治所发现的政治现象。他的始终具有穿透力的政治激情遮蔽了一个事实：他把那种从意见批判出发的自身责任的接受完全地去政治化了（entpolitisiert）。而他的学生亚里士多德，在"明智"（phronesis）[1]的标题下为哲学发现了这个已经具有辩解性质的意见。[2]柏拉图只知道意见与认识之间的截然的非此即彼：他反对那种半心半意地停留在最切近的理由旁的做法，认为唯一的选择就是彻底地寻找最终的根据。他忽略了一个事实：在特殊世界的局限性与理论的世界开放性之间还存在着一

---

[1]　或者也可以译作"实践认识"或"实践知识"。——译注

[2]　关于"智慧"的历史以及它对政治现象的意义，可参看福尔拉特：《一种政治哲学理论的基础》，第222页以下。这种被我改写为"已有辩解性质的意见"的理性种类是否可以用"智慧"（亚里士多德）或"反思的判断力"（康德）的旧设想来进行充分的规定，对此问题尤其可以参看该书第257页注10。——原注

个中间的和中介性的可能性——那种已经带有辩解性质的意见在这同一个政治世界面前所具有的开放性。柏拉图甚至看到了意见成为辩解的可能性：在《泰阿泰德篇》对知识的第三个定义（201c）中，他将意见标识为"带有辩解的真正意见"（meta logou alethes doxa）。但他还是没有想到要将那些在负责态度中做出政治行为的人，亦即在《政治家》这篇对话中所讨论的"政治家"（politikos），描述为拥有这种"带有辩解的真正意见"的人，尽管这篇对话（连同作为中介的《智者篇》）在柏拉图看来应当作为《泰阿泰德篇》的续篇来读。

在这种已有辩解性质的意见领域所进行的议事中，本质上有多个做出辩解的人参与。每一个参与者都需要这个作为论坛的多数，以便在它面前负起自身的责任。柏拉图在他与演说家和智者，亦即与政治家和他们的老师的对话中只承认一个责任论坛：在"心灵与自己的对话"中面对我而就最终的根据做出辩解的我自己。与我在最终论证的辩解中所敞开的这一个世界的单数相符合的是做出辩解者的单数，这个做出辩解者是孤独的、在趋向上唯我的、只对自己负责的。在这个去政治化的形态中，胡塞尔接受了柏拉图自身负责的辩解之动机。在"最终负责"中，就是说，在胡塞尔所强调的对"最终"根据的辩解中，我发现我的唯一性①，它与我在向哲学观点的过渡中首先课题化的世界的唯一性②相一致。一个辩解、一个不再需要多数做出辩解者之论坛的逻各斯，就其趋势而言也不需要语言。并非偶然的是，尽管语言由于"表述与含义"的问题而在《逻辑研

---

① 例如可参看《胡塞尔全集》第6卷，第188、190、260页。——原注
② 例如可参看同上书，第146页。——原注

究》中受到胡塞尔的探讨，但就他的体系总体而言，语言仍然只具有从属的意义。

同样并非偶然的是：根据欧根·芬克的见证，胡塞尔在他20世纪30年代初所计划的系统著作中打算"从现象学上重新恢复柏拉图的国家思想"[1]。正如卡尔·舒曼在其专著《胡塞尔的国家哲学》中合理地强调的那样，虽然胡塞尔在这里所关注的肯定不是在许多国家中的一个国家，即不是在此意义上的一个柏拉图的城邦，但却是某种类似哲学家王国的国家。[2]柏拉图《国家篇》的精神始终保留在胡塞尔的一个新型人类国家的遥远目标之中，为了这个新型人类国家，至此为止的国家政体的有限性应当在哲学"执政官"（Archonten）的领导下得到克服。[3]意见（也包括它的已经具有辩解性质的形态）所带有的基本特征是它的有限性，因而各个共同的政治世界，即那个在"我觉得"的自由中通过市民的相互认可而构造起自身的共有之物，也是有限的。这种有限性使得这个共有世界政治化。由舒曼所重构的胡塞尔国家理论[4]承载了无限性的激情，它意味着对政治的哲学异控（Überfremdung）和去政治化。正如汉娜·阿伦特[5]以及将她的基本思路进一步展开的恩斯特·福尔拉特[6]所指出的那样，这种对政治现象的哲学误识和误解的精神在哲学传统中一直流传至今。人们可以例举许多著名的代表人物，其中包括霍布斯、费希特或者叔

---

[1]　《胡塞尔全集》第15卷，第XL页。——原注
[2]　参看舒曼：《胡塞尔的国家哲学》，弗莱堡/慕尼黑，1988年，第141页注，第163—164、176页。——原注
[3]　尤其参看同上书，第158页以下，第163—164、170—172页。——原注
[4]　参看同上书，第152页以下。——原注
[5]　参看阿伦特：《论行动的生命》，斯图加特，1983年。——原注
[6]　参看福尔拉特：《政治判断力的重构》，斯图加特，1977年；以及《一种政治哲学理论的基础》。——原注

本华。舒曼将胡塞尔的国家哲学放在他们的近旁，并非出于偶然。①

　　这种柏拉图式的对政治现象的盲目性是胡塞尔在改造希腊原创造时一并接受下来的一个负担，而且他根本没有注意到这是一个负担。②我在这里看到了，在面对政治现象时，现象学在其至此为止的传统中与大部分前现象学哲学一样束手无策的原因究竟是什么。这里只需指出海德格尔与萨特在政治眼光方面令人吃惊的缺陷就足够了。这些缺陷的起因最终还要在哲学的成见中去寻找，是这些成见挡住了他们在政治现象上的目光。

　　一门相应的有关政治世界及其构造基础（即已经具有辩解性质的意见）的现象学之所以长期以来便是众望所归的，不仅是因为现象学——它的名字已经表明——有责任忠实于所有现象（也包括政治现象），而且更重要的是，对于现象学来说，政治现象要比随意一个与其他现象并列的现象更丰富一些。它对现象学具有中心的系统意义。如果自然观点和哲学观点的两极对立只处在柏拉图式的意见与最终负责的知识之对置的形态中，那么，从现象学上改造了的哲学便面临一个根本问题：一个被定义为与自然观点处在截然对立之中的思想，原则上不可能让一个处在特殊世界兴趣中的人相信从事哲学是有意义的，因为在每个人生而所驻的自然观点之国度中，没有一条通向哲学之封闭城堡的通道。

　　这样，现象学便面临着一项任务，即要指明，在两方面之间还存在着一个提供过渡的中间者：政治意见之构成的辩解性意见（rechenschaftliche doxa），它已经开启了作为政治世界的这同一个世

---

① 参看舒曼：《胡塞尔的国家哲学》，第30—31、33—34、159—160页。——原注
② 参看同上书，第18页："根据相关的统计，'政治'这个词在《胡塞尔全集》的前10卷中出现了还不到10次。"——原注

界，但却由于它的有限性而始终回系在特殊世界的局部性上。①在胡塞尔对希腊原创造的改造中就缺少这个中介者。而在我看来，现象学思想的未来说服力就取决于：这个缺陷是否并且如何得到克服。

二

在我于第三部分中进一步探讨这个问题线索之前，我先转向在引论中提到的胡塞尔对现象学之定义的第二个角度：从自然观点向哲学观点过渡的意志决定。核心问题是关于这个意志决定的动机引发问题。最深刻的动机只有第一部分已经提到的对幸福生活的基本兴趣，因为对幸福的兴趣要高于所有可以想象的兴趣。在希腊原创造的展开中，只是到了希腊化时期的伦理学家那里，幸福才逐渐成为一个意志决定的目的。那种为幸福提供保证的决断性获得了"悬搁"的称号。历史地看，胡塞尔通过对知识与意见之区分的重新采纳而回溯到希腊思想的前苏格拉底和古典时期。通过悬搁问题的提出，他从实事层面（并未探讨这个历史起源）与希腊化时期的伦理学发生联系。斯多亚学派和怀疑论向追求幸福的人建议采取悬搁的态度，因为它使他摆脱兴趣，而正是这些兴趣在妨碍他达到幸福。与此相似，在胡塞尔那里，悬搁使人从自然观点的兴趣中解脱出来。我在本文的第一部分中已经谈及这种兴趣，因为正是它将人束缚在他们的特殊世界之上。

自然意识的兴趣是与其意向状态联系在一起的。在胡塞尔看来，

---

① 我曾详尽阐述过这个已具有辩解性质的意见的中间位置以及在近代政治哲学中对它的流行误解之后果。参看拙文：《意见的歧义性与现代法制国家的实现》，载施万特兰德、维罗瓦特编：《言论自由——在欧洲和美国的基本思想和历史》，《图宾根大学文集》第6卷，《人权研究项目》，克尔，1986年。——原注

意向意识朝向最宽泛词义上的一个对象；就是说，朝向一个保持同一的极点，这个极点在可能显现方式的杂多性中与意识相遇。意向意识受一个基本兴趣主宰，它仿佛是聚集在这样一些极点上，以便支配同一性。意向意识构成特殊世界，亦即构成局部的对象境域，因为它需要这些作为同一对象之环境的境域，而它的具体兴趣便可以针对这些对象。在经验这些对象时，我们让自己受那些构成它们的境域的指引关系的指引，但我们的课题通常不是这种受其——即各个境域——指引，而仅仅是这些我们正感兴趣的对象。

我们作为人所过的生活只能滞留在某些特殊世界中。但这些特殊世界并不是彼此隔绝的。如若它们真是隔绝的，那么，生活在不同特殊世界的人便无法相互交往。而实际情况却并非如此。人们意识到，特殊世界是相互指引的，并且因此构成一个唯一的、包罗万象的指引关系，即作为普全境域的这一个世界。但正如人的注意力通常并不朝向他们各自特殊世界内的指引关系一样，他们也更不会将那个普全的、将所有特殊世界相互联结在一起的指引关系当作课题。他们随时都不言自明地活动在这一个世界中，但这个世界本身却从未明确地为他们所意识到。自然观点便恰恰处在这种与世界的关系中。但阻止这种观点向作为世界的世界、向普全境域开启自身的是各个特殊世界的兴趣，而在这些兴趣中重又具体地体现出意向意识对对象同一性的基本兴趣。

胡塞尔用他所偏好的特殊世界对象兴趣的例子来回溯地把握一个此在现象，这个现象在古典希腊哲学中就已经得到了深入的探讨：作为技艺的职业。从事一个职业的前提在于：熟悉那些在相关职业的特殊世界范围内可能出现的对象。通过这种熟悉，人们有能力在职业上完成某件事情。正是这种使人有能力完成某件事情的熟悉，被希腊人称作"技艺"。在这个古老的意义上，所有职业知识都是一种技艺知识。只要一个职业使在相应特殊世界中的熟悉成为可能，它便开启出对这个特殊世界中的对象的观看。但这种观看却只是打开了一个有限的视野；因为特殊世界的兴趣遮掩了那些指引关系，通过这些指引关系，一个特定的特殊世界的对象显现方式指引着其他的特殊世界。例如，经济学家必须在他的职业兴趣范围内获得这样一个本质认识：对象不只是作为有价商品出现在供求的指引关系中，它们也指引着质量；通过这些质量，它们被纳入其他的指引关系之中。

作为严格的科学、彻底地批判意见的知识，现象学只有在摆脱了任何一种在这类特殊世界上的限制之后才能成为胡塞尔所主张的真正无成见的和不先入为主的研究。为了能够在古老的理论态度中对显现一般和显现本身无拘无束地敞开自身，现象学必须超越所有特殊世界的局部境域，朝向这同一个世界。而这就意味着，它必须从那个将意向意识羁绊在特殊世界之上的兴趣中脱身出来。这便是对同一性的基本兴趣。在克服这个兴趣的意愿之光中，这个基本兴趣自己显现为对意愿的宣告。对这同一个世界的课题化、对自然观点的克服是建立在对此主宰意向意识的同一性意愿的有意搁置之基础上的。如前所述，这个意愿行为只有通过那种必定高于所有特殊世界兴趣的兴趣才能被焕发出来：对生活之成功、对幸福的基本兴趣。最终引发这个有意搁置的必定是自然的对幸福之追求。在柏拉图和亚里士多德的希腊语中还没有一个恰当地再现这里所说的"意愿"（Wille）的语词。但接着的希腊化时期的思想却创造了一种"意愿"术语，这乃是因为这种思想是围绕对幸福的保证而进行的：人必须采纳一种观点，以便为他的幸福创建一个可靠的基础，而这个观点就取决于他的意愿。

在斯多亚学派看来，并且以不同的方式在怀疑论看来，人恰恰可以通过对他同一性意愿的搁置来确保他的幸福：他必须停止将他的心系挂在最宽泛意义的"对象"上面。他自以为为了他的幸福就必须拥有这些对象，也就是说，他必须将它们作为保持同一的财富来加以支配。①人们必须中止和悬搁如此理解的同一性追求。

但应当如何来理解这个导致悬搁的决定，是有歧义的。②这个决定是一个意愿行为，通过这个行为，作为同一性意愿的意愿恰恰将被放弃。因此人们会认为，意愿在悬搁中导致了对它自己的搁置。斯多亚学派就是这样想的。但怀疑论却发现了这种思想的不一致性。如果对同一性意愿的放弃是一种通过一个意愿行为而产生出来的东西，那么，这种无意愿的态度恰恰会并始终带有这样一个痕迹：它是意愿的一个成就；意愿并没有真正被搁置起来，因为它还继续作为担保和坚持着同一性意愿的东西而在底层起作用。因而，这种同一性意愿的缺失不可能通过悬搁产生出来。而毋宁说，悬搁必须被理解为这样一个意愿行为：它把一种在人与世界的自然关系中已经潜隐存在的意愿放弃（Willensgelassenheit）重新揭示出来。

人们起初可能会以为，胡塞尔之所以从斯多亚—怀疑论传统中接受"悬搁"概念，只是因为他用某个说到底是随意的术语来表达从自然观点到哲学观点的过渡行为。但胡塞尔显然自己也没有注意到他对古代原创造的亲和力有多么强烈。这一点可以从以下事实中

---

① 以现象学观点对此所做的进一步阐述，可以参看拙文：《胡塞尔对"现象"的回溯与现象学的历史地位》，第119页以下。——原注

② 这里也可以参看同上书，第122—123页。——原注

见出：产生于怀疑论与斯多亚学派之讨论的"悬搁"之双重含义在他那里又重新出现了。

哲学观点的无兴趣性——与斯多亚学派的悬搁理解之起点相符——是通过悬搁才产生的吗？在胡塞尔那里，听起来多半是这样的。但这将意味着，世界这个普全境域——哲学观点的课题和相关项——是通过一个兴趣，即通过哲学家的兴趣而形成的：为了成功的生活而采纳无兴趣的态度。所有自然观点的境域，即那些特殊世界，是在意向意识的对象兴趣的基础之上而构造起自身的。与此相符，世界这个普全境域也是通过已经具有哲学性质的意向意识对一个新的对象的兴趣、对"世界"的兴趣而构造起自身的。

但这是行不通的。哲学意识之相关项的特征恰恰在于，它并不是一个"对象"。为了成为对象，这个在哲学观点中被课题化的世界必须重又被置入一个非课题的境域之中，它从这里出发作为以境域方式而被意识的显现方式之极点与意识相对峙。可是，这样一种针对这同一个世界的境域是不可能有的，因为它本身就是那个包容所有可想象的境域的境域。因此，它不可能是某个兴趣、某个意志的产物。所以，对胡塞尔式悬搁的理解只能考虑对那种怀疑论"悬搁"概念的解释。

对于世界这个普全境域来说，这意味着，它已经在自然意识面前事先敞开给各种兴趣，并且只是被哲学意识在悬搁中重新发现了。前哲学的意识已经活动于一个先行于兴趣的、非意愿的与世界的关系中，但它从一开始就在这个关系上叠加了重重屏障，因为它通过它的对象兴趣而将自己限制在特定的特殊世界上。借助于悬搁，意识穿透了这些遮蔽着这同一个世界的重重屏障。

三

如果人们用斯多亚式的模式来解释"悬搁",那么,意愿特征、自然观点的兴趣束缚性就没有真正被克服掉,而"世界"这个哲学的课题就会被理解为对象。但这种对象化是客观主义的根源。在胡塞尔看来,客观主义已经成为近代哲学—科学思维的噩运。通过这种客观主义,思维异化于它在希腊原创造中所获得的那个意向。由于这种异化,哲学需要从那个原创性的源泉中得到改造。胡塞尔在他的后期著作中便将现象学作为这样一种改造展示给我们。这样,我就涉及在引论中预告过的胡塞尔对现象学之理解的第三个角度了。

作为对象,这同一个世界失去了它的境域特征;因为每一个对象都如此地独占了意识的注意力,以至于那种自身的被证明,亦即境域,因此而成为自明性。所以,在将世界对象化的过程中,哲学—科学的世界意识从世界的境域特征中只能维持这样一个规定:这个指引关系是普全的。这样,在客观主义时代中的世界便成为一个包罗万象的对象,它在自身中包含着所有的对象,它显现为对象一般的总体领域。

这种忘却境域的、客观主义的思想是受同一性意愿主宰的,它是带有兴趣的。因此,它认为它的任务就在于:包罗万象地通晓它的兴趣对象、通晓所有对象的总体领域。但哲学家和科学家因此便接受了对此总体领域的一个态度,而这个态度,就像在第二部分中已经说明的那样,标识着某个特定职业的成员、在一个技艺中的师傅与他们的职业特殊世界的关系。这些特殊世界,即人的具体兴趣的境域,与我们所说的这一个世界不同,人可以在哲学之前便已经对它们有肯定而明确的意识。哲学—科学的思想在客观主义时期便与这种可能性联结起来了。它不是在这同一个世界面前采取无兴趣的放弃的态度，而是如此地对待它，好像它是一个职业的特殊世界似的。客观主义在这个意义上意味着哲学与科学的职业化。[①]

这里的"职业"应当在希腊意义上被理解为"技艺"。然而，每一个"技艺"都具有两个角度。通晓的基础一方面在于，人们具有对特殊世界的主要对象的认识，这些认识——胡塞尔会说——是在与这些对象的原本交往中获取的。从现象学上说，这是任何技艺都需要的直观基础、明见性基础。另一方面在于，每一种技艺都与建立某物有关。由于每一种技艺的基础都在于对其对象的本原直观，所以，柏拉图和亚里士多德都把"技艺"解释为一种知识，它通过对精神地直观到的一个对象之规定性的前瞻——用希腊语来说是"爱多斯"（eidos）——来引导对相关对象的建立。

由于"技艺"意味着，人们精通于建立某物，所以在它之中包含着第二个角度，即某种技巧，即希腊人主要以普罗米修斯的形象来描述的技巧。为了建立某物，用现代的话语来说，为了实现某个计划，人们必须有能力设想使它们得以实现的途径和条件。这便是职业真正的技艺方面：在设想实现条件方面的技巧。希腊人将这种技巧与诡计多端联系在一起，这种诡计多端使人有能力克服自然现有的障碍。而对自然（physis）使诈是与"理论"的基本态度相背的。这种基本态度在于：惊异地、献身地、无兴趣地直观这个在宇宙中起作用的自然。因此，在当时已经极为奇特的工程工艺中，技艺在古代的展开始终有别于真正的知识。

只要一个对象在意向意识中以突出的方式显现出来，或者，用

---

① 对此更为详细的研究，可参看拙文：《胡塞尔的哲学新导论——生活世界概念》，载盖特曼编：《生活世界与科学》，波恩，1989年。——原注

胡塞尔的其他术语来表述，以本原性的、切身被给予的、明见性的样式显现出来，那么，任何技艺所依据的本原直观便形成了。在所有的显现方式中，也包括在本原性样式中的显现方式中，境域的指引自身呈现出来。因此，随着对境域特征的客观主义遗忘，这种向直观基础的回溯也从这个已经成为职业技艺的关于这一个世界的科学中消失殆尽。留存下来的仅只是科学家职业的另一个角度，它在我们已经描述过的意义上是技术的操作，在其基本特征中是工程的操作。虽然科学的原创造目的，即获得对世界总体的观看，仍然还保存着，然而这个任务现在已逐渐成为一个技术技巧的问题。现在的做法通常是：有计划地找出并制定可以强制世界（它已经被理解为所有对象的总体领域）把自己显露给研究者观看的那些观察条件。这就意味着，研究已经获得了假设与实验之共同活动的方法形态。对研究之成就的评估仅仅单方面地依据这个通过方法来控制的技术操作的效果。在经过工程化组织的研究活动中，人们不再去探问明见性基础。在这个意义上，后期胡塞尔把客观主义科学称为一种"单纯的技艺"。

真正无兴趣的理论上的世界直观变成了一种对制作任务之效果感兴趣的职业—技术性操作，而这在现代社会的意义上就意味着一种生产劳动。这种劳动的成效性可以通过分工来加以改进。这同一个世界因此而受到分工的探究，而分工又是通过客观主义而得以可能的。由于指引关系被遗忘，世界显现为一种对象的集凑，它可以随意地被切割和划分为部分领域。单个科学家的职业研究瓦解为对这些部分领域的处理。在这里，由于一种无限迈进的专业化所具有的指引关系被遮掩起来，原则上也就没有设定任何界限。今天，在越来越响亮的对交互学科研究的呼声中，便表露出一种对此状况的不满。

随着所有这一切，一种发展得以形成。在此发展过程中，客观主义职业化的真正可疑之处显露出来。只有作为指引关系，世界才保留了行为的可能性活动空间，因为行为只有把自己纳入指引关系之中才会获得其意义。随着对这同一个世界之指引关系的专业性解脱的局部化，对行为本身的辩解（Rechenschaftgeben）也被分工了。而这样一来，人对其行为的最终负责便被抽去了基础，因为只有在辩解时不气短地停留在暂时的、从原子化的特殊世界中获取的辩解根据之上，这种最终负责才能得到认真的对待。在其无限分工中毫无拘束的现代研究在今天仍然是一种行业，并且比在胡塞尔的时代更为强烈地成为一种行业，它几乎已经是在自动地和自主地继续着，已经没有人再去要求探问：各种等候处理的局部研究计划所做的对世界之探讨究竟将自己纳入何种包罗万象的意义联系中去？所有研究在其原创造中都产生于来自最终根据的辩解，然而这种辩解现在看起来像是世界观的事情，而不再是科学的事情了。

因此可以说，随着对世界总体之研究转变为一种分工的、职业化的技术操作，人丧失了对其行为的最终负责，即他在对哲学与科学的希腊原创造中曾为之而做出决断的最终负责。要想重新获得这种负责，就需要我们今天进行一个与对无限多对象感兴趣的现代研究行业正相反对的内心运动。我们应当在一种无兴趣的放弃的态度中对这样一个问题进行思索：世界作为普全的境域究竟意味着什么？但怎样才能解决胡塞尔为今日哲学所提出的这个中心任务呢？如何才能在一个我们的整个此在都被科学化了的时代中获取这样一种从科学在研究的特殊世界之局部性中的分工束缚中挣脱出来的意识呢？而且，为此所需的非客观主义的世界理解又是如何可能的呢？

我们必须跟随胡塞尔从这一个世界与许多特殊世界的关系出发。

在他眼前似乎浮现着这样一种景观：这同一个世界是如此显现在许多特殊世界之中，就像一个同一对象显现在它的显现方式的杂多性中一样。意向意识被指引到这种杂多性之中的状态可以在特定的意义上被称作"无限的"，因为对于意识来说，对经验的不断更新的境域可能性的指引过程是没有终结的。每一个现时进行的显现方式都是作为一个无法穷尽的"如此等等"（Undsoweiter）链条上的一个环节而被我们意识到的，而恰恰就是在我们相信这个"如此等等"不会断开的地方，存在着对这同一个世界的自然观点的非课题意识；这同一个世界便是以此方式作为"自然观点总命题"的相关项而处在"终极有效性"中的。

如果这个世界在特殊世界中的显现就像同一个对象在它的"透视的"显现方式中的显现一样，那么，从中便可以导出这个世界的基本特征。这同一个对象是各个对意向意识而言课题性的对象，而它的境域、这个无限的指引关系则相反，它构成非课题的背景。在对这同一个世界的哲学朝向过程中，这个背景则恰恰作为自身，即作为无限的指引关系而成为课题。随之，这种联系的无限性便作为世界的基本特征显示出来。

现在，这种无限性就在于，这种指引是不会断开的。如果世界本身构成课题，那么，这个指引会在什么之间进行呢？可以考虑的只有：这同一个世界可以说是在其中显现的那些诸多特殊世界。这样一来，与客观主义研究行业的分裂便正相反对地把这同一个世界当作课题。这也就意味着去思索：这个在特殊世界之间的指引关系是无法断开的。用这个对世界课题化的标识似乎可以避免对世界的客观主义对象化。这同一个世界对于哲学观点来说不是直接地（胡塞尔会说）"直向地"作为一个同一的某物自身被给予，而只是在这个自然观点中间接地通过我们对特殊世界之间指引关系的无限性的觉知而被意识到。这是维尔纳·马克斯一再建议的对胡塞尔"世界"概念的解释，而且起初有一些好的理由在支持这个解释。[①]

　　这个解释主要是提供了这样一个好处，即说明了对这同一个世界的客观主义解释是如何成为可能的。对于持客观主义观点的研究者来说，"这个世界"，如胡塞尔所观察到的那样，是一个无限任务的标题，即现代的科学家个体具有这样的意识：他在用对"他的"特殊世界的分工研究为总体的解释做出"贡献"——总体在这里被理解为所有对象的总和。所有为说明这个总和所需的各个贡献之完整性仅仅是一个极限想象、一个临界值（limes）。研究者用这种极限想象来预测所有贡献之提供的可能性。但这种可能性处在无限之中，它是一个标记，研究过程只是渐进地接近它，却从来无法实在地达到它。"世界总体"只是一个标识，它表明，这个无限接近的过程可以被想象为假定已完成了的。因而，这里所关涉的是一个胡塞尔意义上的单纯"观念"，即某种无法通过直观而得到证实的东西。

　　只要这个观念在研究者做出其贡献时引导着他，那么它对于研究过程来说就是康德意义上的规整性的（regulativ）观念。但是，"世界"作为处在无限之中的规整性临界值观念这个想法在实事上与对那个无限意识的对象化并没有什么不同。而按照马克斯的建议，那种没有受到客观主义异化的对这同一个世界的哲学思索就是关于这种无限意识的。这样，客观主义的世界理解之所以从根本上得以可能，就是因为这个非对象化的思索不能坚持其本己的非对象性，并且在对其观念临界值"无限性"外推（Extrapolation）的过程中可

① 主要参看马克斯：《胡塞尔的现象学——一个引论》，慕尼黑，1987年，第128页以下。——原注

以说是缓慢地流向一种对象性的理解。

但这是否就说出了关于真正现象学的世界思索的最终话语呢？在刚才所做的思考中，我们无须进行复杂的考虑便有可能用"无限性"的临界值观念来对这样一种思索进行对象性的理解，这个思索是指对在诸多特殊世界之间的普全指引关系之无限性的思索。这个状况是泄露真情的。它表明，只是从表面上看起来，对世界的对象化才会随着那种思索的进行而消失。作为一个无限研究过程的世界之临界值观念所表达的恰恰就是人们所说的对特殊世界之间指引关系的无限性的思索。所以，如果人们不是已经偷看到这个临界值观念的构成，就根本无法表述这种思索所关涉的是什么。但这意味着，像马克斯在胡塞尔精神中所尝试的对这同一个世界的非客观主义思索，它的标识始终以不承认的方式附着在客观主义的世界理解之上。它只是否定这个引导着客观主义世界理解的临界值想象之对象性特征，但它作为这样一种否定始终依附于这种世界理解；并且，如果不回溯到这种世界理解上，它将始终是空乏的。

如何来描述这种对这同一个世界的非客观主义思索，以使它不再始终依附于客观主义的世界理解呢？作为对象化，"无限世界"这个临界值观念的构成是由对对象同一性的兴趣所引发的。在胡塞尔看来，我们是通过将显现方式的内涵立义为、"统摄"为某物而达到关于对象的意识的。每一个统摄都是对一个前对象的内涵、一个"素材"（Hyle）的对象化。在构成"无限世界"这个临界值想象的构成中真正被统摄的对象化的东西是什么呢？什么东西可以作为"前-对象的世界"而被观察到呢？答案是：只有那个前意愿的自然世界理解的相关项，它——按照怀疑论的悬搁类型——并非由悬搁所制作，而只是由悬搁所揭示。临界值想象的无限性是一个典型的意愿产物，因为在它之中被对象化的只是那个处在无限之中的目的，它是所有单个科学家的共同研究意愿所一再付出的过高代价之努力的目的。从这个观察中可以得出一个推论：无限性是一个规定，它是通过对世界的前对象和前意愿的在先被给予的内涵所做的客观主义的、对世界这个普全对象感兴趣的统摄才被附加给世界的。

因此，这个世界，这个人在所有特殊世界兴趣之前无意愿参与而为之敞开的世界，也许是有限的？这个问题将我们引回到关于宇宙的希腊基本命题上。作为一种对所有显现者在其规定性中的无束缚的让显现（Erscheinenlassen），无兴趣的"理论"具有直观的特征，负载着惊异的"看"（Schau）的特征。对于直观来说只存在着有限的东西，因为在无法穷尽的"如此等等"之意义上的无限之物缺少这样一种规定性，即希腊思想称之为"界限"（peras）的东西。希腊的宇宙论已经把有限的宇宙对象化了。这样一种对象化已经为现代科学所赶超。这同一个世界的有限性已经通过希腊原创造——就像刚才已经暗示过的那样——以及对它的现象学改造而被哲学思索所放弃。因此，它在内容上已经无法再以希腊的方式得到把握。如何对它进行新的思考？在这里，我不得不放弃对此问题的回答。[①]只能顺便说明：正是在这里达到了一个点，胡塞尔的思想在这个点上超出自身而指向海德格尔。[②]

在这里所做思考之语境中的另一个问题要更为紧迫：客观主义是一种在今天使哲学看起来显得多余的态度。如果世界总体在单门

[①]　就胡塞尔的现象学而言，我在以下文章中继续探讨了这个问题：《家乡世界、陌生世界和这一个世界》，载奥尔特编：《现象学研究》第24卷，1991年；以及《胡塞尔关于人性欧洲化的命题》，载珀格勒尔、雅默编：《论争中的现象学》，美因河畔法兰克福，1989年。——原注

[②]　这里可参看拙文：《海德格尔与现象学原则》，第118页以下。——原注

科学中得到卓有成效的研究，那么，对这个总体的传统思索，亦即被称作"哲学"的思索，就显得是一种不必要的双重化。对哲学的需求不再有一种自明性，甚至必须再一次地被唤醒。但对此，当代的这种已经通过客观主义而僵化了的自然意识能够听得进去吗？答案只能是：只有在保留了这样的回忆的地方，这才是可能的，这个回忆在于，人们不能以分工的方式在最终机制中感知到对他们行为的负责的辩解。这样一种分工之所以不可能，乃是因为所有特殊世界，包括研究的特殊世界，都是相互指引的。在关于这个指引关系不能在某处被断开因而无限的意识中，表露出对这同一个世界的包罗万象的指引关系的揣想。因此，这个为分工的局部研究所需要的无限性之临界值观念就是作为一种对哲学思索之新需求的联结点而展示出来的。然而，这个思索的途径恰恰必须从那个在指引关系的无限性上的联结点出发而导向对这同一个时间的有限性的明察。

如何能够引发当代自然意识的动机，使它踏上这条道路呢？我们在开始思考时，就已经针对古代的"意见"提出过这样的问题：是什么促使它接受一种"做出辩解"的做法，这种做法曾带着柏拉图的极端性略过了一种辩解化（Verrechenschaftlichung）的可能性、略过了意见本身的可能性，并且要求用心灵与自己本身的对话来取而代之？而自然的观点需要那种在通过相互辩解而构造起来的这同一个政治世界的相互辩解的中介经验，以便从特殊世界兴趣的束缚性中解脱出来。

每一个人在所有哲学之前都可以理解，对意见的辩解化是可能的。在这个前提的基础上建立起的今天世界范围内（当然尽管常常是口头上的）对由希腊人发明的民主的承认，被看作公共的共同生活的规范。由此，朝向这同一个世界方向的对特殊世界局限性的超越可能性，实际上已被承认为可能的。对这种承认的证明在于，实际上今天就存在着一种论坛（Forum）。在这个论坛上，单门科学必须从它们的局部性中脱身出来并且必须陈述它们之间的联系，这个论坛就是民主国家的研究政策和科学政策。单门科学必须在辩解意见的公共辩论中论证它们的特殊世界研究行当。在这里，原则上不允许以前辩解的方式固守在赤裸裸的特殊世界兴趣上（"原则上"：我说的是规范的要求而非可能对此有所违背的实践）。但在这种对特殊世界兴趣性和局部性的超越中已经包含着这样的机会：特殊世界之间的无限指引关系显露出来。

这样，由柏拉图和他的后继者胡塞尔所略过的人类经验，也就是人类关于一个辩解"意见"的政治世界之"共有之物"的经验，便表明自己是自然观点与哲学观点之间的中介者。我们已经确定，这种聚合了辩解化意见的、事关决断的议事所具有的基本特征是有限性：人类行为的有限时间境域将每一个辩解的政治的"我觉得"变成一种局部的看法。但这些看法却是聚合在这同一个政治世界中的，后者通过这些看法而开启自身。在这些看法的有限性中，这同一个政治世界本身的有限性显露出来。真正的哲学思索所关涉的这同一个世界，就是贯穿于所有特殊世界兴趣中、前意愿地在其有限性中为我们所熟识的。对这种有限性的思索，可以通过对政治世界之有限性的经验来进行。

（倪梁康　译）

第二章　真理之争
——现象学还原的前史

任何一个"实事"（Sache），无论是一个我们用感官感知的对象，还是一个设置、一件事情、一个思想，简言之，所有那些与我们的思想和行动有关的东西，都可能以如此偏颇的方式显现给我们，以至于由此而产生各种意见的相左。如果每一个参与者都声言，唯有他所把握到的实事显现方式才符合于实事本身的存在和如何存在，因此坚持真理是在自己一边，那么争论便会爆发。这便是在本文标题中所说的"真理之争"。自从哲学对自身的活动第一次进行反省以来，也就是说，自公元前5世纪末的赫拉克利特与巴门尼德起，哲学便认为自己的任务就在于，克服由这样一种情况而产生的意见之争，即一个实事的存在以不同的显现方式展示自己。在这个意义上，哲学从一开始起便是对真理的寻求。

我们这个世纪的现象学——正如它的名称所标示的那样——是一种研究"显现"（希腊文的"phainesthai"或"phainomenon"，即"现象"）的哲学方法。显现的相对性构成了胡塞尔所创立的现象学的出发点。因此，现象学是以一种新的方式来再次尝试克服意见之争。对于现象学在方法上所遵循的途径是什么，我们下面的思考将以古代哲学的开端为出发点来加以说明。那么，希腊人是以何种方式通过哲学来超越前哲学的意见之争的呢？

随着最终克服意见之争的努力的实施，哲学与前哲学的和哲学外的人的思想方式便相互区分开来。黑格尔在《精神现象学》中将这种思想方式描述为"自然意识"①，而胡塞尔则追溯到一个对于人类来说完全自明的基本态度上，他将这种基本态度称作"自然观点"②。赫拉克利特似乎是第一个提出下列问题的人：承载着哲学思想的那种观点与自然观点——他所说的多数人（polloi）的观点——的区别究竟何在？

赫拉克利特把那些在自然观点中生活着的众多的人称为"多数人"，并且激烈地指责他们：他们的行为就像是梦幻者。③梦幻者在此状态下只知道他梦幻的私人世界（idios kosmos），并且与其他人以及他们各自的世界没有联系；梦幻者从共有之物中被割离开来（abgeschnitten）。这个共同体是所有人共有的世界。所有私人世界都共属于这个共同世界。赫拉克利特针对多数人所进行的这场论战隐含着对这样一个状况的一种说明：根据实事的不同显现方式，我们对它们的存在做出有分歧的判断，而实事的不同显现方式之所以产生，乃是因为这个存在始终只在诸多显现方式中显露给我们，而这些显现方式又被束缚在特定的世界上。

不仅赫拉克利特谈论这些世界，而且我们也还在谈论它们。我们说"办公室雇员的世界""运动员的世界""计算机专业人士的世界"，以及许多其他的类似世界。我们以此来说明我们的思维和行为的有限视野，即我们在行为活动中习惯定位于其中的那些境域

---

① 参看黑格尔：《精神现象学》，霍夫麦斯特版，汉堡，1952年，导言第67页以下。——原注
② 参看胡塞尔：《纯粹现象学与现象学哲学的观念》，《胡塞尔全集》第3卷第1册，舒曼编，海牙，1976年，第56页以下（以下简称《观念》）。——译注。——原注
③ 参看第尔斯、克兰茨编：《前苏格拉底残篇》，22B89，相关的还有22B2、22B30和22B114。这里和后面还可以参看拙著：《赫拉克利特、巴门尼德与哲学和科学的开端——一种现象学的沉思》。——原注

（Horizonte）[①]。在赫拉克利特看来，哲学是从我们有限境域的私人梦幻世界之盒中的苏醒。这种苏醒开启了一个对所有人而言的共同世界。它之所以可能，乃是因为没有一个局部境域是完全封闭的。所有境域都各自超出自身而指引着其他的境域。这样，所有这些境域都同属于一个包罗万象的指引联系：这同一个世界。赫拉克利特所得出的昭示性认识就在于，哲学就是人对如此理解的一个世界的开启。

在此之后约半个世纪，普罗塔哥拉曾针对赫拉克利特所表述的这个原初的哲学自身理解提出反驳。他因此而创立了智者学派，这个学派从此就成了哲学的永恒对手。普罗塔哥拉认为，哲学想要并且以为能够对这同一个世界进行陈述，这是一种失当，用希腊文来说是 hybris。普氏声言，对于人类来说，只存在他们的许多私人世界，而不存在一个超越于此的共同的同一个世界。这样，普罗塔哥拉便站在那些其目光不能超越其局部世界以外的多数人一边，反对赫拉克利特。对这个观点的确切表达是他的著名的、传布甚广的人－尺度定理："人是万物的尺度，是存在的事物存在、不存在的事物不存在的尺度。"在柏拉图的《泰阿泰德篇》中有相应的引文。[②]

这个命题所说的"人"，并不是抽象的"人之一般"，而是许多人和人群连同各自的局部世界，即赫拉克利特的"多数人"。事物的存在与如何存在仅仅取决于它们如何显现给那些处在其私人世界中的人。柏拉图在《泰阿泰德篇》中曾用一个例子来说明人－尺度定理的意义，它也可以被用来解释普罗塔哥拉的观点：可能会有两个人站在同样的风中，但却具有不同的感觉，因为他们生活在不同的

---

① 译者原译为"视域"。——编注
② 参看柏拉图：《泰阿泰德篇》，152a。——原注

私人世界中。一个觉得冷，而风便显得冷；另一个感到暖，而风也相应地显得暖。①风是什么，这是相对于敏感者和强壮者的感觉而言的。因此，一个人会认为，真理在于，风是冷的；而另一个人却相反，因为他认为风是暖的。

如果我们说，这种意见之争事关真理，那么，我们就是在这样一个意义上来理解"真理"概念的：一个实事在一种显现方式中如其所是地展示自己。我们在意见之争中指责对手违背真理，这里所说的真理之对立面便意味着，实事没有如其本身所是地显现给他们；也就是说，对于他们来说，存在或多或少始终是遮蔽着的。据此，"真理"在这个语境中便是指一个实事之存在的非遮蔽状态，指实事本身在相应的显现方式中展示出来。在这个意义上，古代哲学将真理理解为"不遮蔽"，即希腊文的"aletheia"②；我们今天将它译作"真理"。"人是万物的尺度"这个命题很可能就出现在一部以"aletheia"为名的著作的开始。这并非偶然。普罗塔哥拉将真理等同于事物的显现方式，这种显现方式被束缚在境域上；事物不具有处在私人世界之彼岸的存在。这便是智者学派的相对主义之路。③

如果参与者相互交谈并且用语言来表达有关实事是以何种方式显现给他们的，那么意见之争便会得到解决。我们用来阐释一个实事的存在显现给我们的方式的语言形态是陈述句。根据传统的、由亚里士多德论证的逻辑学，陈述的基本形式是判断"S是P"。随着

---

① 参看柏拉图：《泰阿泰德篇》，152b。——原注
② 这个历史的确定并不依赖于下面的情况在语言史上是否确切，即"aletheia"这个词词首的"a"是一个否定性的词首（alpha privativum）。——原注
③ 对普罗塔哥拉相对主义的现象学解释以及对现象学眼中智者学派对"意见"的理解，可以参看拙文：《胡塞尔对"现象"的回溯与现象学的历史地位》；以及《黑格尔眼中的智者学派》。——原注

判断的进行，我们便完成了一个综合、一个在一个谓项P和一个此谓项判断所涉及的实事S之间的联系。为谓项判断奠基的是实事S，即希腊文的"hypokeimenon"，翻译成拉丁文便是"subiectum"。在亚里士多德看来，当某个谓项与某个相关实事之间的联系在陈述以外也成立，一个陈述便为真。[①]在这种情况下，谓项使得实事的存在得到一定的显现。而关于这种以谓项陈述方式被语言表达出来的显现方式，人们就可以说，在这种显现方式中，实事本身成为"显然的"（offenbar）、"敞明的"（即希腊文的"delos"）。在这个意义上，只要人们的言说具有一个真陈述的形式，它便是一种昭示（Offenbarmachung，即希腊文的"deloun"）。在亚里士多德对言说做出这种解释的同时，他遵循了将真理理解为无蔽的做法。

巴门尼德，这位与赫拉克利特同时代的伟人，在他的学理诗中将进入哲学描述为选择一条道路、一条"真理"（aletheia）之路。[②]这条路不同于普罗塔哥拉后来想要恢复的多数人之路。[③]人之所以能选择哲学之路，是因为人具有为一个共同的世界敞开自身的能力，即精神（希腊文为"nous"）。这个名词与动词"noein"联系在一起，而动词"noein"通常被译作"思想"，但这种思想实际上是指"关注到或觉察到某个东西"。我们的精神（nous）也能够关注到和觉察到在我们各自私人世界的有限境域中非当前的因而也是非显然的东西。在这个意义上，不在场的和被遮蔽的东西也可以作为某个在场的东西而展示给我们的精神，亦即显现给我们的精神。因此，巴门尼德在其学理诗中要求思想着的人，以他们的精神来观看，看到那

---

① 参看亚里士多德：《形而上学》，1051b4–17。——原注
② 参看第尔斯、克兰茨编：《前苏格拉底残篇》，28B7–8。——原注
③ 参看同上书，28B6。——原注

些非当前的东西也是当前的。[1]

　　所有以后的哲学和科学都是实现这个要求的尝试。对此还可以用刚才所提到的"冷"的例子来说明。在前哲学的生活中，我们不言而喻地相信，在像"冷"这样一类显现方式中有一个"实事"显现给我们，例如：风。显现对自然观点来说就意味着某个东西的显现，意味着一个实事的自身展示；每一个显现都带有与一个实事之存在的联系，即一个由显现方式所承载的存在。承载者是奠基者，即hypokeimenon或subiectum。对于前科学地生活着的人来说，风是奠基者，它的存在在冷的显现方式中得以显然。哲学家和科学家相信，真正的存在始终隐藏在对多数人而言的这种显现方式后面；并且，他们在对真正的存在进行认识，而在那种对多数人而言的显现方式中，真正的存在只是局部地和扭曲地展示出来的。例如，柏拉图会说，唯有"冷"的理念才具有真正的存在，而近代认识论自笛卡尔以来便宣称，"冷"的本真存在无非是一个可以通过数学来表述的分子运动的低"温度"。

　　巴门尼德带着他的以下命题成为对显现者的所有这些科学解释的先驱：由于在自然观点中，显现始终局限在我们各自决定性的本己境域上，因而存在对我们始终是隐蔽着的；不过，存在对我们的精神（Geist，希腊文"nous"）则始终是敞开的。每一个存在（希腊文"einai"）都包含着对存在之自身展示的显现："思想"（希腊文"noein"）。巴门尼德也曾明确地陈述过思想与存在的这种全面共属性，即在这样一个著名的诗句中[2]："关注的聆听与存在是一回事。"[3]普罗塔哥拉以后用他的相对主义来反驳人类精神的普全敞开性。但

[1]　参看第尔斯、克兰茨编：《前苏格拉底残篇》，28B4。——原注
[2]　参看同上书，28B3。——原注
[3]　此句通译为：思想与存在是同一的。——编注

值得注意的是，他尽管偏离开哲学，但却继续坚持巴门尼德的存在和关注的聆听是同一的命题；因为如果说，人们在他们的因受境域所限而产生出的差异性中成为实事存在的尺度，那么，这仍然还意味着，实事对于人的显现被等同于实事的存在。

柏拉图与他的后继者亚里士多德批判了普罗塔哥拉，并且回返到思想观察所具有的对一个共同世界之整体的原初敞开性上。他们同时也坚持巴门尼德的基本信念，即实事本身的存在以及它们的显现是不可分割地共属一体的；存在对他们来说也意味着"真实存在"，只要我们将"无蔽"一词意义上的"真实"理解为实事的存在从相应显现方式中的遮蔽性中凸显出来。这样，我们便可以谈论哲学的第一阶段，它从公元前6世纪中期一直延续到公元前4世纪中期。并且，尽管有各种偏离倾向存在，它仍然带有那样一个基本的信念。这个阶段还一直延续到了拉丁经院哲学的早期和鼎盛期。对经院哲学的超验学说而言，这个定理是根本性的："'存在'和'真'是可以互换的规定。"

公元前4世纪末，希腊化哲学家的各种学派得以形成，伊壁鸠鲁和斯多亚派对这些派别产生了重大的影响。这时，古代哲学中的一个新的历史阶段便得以产生。对于我们这里所讨论的问题来说，爱利斯的皮浪的怀疑论具有特别的意义，因为它是一个克服意见之争的彻底的新尝试。前希腊化时期的哲学家认定，私人世界共属于同一个世界，以此来缓解意见之争；我们只要对一个共同的世界敞开自身便可以结束争论。在普罗塔哥拉的相对主义中，这个争论则是通过一个相反的前设而得到缓解：由于不存在一个共同的世界，而只存在局部的境域，因而人们应当将每一种显现方式都看作真实的。

与此相反，皮浪的怀疑论则踏上了一条完全崭新的道路。在意见之争中，所有参与者都提出要求，认为他们的陈述是真实的。由于这种要求，我们将这些陈述称作"主张"。在意见之争中，各种主张相互冲撞，因为一个人所赞同的东西受到他的对手的反驳并因此而受到否定。争论便是由这种肯定与否定之间的矛盾而产生。怀疑论试图系统地表明，有充分的理由可以将每一个肯定的主张与一个相应的否定主张对置起来，反过来也是如此。这样便在所有可想象的肯定与否定之间产生一种力量的平衡（希腊文"isostheneia"），以至于不可能再坚持任何一个主张。[1]怀疑论通过这种方式获得了一种面对所有可能的陈述内容的中立态度。

中立的态度使怀疑论有可能第一次做出一个区分，我们今天主要是通过分析哲学才熟悉了这个区分：任何一个随着陈述而提出的主张——正如分析哲学家所指出的那样——都可以在不改变其语义内涵的情况下分解为两个要素，即论题的要素和赋予陈述以主张特征的要素。我们再回溯到柏拉图的例子上去，我们想象在一个强壮的人和一个敏感的人之间进行的关于风的争论。"风"这个实事对强壮的人显现为暖的，因此他做出"风是暖的"的陈述。这里的论题的内涵在于"暖"这个谓项和"风"这个主项之间的联系。这个陈述的真正主张要素是肯定，它意味着："是的，在暖和风之间的联系是真实存在的。"敏感的人觉得风是冷的，他用否定来反驳强壮的人："风不是暖的。"他的主张是："不，这个联系并不真实存在。"

根据这个对意见之争的解释，是与否的说法，肯定与否定，是对各种有关陈述的论题内涵的表态。由于怀疑论者引入了在所有这些表态之间的力量平衡，因而他的唯一可能性在于彻底地中止所有

---

① 参看塞克斯都·恩披里可：《皮浪主义纲要》，伦敦，1967年，I8。——原注

表态；他在其所有活动方式中都"中止"表态。我们不能将这种中止混同于一种对肯定或否定的削弱，或者等同于一种在两种态度之间的动摇。这两种情况在前哲学的语言中已经以多种形式出现，例如当我们在一个主张上附以"也许""或许""可能""大概"等定语规定时。在做所有这些表述时，我们都还以某种方式对我们所说的内容做出表态。但怀疑论者放弃任何一种形式的执态；他因此而做出"中止"。

"中止""退回"在古希腊语中叫作"搁置"（epechein）。皮浪的怀疑论因此用一个源于此动词的名词而把对所有表态的彻底中止都称为"悬搁"（epoche）。对所有表态的中止不是一种正常的、出于前哲学的自然观点的习惯行为，而是建立在一个自己做出的决定的基础上的。但这也就意味着：建立在一个我们的意愿行为的基础之上。但是，如果主张本身——各种形式的肯定与否定——不是已经具有意愿进行的特征，那么也就不可能进行这样一种与主张有关的意愿行为。将陈述解释为一个包含着意愿表态的主张的做法在古代怀疑论那里成为可能。在今天，通过语言分析的影响，这种解释甚至被我们看作不言而喻的，但它实际上绝非如此。

这一点可以很容易得到认清，因为将"肯定"和"否定"概念引入思想的亚里士多德并没有将这两种主张的形式看作一种意愿表态的方式。"肯定"（Affirmation）与"否定"（Negation）是对亚里士多德的"kataphasis"与"apophasis"这两个概念的拉丁文翻译。"Kataphasis"意味着"归与"（实事）（判定它拥有）：我们主张，一个谓项归属于一个实事。我们也可以将这个谓项"剥离"（实事）（判定它不拥有），这便是"apophasis"。根据亚里士多德的观点，如果我们在一个关于实事的肯定陈述中一同置入了在实事显现中一同

展示出来的东西，那么，这个陈述便是真的。而在真正的apophasis
［剥离］中，情况则完全相反。

亚里士多德认为，我们用对一个谓项的真正的"归与"和"剥
离"只是追随了那种自身展示出来的东西，即一种在显现的事态中
所包含的束缚性和非束缚性。以此方式，他对肯定与否定做了与普
罗塔哥拉的存在与显现的共属性相应的解释。因而对他来说，"归
与"和"剥离"不可能具有一种表态的特征，也就是说不可能具有
与陈述相关的赞同和拒绝的特征。在这样一种表态中起作用的，是
我们的意愿。只要在实事本身的存在中包含着显示，并且只要反过
来，显现无非就是这个存在的自身展示，那么，判断便不会为这样
一种表态提供位置，即我们在有意愿地证实或拒绝一个实事和一个
谓项的束缚性或非束缚性时所持有的那种表态。①

只有当我们原则上始终不知道实事与它的显现方式之间的联系
时，更明确地说，甚至只有当我们无法知道这样一种联系究竟是否
存在时，在一个实事本身与它显现给我们并因此而可得到谓项陈述
的方式之间的束缚性和非束缚性才取决于我们的决定。只有在这种
无知的前提下，才需要有一种特别地制作出这种联系的意愿。但这
样一种无知意味着，实事的存在在其显现过程中以一种彻底的方式
始终对我们隐蔽着；即是说，普罗塔哥拉的存在与显现的共属性不
再有效。

由显现的相对性所决定的意见之偏差在关于真理的争论上变得
尖锐起来，因为讨论的对手都指责对方为非真理和错误。前希腊化

---

① 皮浪怀疑论中的"肯定"具有一种"带有意愿的赞同"的含义，这个情况例如表现在："赞
  同"（synkatathesis）这个概念取代了亚里士多德的"归与"（kataphasis）一词。"赞同"所表达
  的是，某人同意另一个人的行为方式并对它表示赞赏。例如可以参看塞克斯都·恩披里可：
  《皮浪主义纲要》，119。——原注

的思想家淡化了这个争论。他们认为，没有一个显现方式可以是绝对不真的；因为每一个显现方式都产生于一个境域世界的联系之中，并且它们都属于同一个世界。在意见之争中，对手的错误永远不可能走得如此之远，以至于每一个实事都对他是完全隐蔽着的；因为如果情况确是如此的话，那么对手们就不会具有任何可以进行争论的共同实事。他们的争论之所以可能，是因为他们共同涉及一个实事的存在，并且因为这个存在会显示出来，即便这种显示是含糊的或紊乱的，即便它会迷惑相关的人。

因此，实事在错误的显现方式中的显现始终也是一个显现。但这就意味着，没有人是完全从实事的存在之中被割裂出来的，即使是那些弄错了的人也不是；没有一个存在是完全隐蔽的；即使是一个错误的陈述也还是显示了什么，用希腊文来说是"delon"，它是一种"deloun"、一种使之显示出来的活动。确切地说，这是巴门尼德对存在与显现的共属性的基本信念。通过怀疑论的悬搁，这样一种看法得到贯彻：实事的存在是完全被遮蔽的，它具有不显示（希腊文"a-delon"）的特征。在这个时候，一个道沟形成了：在彼岸是隐蔽的存在，在此岸是显示（希腊文"delon"），是显示出来的东西，这就是在显现方式中具体进行的显现。

一旦将显现的显示性与存在的隐蔽性分离开来，对非真理的理解便发生了根本的变化；由于在存在与显现之间隔着一道鸿沟，因而原则上，如果我们相信，一个实事的存在以一种对我们来说是显示性的显现方式显示给我们，那么我们就有可能每一次都会弄错。普罗塔哥拉所做的对意见之争的相对主义淡化就在于，每一个主张都被解释为真。与此相反，怀疑论的淡化则在于，每一个主张都不能声称自己是在无蔽（aletheia）意义上的真，即一个实事存在在相应显现方式中的自身展示之意义上的真。可以说，不值得进行意见之争，因为任何一个提出主张的人从一开始就不可能在无蔽的意义上是合理的。

如前所述，在前哲学生活中包含着一种自明的信念，即每一个显现都是关于某个东西的显现，是一个基础性的实事、一个基质（subiectum）的自身展现，这个基质在我们看来是处在显现"之后"的东西。怀疑论是对自然观点的最外在的哲学反驳，因为它完全否认这个基质对我们的精神来说是可及的，认为实事的存在是在这个可及性的范围之外发生的。这个存在的遮蔽性将人的精神掷回到它仅仅所能及的区域上去：显示性的区域，显现。故而，人的可能不是在这个区域之外、在这个区域的彼岸，而仅仅是在这个区域的此岸。在他自己那里，他在显现方式为之而显示的人的本己精神之中去寻找这个基质。

这样，个别人的精神、我的精神便成为显现方式的基质，成为近代意义上的"主体"（Subjekt）了。显现方式很快便不再是实事的自身展示，而是成为精神本身的各个特征展现给我的精神的方式。例如，对一个在自然观点中的人来说，"冷"可以显现为"风"这个基质的一个特性，它作为感觉而被移置到我的精神内部。"冷"的显现不再发生在与"风"的关系中，而是发生在与作为精神的我自己的关系中。与我自己的关系在近代哲学中获得了"表象"的称号。显现方式成为我作为主体所进行的表象。作为表象的进行者，精神获得了"意识"的名称。

相对于意识连同其表象的内部性，实事的存在构成了一个外部；实事成为"对象"，它们在外部与人的主体相对立，而主体则借助于它的表象与它们相联系。这种意识的内在性与外部世界的二元论虽然是自笛卡尔以来在近代哲学之始才成为成熟的口号，然而，在这个方向上的关键一步是随着悬搁以及显现方式之显示性与存在之隐蔽性的二元论而由怀疑论所迈出的。实际上，近代哲学的主体主义不是从笛卡尔才开始的，而是随着希腊化时代便已经开始了。

笛卡尔在他的基本著作《沉思》中明确无疑地与怀疑论的悬搁相衔接。他首先用一些源于怀疑论的论证表明，有足够的理由来中止任何一个肯定性的执态，中止任何一个赞同（assensio），即抑制赞同（assensionem cohibere）①——这是对"悬搁"的拉丁文翻译。然后，笛卡尔这样来继续他的论证：因为我们人出于自然观点而通常习惯于肯定实事的存在，哪怕我们从不可能确定它们，所以只有一条道路才能使我们获得一个中止任何肯定执态的新习惯；即我们必须认为，每一个对存在的肯定都是一个错误。②但这种对所有存在的否定只是为了用来彻底地实施悬搁，它是一种具有纯粹方法作用的怀疑。在这个怀疑方法的基础上产生出那个著名的明察，即我不能否定一个存在：我自己作为我的表象之主体的存在，也就是作为意识的存在。由于我们能够完全确定这个存在，所以，笛卡尔便可以在这个确然性的坚定基础（fundamentum inconcussum）上重新建构科学的大厦。

胡塞尔曾以对笛卡尔的批判来论证现象学：笛卡尔从悬搁走向否定所有存在的这一步是一个方法上的错误；因为这个否定的任务在于支持对所有表态的中止，但它恰恰无法做到这一点，因为它自己就是一个主张，并且因此是一个表态。一门彻底地为了真理、为了克服意见之争而进行努力的哲学方法只能在于悬搁之中。这样，

① 参看笛卡尔：《第一哲学沉思集》，I2，I10。——原注
② 参看同上书，I11。——原注

就像在皮浪的怀疑论中一样，悬搁在现象学中再次成为整个哲学的基础。

由于胡塞尔在历史上对怀疑论知之甚少，故而他从未看到，他对笛卡尔的批判已经可以与皮浪的怀疑论发生联系。这种怀疑论的意图就在于，中止任何一个主张，但它仍然以隐蔽的方式含有一个主张。这个主张便是：在实事的显现方式与实事的存在之间隔着一道鸿沟。怀疑论因此而提出了一个关于存在和显现之关系的主张，尽管怀疑论禁止任何主张。由胡塞尔所开创的现象学完全就是一种无限地坚持悬搁的方法。所以，它是一种彻底严肃地对待自己的怀疑论方式。[1]胡塞尔的命题在于，怀疑论恰恰因此而克服了自身。他以此而用他自己的方式兑现了黑格尔《精神现象学》中的命题，即一个完全彻底的怀疑论将会自己扬弃自身。[2]

黑格尔是以此方式而为哲学找到一条未来之路的现代思想家。哲学的第一条道路是建立在巴门尼德的存在与真理之共属性基础上的早期的古代希腊思想，以及如上所述它在中世纪经院哲学中的延续。哲学的第二条道路是随笛卡尔将意识提升为基质而开始的近代主体主义。20世纪的现象学是具体实践第三条道路的尝试，即已经为黑格尔所指明的哲学的未来之路。这条道路以皮浪怀疑论的自身克服为开端，这种怀疑论在希腊化时期便已为近代主体主义的发展提供了可能性。

---

[1] 阿古雷（A. Aguirre）已经在这个意义上阐释了胡塞尔的现象学，参看阿古雷：《发生现象学与还原——胡塞尔思想中根据彻底的怀疑论对科学的终极论证》，《现象学文库》第38卷，海牙，1970年。——原注

[2] 在这个意义上，黑格尔在《精神现象学》引论第67页中谈及"自身完善的怀疑主义"。关于黑格尔现象学中的怀疑论，可以看看克莱斯格斯：《黑格尔〈精神现象学〉中怀疑主义的双重面目》，载富尔达、霍斯特曼编：《黑格尔哲学中的怀疑主义与思辨思想》，斯图加特，1996年。——原注

现象学放弃对显现与存在的关系做任何表态，从而完成了怀疑论的自身克服；因为这种放弃意味着，它与怀疑论相反，不把显示者——显现方式——与存在分离开来。但如果人们认为，现象学只是回到了前希腊化时期的思想，即回到了巴门尼德对存在和关注的聆听之等同上去，那么，人们便误解了这一点；因为这个等同也是对存在与显现之关系的表态。现象学之所以获得在哲学史上的位置，乃是因为它在前希腊化思想与希腊化思想的分水岭上做了回转，并且对这两条道路所做出的思想决定进行了明确的悬搁。现象学对此问题不做表态，这个问题便是：存在与显现之间的关系究竟是巴门尼德的共属性，还是皮浪的怀疑论鸿沟。

从这个完全彻底的悬搁中自发地产生出现象学基础上的未来哲学之任务。哲学自赫拉克利特以来便立足于克服自然观点。在自然观点中包含着这样一个信念：所有显现方式都具有这样的意义，即它们是关于某个东西的显现，是一个实事的存在的显现。所以，这个信念预设了显现的结构，我们可以将这个结构用公式来表述："实事在显现方式中的显现。"如果哲学研究与克服意见之争有关，那么，这个结构便是哲学研究所必须涉及的事态。但现象学家在进入这个研究中时却没有对这样一个问题做出事先的决定，即显现方式与实事处在何种关系之中；因为一旦做出这种事先的决定，他便对自然观点做出了表态。而彻底坚持的悬搁禁止他这样做。但是，悬搁给了他这样的可能性，即在他分析和思考时，他可以以上述显现的结构为出发点。

面对实事在显现方式中的显现，现象学家采取一种中立的观察者的态度。他询问：自然观点中的人如何会将一定的显现方式回涉到一定的实事之上？他们如何不言自明地认为，正是这些实事在这些显现方式中展示出来？人如何能够将那些对他们而言是显示性的显现方式理解为关于实事的显现？这个问题很容易与古典的近代认识论问题相混淆：人的主体、意识如何脱出它的表象的内在性而达到"外部世界"中的"超越"对象。但近代认识论的这个问题仍然以主体—客体二元论为预设，而这个二元论已经通过彻底进行的悬搁而被克服掉了。①

现象学家询问，如果人们将那些对他们显示出来的显现方式理解为属于实事的一种显现，那么这是怎样发生的？现象学是对这个"属于"（von）的具体分析。具体地看，显现是一定的实事在与其相应的显现方式中的自身展示。不存在那样一种普遍的显现，以至于各个显现方式可以在它那里相互替换；相反，每一个实事都只能在一定的、对它来说特征性的显现方式中显示出来。现象学的研究工作就在于描述实事与它们的显现方式之间的具体关系②，它彻底地放弃对自然观点归与显现之实事的存在进行表态。

一个实事的显现方式究竟是何种类型的，这要取决于人的各种世界，即取决于人的境域。它们构成了一定显现方式的活动空间，并且构成在其中自身展示的实事之存在的活动空间。据此，现象学的研究主要集中在境域分析之上，并且具体地回答这样一个问题：什么样的显现方式通过什么样的境域而得到开启？我们已经看到，在意见之争中，各种相互偏离的意见是由不同的显现方式所决定的，因而也是由境域所决定的。由于现象学作为一种哲学方法，其目的也在于克服意见之争，所以它的真正问题就在于

---

① 对此可参看拙文：《胡塞尔对"现象"的回溯与现象学的历史地位》。——原注
② 在其最后的著作《危机》的一个著名注释中，胡塞尔意识到，他的"一生事业"都"受一个任务的支配，即系统地把握这个相互关系的先天性"。——原注

理解许多世界与这同一个世界的关系。这同一个世界是指引联系（Verweisungszusammenhang），它之所以产生，是因为所有指引联系、所有境域都在进行着超出自身的指引。作为一个对所有境域而言的同一个指引联系，这同一个世界是同一个包罗万象的世界。在这个意义上，胡塞尔将这同一个世界定义为普全的境域。

这不是错误的，但却是片面的。这是因为，由于世界作为普全境域是包罗万象的，所以它不再超越出它自身；但一个境域的本质在于，它超越出它自身。这就意味着，这同一个世界在某种程度上不可能是境域。境域作为显现方式的活动空间是那些对我们来说的显示性事物的区域，用希腊文来说是"delon"。只要这同一个世界不是境域，它也就不是显示性的区域。就此而论，它是一个adelon，即一个隐蔽性的区域。世界可以说是有一个朝向我们人的一面和一个背向我们人的一面：就它是对所有境域的普全境域、是显现的维度而言，它是朝向我们的；而就它具有隐蔽性的特征而论，它是背向我们的。

只要世界是普全境域，那么对于现象学来说，巴门尼德的显现与存在之共属性便始终存在；因为每一个实事的存在都处在与一定的、由境域决定的显现方式的相互关系之中，而所有境域都共属于"世界"这个普全境域。但由于对存在与显现之关系的彻底悬搁，现象学中立地对待巴门尼德。对于巴门尼德来说，存在在noein［思想］中得以显然。与此相反，现象学必须把握这样一个可能性，即像怀疑论所主张的那样，存在具有隐蔽性。对于现象学来说，这种隐蔽性当然不再可能是笛卡尔意义上的超越意识的"外部世界"。这里所涉及的必定是作为普全世界之背面的世界之隐蔽性。

但如果这个背面具有隐蔽性的特征，那么究竟如何可能来讨论它呢？对这个问题的回答方式，产生于对悬搁的彻底坚持之中。悬搁是一种意愿的决定，我们以此来中止对存在与显现的关系做出表态。但是，唯有当皮浪的怀疑论悬搁超越了亚里士多德对肯定与否定的解释之后，并且当意愿在提出主张的过程中获得其根本性的作用时，存在与显现的关系才能成为一个表态的对象。但这种悬搁在现象学的眼中显得还不够彻底。由此可以得出结论：一种完全彻底地得到实施的悬搁能够做到对意愿的含义再次加以限制。意愿的主体主义强权必须有一个界限。这个界限可能就是世界的背面的隐蔽性。马丁·海德格尔，这位开启了现象学的思想家，便曾对此做出了思考。[①]但这应当是一个新的思考课题了。

（倪梁康　译）

---

① 对此可以参看拙文：《世界的有限性——现象学从胡塞尔到海德格尔的过渡》，载尼迈耶编：《有限性哲学》，维尔茨堡，1992年；以及《海德格尔通向"实事本身"之路》，载柯里安多编：《概念之奥秘：冯·海尔曼六十五寿辰纪念文集》，柏林，1999年。——原注

第三章　境域与习惯
——胡塞尔关于生活世界的科学

自柏拉图以来，哲学与科学共同具有的并且对欧洲文化具有决定性意义的认识方式，被称为"知识"（episteme）。胡塞尔于1935年在维也纳文化协会的演讲中，将现象学放置于知识传统中。[①]由此演讲而来的论著《危机》，包含着一门关于生活世界的科学的计划。借着这门科学，知识的原始任务最终应该得以实现。胡塞尔把至今阻碍这种实现的东西称为"客观主义"。这客观主义标示着现代科学对于世界的关系。但是，客观主义的前史则要回溯到知识的开端。而正如胡塞尔所表述的那样，现代科学的意义就是在这种开端性的知识中"被原初地创立起来"的。

有一种态度在知识原创之前已决定了人对世界的关系，这种态度是随着知识而失去其自明性的。知识的原创意义（Urstiftungssinn）由此即可见出。胡塞尔把这种态度标识为"自然态度"，因为它在知识形成之前对人是如此自明，以至于人置身于其中而浑然不觉。态度是对某物的态度，它具有一个关联物。知识态度与自然态度具有相同的关联物，即世界；而二者之区别在于它们与这个关联物的关系。[②]在这种联系中，所谓"世界"就在现象学上被理解为普遍境域，

---

① 胡塞尔：《欧洲人的危机与哲学》，载胡塞尔：《危机》，第314页以下。——原注
② 对此论点的论证，可参看拙文：《世界的有限性——现象学从胡塞尔到海德格尔的过渡》。——原注

也就是普全的指引联系（Verweisungszusammenhang）。所有意义指引的个别联系都共同归属于其中，而我们的行为就是由这种意义指引来引导的。在自然态度中，作为普遍境域的世界退离我们的注意；而在知识中，它成为胡塞尔所表述的"课题"。

知识把自然而然非课题性的世界课题化，这个过程自始就有一个基本困难。我们在行为中所注意的一切，我们在这个意义上所课题化的一切，都是从相应的境域中走向我们的，并且能够以此方式向我们"显现"（erscheinen）出来。为了使这种显现得以进行，境域必须非课题性地处于背景之中。也就是说，非课题性与境域性是不可分离的。作为哲学与科学的课题，世界本身首次显现出来；但作为普遍境域，世界却构成任何一般显现的非课题性背景，因而知识自始便面临一个危险，即它所课题化的那个世界已经不再是构成所有课题性显现者的非课题性背景的世界。课题化了的世界似乎不可能是知识依其原创造意义所关涉的世界。为了使得自身现实地向它原初指向的世界开启出来，知识或许就必得向自己提出一项任务，即恰恰把世界当作原则上不能课题化的东西而把它课题化。由于知识从一开始就偏离了这个悖谬的任务，所以它误入了客观主义的歧途。此事是如何发生的，我们在此可以重构如下。

课题化是人的一种自由实行，就此而言，它是某种主体性的东西。因此，维护世界的非课题性，意思就是说：承认世界独立于主体性，并且在此意义上是一种自在存在。此外，只要境域并不独立于我们的行为，那它便是主体性的东西。只有当我们在思想与行动中取得某些可能性，而借着这些可能性，我们——正如胡塞尔所言——得以跟随某些从境域性指引中产生的先行勾勒（Vorzeichnungen），这时候，世界作为指引联系才会开启自身。这样一些可能性乃是我们主观能耐的方式，即我们能力（Vermögen）的方式；因而胡塞尔贴切地把它称为"权能性"（Vermöglichkeiten）。只要境域是权能性的游戏空间，主体性便在其中展开自身。因此，知识显然就要使世界摆脱对境域的维系，由此来维护非课题性世界的自在存在，因为看起来，境域似乎以其主观特性阻塞了通往这种自在存在的道路。

世界以这种方式显现为一个对象，后者具有一种独立于主观境域的并且在此意义上客观的持存内容（Bestand）。把世界从境域中分离出来，这种分离的极端形态就是现代客观性科学。这种科学自以为公正对待了世界的自在存在，所以就自信是对知识的完成。但由于这种科学认识不到，世界的自在存在是不能与世界的非课题性相分离的，而世界的非课题性也是不能与世界的境域性相分离的，所以，这种科学实际上把知识带入其最深刻的危机之中了。世界只有作为普遍境域——而非作为对象——才能够保持为非课题性的。由于客体主义否定哲学的和科学的世界认识与境域的逆向联系，所以它就决定了知识的失效。维护世界的非课题性而把世界课题化，这乃是知识的原初任务；而知识就因为对这个任务无计可施而失败了。

胡塞尔关于生活世界的现象学科学[①]试图为此困惑提供出路。由于这门科学真正地关涉到对世界的非课题性的维护，所以，它在某种意义上也可能具有对于自在存在的客体主义兴趣。然而，这门科学必须针对客体主义而表明一点：得到正确理解的世界之自在存在恰恰是需要境域的，因为世界的非课题性特征归因于境域性。在这

---

① 新近关于胡塞尔"生活世界"概念及其效应史的研究工作，笔者在《生活世界》一文中做了综括，该文载《神学实用百科全书》第20卷，柏林／纽约，1991年。此外可参看拙文：《胡塞尔的哲学新导论——生活世界概念》。——原注

种意义上，现象学明确地在世界的境域性中把世界课题化，而这也就意味着：把世界课题化为生活世界。生活世界科学的指导问题乃是：如何以非客观主义的方式来理解世界的自在存在？也就是说，在何种意义上，世界的自在存在是依赖于境域的？胡塞尔后期的几个研究手稿被收入《危机》增补卷中，于1993年问世；从中我们可以看到一些新的指示，有利于我们来解答上述问题。在这方面，特别富于教益的是胡塞尔写于1936年8月的《人类学的世界》一文①，我们下面的思索多少都受到了该文的启迪。

"自在存在"（Ansichsein）这个概念指向一种相对于主体权能性的独立状态。而在此意义上，它也就指向某个东西，这个东西对那种关于主体权能性的自由支配来说已经是先行被给予了的。对上述指导问题的解答的第一个开端就在于：我们并不能不受限制地自由地支配境域，即我们行为的主体权能性的运作空间。境域对我们来说始终也是先行被给予的，因为绝没有一种行为是能够独立于所有指引联系而发生的。绝没有一种行为能够摆脱这样一回事，即通过境域让先行勾勒先行给予自己；抢在先行被给予之前的行为实不可能。但是，作为权能性的运作空间，境域一方面先行被给予我们的自由能力，另一方面它又具有主体性格。这二者究竟如何协调起来呢？自20世纪20年代始，胡塞尔已经借着他的发生现象学对此问题做了回答；而从历史学上的和事情本身的角度来看，发生现象学构成了关于生活世界的科学的真正前提。

我们的境域之所以作为先行被给予的东西而为我们所熟悉，是

---

① 《人类学的世界》一文被编为第28号，载胡塞尔：《危机》增补卷（1934—1937年遗稿，《胡塞尔全集》第29卷），第321页以下。1994—1995年度冬季学期，乌泊塔尔大学"现象学研讨班"曾研读此文。与会者的发言给我很多启迪，谨此深表谢意。——原注

因为我们对它们已经习惯了。我们能够从某种指引联系中抓住权能性，是由于这些权能性通过习惯化（Gewöhnung）对我们来说已经整备就绪，以至于我们无须把它们课题化了。我们的行为服从那些已经包含在某个境域中的先行勾勒。这意思就是说：遵循相应的习惯。通过习惯化，也即通过习性化（Habitualisierung），我们就形成了相应的习性（Habitualitaeten）。由此，我们的境域就可能发生变化。崭新的或者变化了的境域并非一朝一夕就能向我们开启出来的，但通过习性化，主体的权能性对我们来说就可能变成一种持久的所有物，而后者的在非课题意义上为人所熟悉的关联物就能构成一个相应的境域。

境域的先行被给予性之所以得以与其主体性格相协调，是由于习性化过程维系于主体性的自由。这是因为，我们的意志对于习惯的形成具有一定的影响：为了采纳习惯，总是需要某种或多或少明确的决心（Bereitschaft）。然而，关键的问题在于，这种决心仅仅是习性之形成的必要条件（conditio sine qua non），而不是它的充分条件。行为方式的习性化过程的进行，并不取决于我们。习性是"自然地"降临到我们身上的，成为我们的"第二本性"（zweiten Natur）[①]。也就是说，习性并不是通过意志决断而引发出来并且保持运行的。在此意义上，正如胡塞尔所表述的那样，习性化乃是一种被动的发生（Geschehen），也即一种经受（Erleiden）。每一种经受都与一种行为（Tun）相对应。我们的意志在习性化过程中受制于这种行为的行为者（Tuendes），这个行为者就是时间。时间乃是一种强力，我们对权能性的自由支配依赖于这种强力，因为行为方式只

---

① 或译"第二自然"。——译注

有借着时间才能积淀为习惯，而境域则是借着习惯而开启给我们的。境域具有先行被给予的特性，对于这一点，我们可以根据时间的强力来加以说明。

正如先行被给予的个别境域构成习性的非课题性关联物，同样地，作为普遍境域的这一个世界乃是自然态度的非课题性意义上熟悉的关联物。"世界"这个普遍境域作为某种先行被给予的东西，也是我们所熟悉的。因此，客观性科学的确能够把一种自在存在判给世界。然而，在何种意义上，这个普遍境域对于自然态度来说是先行被给予的呢？类似于习性化"自发地"进行，自然态度也是"自发地""自然地"形成的。这并不是说，我们是在生物学上如此这般地被程式化的；而只是说，这里所关涉的乃是一种特殊种类的习惯。

我们在某个时候已经采纳下来的许多习惯的形成，是与上面刚刚提到过的决心相联系的。就此而言，这些习惯的形成就并非完全不受我们的意志的影响。与之相对，自然态度乃是这样一种习惯，它是我们完全无须加以采纳的，因为我们自始便生活于其中；人们可以把它称为"原习惯"（Urgewohnheit）。我们通常总会以某种方式知道自己的态度，因为我们的态度作为习惯是在意志之决心这个必要条件下形成的。相反地，在自然态度中，我们是先于所有决断而生活的，而上面讲的这种决心只有通过此类决断才可能出现。

因此，这种自然态度绝不依赖于我们的意志。而这就意味着：我们也不能做出意志上的决断，决定弃绝自然态度的原习惯，或者以其他习惯取而代之；因为纵使我们放弃一种习惯，这也还是意志对此习惯的一个影响。所以，所谓"向知识的过渡"，并不是说我们要放弃这种原习惯，而只是说我们要取缔这种原习惯的自明性。但相应的情况也一定适合于它的关联物，即世界。通过向知识的过渡

是绝不能扬弃世界之实存（Existenz）的。就此而言，世界之实存是
纯然的先行被给予性，是原初的先行被给予性。因此，当世界在知
识中首次被课题化时，世界之存在只能显现为一种不可扬弃的确定
性。在笛卡尔之前，事情基本如此。而在笛卡尔那里，知识对于世
界之原初的先行被给予性的传统态度才得到了改变。

笛卡尔在其《沉思》中首次认识到，自然态度就在于一种习惯，
也就是一种肯定世界之存在的根深蒂固的倾向。笛卡尔以抑制赞同
（assensionem cohibere），也就是以古代皮浪怀疑论的放弃判断（即悬
搁），来对抗这样一种倾向，由此取缔这种倾向的自明性。但接下
来，在第一沉思的结尾处，笛卡尔从一个骗子上帝的假设中得出一
个结论：为戒除那种习以为常的肯定倾向，只有对世界之存在的暂
时否定才是适恰的手段。这就是怀疑的方法。胡塞尔多少已经清晰
地看到，这种怀疑之所以不能得到维护，是因为它错认了原习惯的
约束力量：这种习惯的关联物，即普遍境域的原初的先行被给予性，
是不能由我们的意志来处置的。以骗子上帝的论据来消除这种原初
的先行被给予性，这乃是一种唯意志论的花招。我们的意志唯一能
做到的事情，就是以悬搁这个方法工具来取缔世界的原初的先行被
给予性的自明性。[①]

然而，这绝不意味着一种向古代悬搁方法的素朴回归。唯借着
随笛卡尔而来的对主体性的发现，以下洞见才成为可能：世界作为

[①] 胡塞尔在《观念》第1卷中做的消除世界的思想实验，乃是笛卡尔主义及其背后的唯意志论的
一个非现象学遗产。此种情形也出现在胡塞尔在该书以及后来反复做出的努力中，即试图把
世界之存在说明为"构造成就"（Konstitutionsleistung）；因为任何此类说明，如果不是恶性循
环（circulus vitiosus）的话，就必定以如下假设为出发点，即我们能以某种方式把世界设想为
不存在的；但这其实是不可能的，因为这样一来，以世界为其关联物的原习惯就会受到扬弃
了。——原注

境域构成主体权能性的在非课题性意义上熟悉的运作空间。对于前笛卡尔的悬搁来说，世界仍然构成显现者之总体。所以，此种悬搁就在于：对个别课题性显现者的存在放弃判断。至胡塞尔才把悬搁彻底化，使之成为先验现象学的还原，而借助于后者，非课题性普遍境域自身的先行被给予性才脱落其自明性。问题却在于：如若这种自明性之消除（Entselbstverständlichung）并不是笛卡尔式怀疑的一个隐晦变种，则我们应该如何理解之？只有当世界的原初的先行被给予性已经得到澄清时，这个问题才能得到解答；而为此，我们还必须把原习惯的特征更为清晰地揭示出来。

个别境域对于意志来说之所以是先行被给予的，是因为习性化的被动性。与境域借以开启自身的那些习性即习惯相区别，原习惯是完全独立于意志的，因此不是通过习性化过程而降临于我们的。但原习惯如何得以成为"习惯"呢？我们把"习惯"理解为一种借着习性化而形成的人类状态，这是"习惯"概念的意义之一；若没有习性化，就没有"习惯"。这一点也必定适合于原习惯。但某个形成的东西必定也有可能消逝。而原习惯却因其不可消除的特性而不可能消逝。如若原习惯不能通过习性化而被消除，那么，习性化如何可能归属于原习惯呢？

答案在于：原习惯的关联物（即世界）仅仅作为对众多个别境域而言的境域而存在，而众多境域又构成那些习惯的关联物，这些习惯实际上能够从习性化过程中形成，也能够通过"习惯去除过程"而消失。原习惯之所以担当得起它们这个名称，是因为它们具体地展开于开启诸境域的习性之中。原习惯并不是静态现成的，而是一种发生；它的存在就在于：它本身总是一再在这种习性的生成中自我更新。依此，我们的分析工作的注意力必须朝向先行被给予的境域通过习性而形成的过程，现象学的还原才得以具体化。这就是一种关于生活世界的发生现象学的主要任务。唯借助于此，还原才能有所成就，而不再是笛卡尔式怀疑的一个隐秘新版。

胡塞尔本人在其晚年手稿中已经看到了我们上面刚刚阐发出来的联系，尽管他直到最后还保持着的笛卡尔式的语言风格起了某种妨碍作用，使得他不能对看到的东西做充分的概念陈述。在此值得重提一下本文开始时提及的《人类学的世界》一文。在该文中，胡塞尔确实洞察到了那种关系，即世界之不可扬弃的原初的先行被给予性与境域的受习性化制约的先行被给予性之间的关系。但是，胡塞尔仍然暗暗地以笛卡尔的方式把世界之原初的先行被给予性解释为不可怀疑性。因此，世界之原初的先行被给予性在他看来就是一种"绝然的预设"（apodiktische Präsumption），而后者通过境域的受习性制约的可变性而被相对化了，尽管它本来是不允许这样一种相对化的。因此，胡塞尔不得不采取以下这个看似悖谬的陈述："世界以一种绝然的预设的形式'证明'自己，而绝然的预设却在持续的相对性中不断地验证自己。"[1]

作为与原习惯相关联的原初的先行被给予性，世界乃是普全的绝对非课题性的境域。由于笛卡尔主义掩盖了对此情况的洞见，它就有可能使现代的境域之遗忘状态进入极端境地，那就是那种客观主义科学所做的企图完全摆脱境域性的努力。因此，关于生活世界的科学对客体主义的批判预设了对笛卡尔主义的克服。这种知识作为关于境域之习性化过程的发生现象学，以非笛卡尔的方式承认世

---

[1] 胡塞尔：《危机》增补卷，第330页。稍后，在第330—331页上，胡塞尔就"作为绝然有效性的世界"写道：世界"为先验主体性"而存在，"在其中绝然地以相对性不断地证验自己"。——原注

界的原初的先行被给予性，从而得以在维护世界之非课题性的情况下把世界课题化，并因此而对立于客体主义，去完成知识依其原创造意义所设立的那个任务。

但在这一点上，我们要提出一个问题：如此构想的关于生活世界的科学是否真正能够摆脱客体主义？知识自身以返回去维系于境域为标记，而客体主义就是建立在知识对这种维系的否定上的。关于生活世界的科学的课题对象，本文已有所言述；而一言以蔽之，就是基于习性化的境域性。现象学的课题化本身是受境域制约的，就对自在地持立的客体的认识而言，这在原则上是无意义的。那么，是什么使现象学得以免于将其对象视为一个自在地持立的客体而将其课题化呢？如何避免客体主义以这样一种方式在那种意在克服客体主义的知识范围内卷土重来呢？

生活世界的现象学把通过习性化对境域的开启事件当作它的对象而把它课题化，这明显是不够的。为使这种课题化自身不致沦为客体主义，其中所采纳的程序，也即作为方法的现象学，也必须借着自身对它所课题化的境域的维系而得到规定。这就是说：这种课题化背后的意志不容许享有全权，宣布与境域的先行被给予性断绝关系。发生现象学必须通过其方法的具体性质表明，它已经准备把这些境域采纳为先行被给予性，即归功于习性化之被动发生的先行被给予性。发生现象学必须在其科学的判断形成方式中反思以下情况：它之所以能够把作为先行被给予性的境域课题化，只是因为它自身依赖于这些境域从中得以形成的习性化过程。由于发生现象学就这样把境域承认为它本身行为的先行勾勒，它就明确地委身于时间的强力，即在习性化之自然发生中显露出来的时间的强力。所以，问题就在于：关于生活世界的发生现象学对于习性化的依赖性是如何在其方法中具体地展现出来的?

胡塞尔不仅把现象学方法规定为先验的还原,并且也把它规定为本质直观,或者如胡塞尔在《观念》第1卷中所表述的,就是本质还原。胡塞尔从来都没有放弃过这个方法环节,但他自20年代起就已经阐明了一点:本质直观不可能存在于一种对本质事态的纯粹接受性的精神洞察中。而毋宁说,它基于一种活动,即本质变更:我们通过在想象中虚构(fingieren)一个实事的本质规定性的可能变式,从而就能够把握这个实事的本质,也即它的本质规定性。在这种虚构中会出现那个边界,越过这个边界,有关实事就会丧失其同一性。以这种方式,一些不变的规定会通过变更而凸显出来,而恰恰是这些规定构成了有关实事的"本质"。

作为对现象学描述程序的描述,这个理论是极为明了的,但它没有说明:为何想象的变化会碰到不可逾越的界限。这些界限对变更来说显然是先天地(apriori)被先行被给予的,它们并不受制于施行变更者的自由权能性;就此而言,它们是"自在地"现成的。然而,应该如何理解这种自在存在呢? 在这里,是什么约束着自由变更想象的游戏呢? 在胡塞尔那里,至少就至今已经在《胡塞尔全集》中出版的手稿部分来说,我们无法找到一个对此问题的明确答案。但这种解答的基础已经有了。

第一性的自在乃是世界对于原习惯的先行被给予性。这种原初的先行被给予性不断地自我更新,因为个别境域通过习惯化而落到普遍境域身上。我们在行为中是以这些个别境域的先行勾勒为定向的,因为我们抓住的是这些境域所准备的特定权能性。这些境域以其先行勾勒为我们提供规则,指导我们如何能够从我们的行为中已现实地把握到的权能性过渡到其他权能性的实现。在此意义上,我们可以把境域称为规则结构。在我们的行为的多样性中，我们通过对先行勾勒的遵循而使多样事件依照不同方式为我们显现出来。如果我们用中性的存在学名称"实事"（Sache）来标记这种多样性，那么我们就可以说：任何一个实事只有从那些境域中浮现出来时才能与我们相遭遇；而此所谓境域，就是一个实事以其特殊的方式得以显现出来的境域。作为规则结构，也就是作为先行勾勒的源头，境域规定实事以何种规定性显现给我们。①对于如此这般构造起来的实事规定性，我们在本质直观中能够把它当作我们的表象活动的课题。

借助于对实事规定性本身的课题化，我们使自己间接地意识到境域性的规则结构。这一点对我们来说还是隐蔽着的，因为通过课题化，对相应境域的信赖状态的非课题特征就会无可避免地丧失掉。通过在想象中变换本质的实事规定性，我们就间接地变更了规则结构，并且变更了由此规则结构所成就的先行勾勒，即对我们与实事的交道的先行勾勒。在本质变更中的想象游戏之所以碰到了边界，是因为每一个本质作为常项（Invariante）以对象化的形式使境域性的规则结构显露出来，而我们的权能性的自由展开就维系于这些境域性的规则结构。②这种维系为我们的行为设置了边界（"境域"其实就意味着"界线"［Grenzlinie］），而这种边界显示自身为本质变更中的实事规定性。

所以，这些境域虽然在某种意义上变成课题，但并不是以客体

---

① 鉴于所有对象之显现的境域性，胡塞尔本人在1929年的巴黎演讲中说："任何一个客体……都标示着先验主体性的一个规则结构。"参看胡塞尔：《笛卡尔的沉思》，《胡塞尔全集》第1卷，斯退芬·斯特拉塞编，海牙，1950年，第22页。——原注

② 克莱斯格斯首先指出了这一关联，参看克莱斯格斯：《胡塞尔的空间构成理论》，海牙，1964年，第29页。——原注

主义的方式；因为这些境域归功于习性化，而这种习性化本身仅仅构成本质变更的背景，可以说是以此背景为"后盾"的；而"在其面前"，它又以其对象化的结果为课题。因此，这种习性化仍然是一种发生，是现象学方法本身所隶属的一种发生。这一点表现在：作为本质变更，现象学方法承认，境域之习性化过程的对象化结果是不变更的先行被给予性；而相对于这种先行被给予性，现象学的课题化永远只可能以事后追补的方式进行。

这种事后追补的特性表明，境域性的规则结构以及随之而来的实事的本质结构构成一种先天性（Apriori）。那个使某物得以显现出来的、根据习性而被先行被给予的境域性背景，预先决定了某物能够作为什么实际地向我们显现出来。因而，与一切在经验层面上与我们照面的东西的交道，都是以规则结构的先天性为基础的。但与传统关于超时间的先天性的信念相反，上面这个句子并不意味着：这种先天性的以习性为基础的先行被给予是独立于历史的。由于习性是按照时间的强力生成和消逝的，所以，境域的先行被给予是受历史制约的。

诚然，在境域的先行被给予性中，昭示出普遍境域的原初的先行被给予性；这个普遍境域作为不可扬弃的原习惯的关联物，经受住了一切历史性的变化。但是，与这种经受构成互补的，是习惯化和习惯转变的历史性游戏；通过这种历史性游戏，新的境域能够在一个时段中成为先天的先行被给予性。我们的境域的地图，在非课题意义上为我们所熟悉的、历史性地先行被给予的境域之地图，构成一种具体的同时也是可变的先天性。虽然在本质变更所碰到的边界的不可逾越性中，这种先天性证明自己为一种不可移动的必然性，而且是人类的约定愿望所达不到的，但是，作为习惯化的结果，这种先天性却是实际的和偶然的。

以后面阐发出来的这个思想，历史性的世界就进入了我们的思考境域内。但这个世界却具有一个彻底交互主体性的特性。它与其诸境域一起，构成诸如种族、民族或者文化的共同习性的关联物。因此，对于迄今为止对现象学方法的描述，我们必须补充以一个本质特征。现在必须注意的是，我们虽然在非课题性意义上确信普遍境域的先行被给予性，但具体地讲，我们永远只有从我们自己的境域出发来认识这个普遍境域。用胡塞尔《危机》时期的一个概念来说，这个世界仅从我们的"特殊世界"（Sonderwelten）的角度向我们开放。①所以，我们也就无可避免地会遭受到他者的境域所带来的种种惊异。

这一点不仅对于我们作为个体置身于其中的私人世界有效，而且对于那些通过人们在历史性地承受的社会单元（诸如民族或者文化）中的共同生活而形成的世界也是同样有效的。传统的知识隐而不显地做出如下假设：科学对于世界认识的贡献原则上是能够为全人类所理解的，因为科学的贡献是以一种普遍主体性的理性为取向的，而这种普遍主体性据说又是独立于众多以特殊世界为家的主体的复多性的。然而，这一点却是一个对客体主义来说特别典型的偏见，因为在这里，所有人类行为——也包括知识活动——对于境域的逆向维系都被否定掉了。

客体主义的知识也知道，一种完全摆交互主体性的境域复多性的世界认识实际上绝不可能达到，因此它也承认这种复多性的消失只可能是研究过程的理想极致。然而，决定性的事情是，借着这种

---

① 参看胡塞尔:《危机》附录，《胡塞尔全集》第17卷，第459页以下。——原注

极致，交互主体性的境域复多性就在原则上被设想为能够被克服掉的东西。在关于生活世界的科学中恢复境域性，这一点包含着以下洞见：对这种复多性的摆脱不仅实际上是不可能的，而且在原则上也是不可能的，因为普遍境域永远仅仅从相应的特殊世界出发向所有主体和主体共同体开启自身。

如果每个主体都只是从它自己的特殊世界出发通向普遍境域，那么我们就得提出如下问题：对于根据习性历经变化的社会单元来说，那种交互主体性意义上的习性化，即对先天境域性规则结构的交互主体性的习性化过程到底是如何完成的呢？在交互主体性意义上，共同的境域通过习性而开启自身。那么，这些习性到底如何在不同主体的交互运作中变得习以为常呢？参与者投入哪些习惯中，这一点取决于其决心。所以，一种交互主体性的习性化就仅仅在于：实现了一种在决定性的习惯方面的一致性。由于每一个参与者都只有从自身境域出发才可能通往他者的境域以及相应的习惯，所以在此并没有什么"前定和谐"（prästabilierte Harmonie）。因而无可避免地，并不是所有参与者都能适应那些在主体间渐趋协调的习性。

某些确定的习惯就是这样作为被某个人类共同体视为"正常"的习惯来贯彻自身的。然而，这些习惯之所以能够获得此种效力，是由于另一些原本或许已经包含在主体之自由中的习性化可能性习惯地被拒绝掉了，并且获得了反常地位。因此，永远只有作为从可能的偏离中显突出来的东西，正常习惯才会在某个人类共同体中具有其约束力。这就是说，反常并不会消失，而是作为通常非课题性的可能性而构成正常性的背景。因为有这种联系，无反常就无正常，反之亦然。在此意义上，胡塞尔就能在《人类学的世界》这份手稿中说："认为所有人都有可能疯狂，正常性是一个偶然的主观事实，这种看法是荒谬的。"①在不同的民族和文化中，正常习惯必须借着交互主体性的习性化才可形成。自然态度的原习惯的发生，就是在正常习惯的这种生成和变易中历史性地自我更新的。

作为界限，交互主体性的境域先行为人类行为勾勒出其正常进展的轨道，并且划定这些轨道与可能发生的偏离的界限。这种划界赋予实事以规定性，这种规定性本身可能成为本质变更的对象。通过实事规定性的虚构变更，就显露出那些还有可能的本质变更与不可能的变更——对实事的同一性来说有害的变更——之间的界限。在这个界限中，正常与反常（以及相应的境域）之间的界限就以对象化的形式呈现出来；后一界限通常是以非课题性的方式为我们所熟悉的。但这样一来，本质变更的想象游戏就证明自身为一种操作。借此操作，我们仿佛是重演那个交互主体性的协调过程，而正常与反常之间的原初差异就是在这种协调过程中开启出来的。

在本质变更时浮现出一些界限，在这些界限中，我们间接地把那些通过交互主体性习性化而历史性地先行被给予的境域经验为先天必然性。但是，针对这个方法概念，又会重新出现这样一种嫌疑：关于生活世界的科学并未成功地摆脱客体主义。由于一个历史性世界的交互主体性的境域以上述方式在现象学中被表达出来，这些境域就会成为课题，丧失掉它们仅仅作为共同生活的非课题地保持下来的背景而起作用的特征。这样一来，所有被课题化的东西就都会落入我们的意志支配的范围之内；而且这样看来，对正常习惯的境域之先行被给予的遵循，似乎就没有必要了。难道一个已经意识到自己的习惯的人不能以其他习性来取代自己的习惯吗？在我们这个

----

① 胡塞尔:《危机》增补卷，第323页。——原注

多文化交互影响、共同成长的世界中，在与异己文化的正常习惯的遭遇中，这种习惯替换难道不是在不断发生着吗？这种反驳并没有认识到，我们不可能像占有某个事物那样养成正常习惯。我们已经提到的对习惯之习性化过程的决心固然是可能的，但这种习性化过程自身却归因于时间。所以，我们始终也只有在事后才可能确定：一种对正常习惯的习性化已经发生过了，而且这是在本质变更中进行的。

我们前面提出的问题是：哪种方法使得生活世界的现象学能够以一种非笛卡尔主义的方式，剥夺了非课题性普遍境域的原初的先行被给予性所具有的自明性？现在，对此问题的解答是：本质变更已经证明自己是一种反思性重演，即反思性地重演对一种习惯化的交互主体性意义上的确定过程，而这种习惯化的结果就是达到正常习惯。借着这种重演，我们就走出了那种交互主体性的习性化的非课题性进程，原习惯正是在此进程中不断自发地更新。我们借此得以"中止"，用希腊文来讲，我们得以施行一种epechein［悬搁］。如此理解的"悬搁"使那种非笛卡尔式的对世界作为世界的自明性的消除成为可能，也就是使先验现象学的还原成为可能。而这种对自明性的消除的具体内容就是本质变更。由此也已经表明，这两种现象学方法，即现象学的还原与本质还原，构成一个不可分离的统一体。

不过，在这种中止行为中，笛卡尔主义的矛盾也可能再度燃起。实行悬搁是我们的自由。如若整个现象学方法完全依据于悬搁，那么，难道它不是已经包含了一个意志决定，一个把这里公布出来的面对原习惯的谦逊证实为谎言的意志决定吗？而且，说现象学的课题化本身也不能避免把世界的原初的先行被给予性当作对象、使之隶属于我们的意志，此类反驳意见不是因此也将证明自己是合理的吗？然而，我们所谓"原习惯"对于意志的不可扬弃的独立性，意思却是与此针锋相对的。这种独立性从一开始就排除了下面这一点：通过悬搁对自然态度的自明性的消除，是由一种意志决定发动起来的，也即是由一种行为发动起来的。这种发动必须作为人所经受的某个东西而为人所经验，用希腊文来讲，就是必须作为一种pathos〔经受、激情〕而为人所经验。悬搁不可能从天而降突然由人来导演，它是以一种情绪为前提的。

胡塞尔本人在其维也纳演讲中承认了这一点，为此他援引了希腊文的"thaumazein"〔惊奇〕一词。[1] 根据柏拉图和亚里士多德，惊奇引发了知识的原初创立。在这种情绪的无言状态中，世界原初的先行被给予性以一种方式呈现出来，唯通过这种方式，课题化的语言才成为可能。深层的情绪状况，那些仿佛非课题性地规定着一种文化的整个气氛的深层的情绪状况，用海德格尔的表述来说就是"基本情调"（Grundstimmungen）[2]，是能够发生历史性变化的。一种文化的正常习惯的交互主体性的协调过程固然需要某种决心，但就基本情调的变化来说，毫无疑问的一个事实是：其变化不受人类自由的影响，因为所有此类决心都依赖于这种变化。

在对那些通过一种文化的正常习惯开启自身的境域的间接经验背后，在本质变更中，起着决定作用的乃是完全独立于我们的意志的基本情调状况。海德格尔指出，在今天，科学和人类的基本情调

---

[1] 参看胡塞尔：《危机》，第331页。——原注

[2] 关于基本情调对于文化的规定作用，可参看拙文：《欧洲与交互文化理解——与海德格尔关于基本情调的现象学相关的一个方案》，载冈特尔编：《欧洲与哲学》第2卷，海德格尔研究会文集，美因河畔法兰克福，1993年。——原注

已经变得与知识原初创立时迥然不同了。如若没有对一种基本情调的经验，则从自然态度到知识的过渡实际上就会成为一种主体的策划，一种最终将委身于客体主义的主体的策划。所以，就出现了有关在今天占据支配地位的基本情调状况的问题。但对此问题的求索或许是一项新的任务了。[①]

（梁宝珊、孙周兴　译）

[①]　关于此问题，可参看拙文：《海德格尔的基本情调与时代批判》，载巴本福斯、珀格勒尔编：《论海德格尔的哲学现实性》第1卷，美因河畔法兰克福，1991年。——原注

第四章　意向性与充实

如今在哲学世界中可以观察到，许多地方都在讨论"意向性"概念。究其原因，可能首先是因为这个概念在语言分析和认知主义对人类精神特性所做的讨论中扮演了一个核心的角色。但意识的意向性起初是通过它在埃德蒙德·胡塞尔现象学中的基本意义而变得重要起来的。胡塞尔对其意向性构想的展开首先与他对含义理解和感知所做的那些分析有关。然而，当现象学方法在他的思想发展过程中被扩展为一门包容所有领域的哲学时，我们便看到，现象学不仅是在诠释最宽泛意义上的理论行为时才依据"意向性"概念，而且也可以借助于这个概念而将更多的哲学清晰性引入实践和伦理的领域。

虽然现象学的伦理学——首先通过马克斯·舍勒——乃是以一种价值论，而非以一种意向性伦理学而闻名于世，然而，只要一种价值理论不是从现象学方法的基本原则出发、不是从显现者与显现的相互关系原则出发而被建造起来，它便是没有根基的空中楼阁：无论人遭遇到什么，这些遭遇到的东西都是在相应的特殊的实行活动中获取其规定性的，它们在这些实行活动中被给予人。这些实行活动在"价值"那里就是那些指导着行为的欲求——实践意向。唯有通过这些意向，某些目标才有可能作为"有价值的"而显现给一个行为者。如果对于一门价值伦理学来说的确存在着一个真正的现象学基础，那么据此，这个基础就应当可以在对实践意向性的分析中找到。

意向性不仅标识出人与世界的理论关系，而且还标识出它们之间的实践关系，这一点是由"充实"概念所清楚指明的。要想从现象学上理解"意向性"概念，"充实"概念是不可或缺的。在理论语境中，充实标志着对那些在感知时或在理解一个含义时意向地被意指之物的本原直观——自身给予。但是，除了这个原初对他来说至关重要的充实含义以外，胡塞尔也还深知另一个实践的"充实"概念：他依据德语日常用语而将它理解为一种当一个行为达到了所求目的时所形成的情感满足。

胡塞尔发表的许多文字——尤其是在新发表的《胡塞尔全集》的几个卷本①中——已经证明，这位"认识论者"在伦理问题的语境中完全是在情感满足的意义上理解"充实"概念的。但根据我的印象，在胡塞尔那里，在原初的理论的"充实"概念和实践的"充实"概念之间的内部联系始终是晦暗不明的。然而，如果应当就"意向性"概念对伦理学的意义做出有约束力的说明，我们就必须在现象学上澄清这两个"充实"概念之间的联系。我认为，有可能用海德格尔的思想来澄清这个实践的"充实"概念。尽管他对现象学进行了深入的改造，我们还是可以将他的许多思想理解为对已经在胡塞尔那里显露出来的可能性之展开。

我的思考分三个步骤进行：在第一部分中，我想从胡塞尔的原初的理论的"充实"概念出发去解释，为什么这个概念一方面对整个哲学都具有基本的意义，另一方面却又带有一个困难——胡塞尔并

---

① 除了《胡塞尔全集》第27卷以外，首先可以参看胡塞尔：《伦理学与价值论讲座（1908—1914年）》，《胡塞尔全集》第28卷，多特莱希特/波士顿/伦敦，1988年。——原注

没有继续帮助我们消除这个困难。在第二部分中，我想指明，我们可以用何种方式依靠海德格尔来摆脱这个困难。这里的关键在于，在海德格尔那里，实践的"充实"概念替代理论的"充实"概念而成为至关重要的。实践的充实就意味着情感的满足。这就引向第三个部分，我在这里想尝试着使一个借助于海德格尔而获得的对情感满足的理解变得对现象学的意向性伦理学有用。

一

当胡塞尔在《逻辑研究》中找到了他的思想之路时，他在含义分析和感知分析的框架中发展出他的原初的理论的"充实"概念。"意向性"与"充实"这对概念在这个语境中除了具有其他功能以外，还具有一个对哲学本身而言基础性的任务：它应当保护哲学，使它不至于因怀疑论而自身毁灭。

怀疑论所讨论的是陈述的主张因素所关涉的那些对象的存在：我在进行每一个主张时都表达着这样一个信念，即在我对现时陈述的实行中，我所陈述的对象的存在并不能够在它给我的表象之中被穷尽。我假定，对象的存在要超越出它对我的这种恰恰当下的显现方式：它不具有一个单纯为我的存在的特征，而是具有自在存在的特征。怀疑论原则上怀疑这个信念是否能够被改变。

怀疑论的怀疑预先设定，人们可以将主张因素孤立于陈述，并将它们从陈述中清除出去，而且人们可以将那些被语言分析称为论题内涵的因素保留下来。属于这个内涵的是对象的规定性。在怀疑论看来，我可以表象一个对象的规定性，同时却不必与对它的自在存在的主张相联系；这个主张是某种附加的东西。

与此相反，现象学则要探问，我究竟是如何原初地获得关于一个对象之规定性的表象的。我只能在一个体验境况中获取它，在此体验境况中，这个对象是作为相对于我的现时表象而自在存在的东西显现给我的。原初对对象之规定性的理解不可能不带有主张因素。现象学是通过向体验的回溯来克服怀疑论的，这些体验为我们提供了通向对象之规定性的第一通道；而且在这些体验中，这些规定性的显现根本无法脱离开对象的自在存在。这个突出的体验境况被胡塞尔称作本原的被给予性或对象的自身给予。

怀疑论者可能会对这样的假设提出指责说，它只是一个为了反驳怀疑论才做出的发明。但现象学的发现使这个指责失效了。这个发现在于，在与任何类型对象的交道之意义中都包含着一个对体验境况的指引，这些体验境况为我们本原地提供了可通向它们的各种规定性和自在存在的通道。对这些境况之本原性的保证在于，它们本身不再含有这种指引。而我们之所以可以回溯到它们之上，乃是因为非本原体验的境况始终以有规则的方式指引着它们。也就是说：它们显示出，经验者从非本原的境况出发能够通过何种途径而进入本原的境况。通过对这些指引联系的揭示，现象学使怀疑论丧失了基础。

自胡塞尔以来，这样一个说法已经颇为流行：只要意识是关于某物的意识，即只要意识与各种类型的对象发生关系，意识就是意向的。当人们不假思索地使用这个说法时，下列联系往往会被忽略掉：对象是带着一个与它们各自的规定性种类相应的自在存在而显现给意向意识的。但它们之所以能够这样，乃是因为意识每次都熟悉这个指引联系，它可以追溯这个联系，从而发现自身给予的本原体验境况。故而在意识的信念中，即在它是在与自身存在的对象打交道这个信念中，包含着一个趋向：不懈地追溯这个指引联系，直至到达自身给予的层面。因此，意向的"关于某物的意识"并不具有静态的特征，而是从根本上具有一种动力学的标志：要达到这种充实的趋向。

充实，也就是说，到达本原的体验境况，它的标志在于，经验者的意识不能再进一步被指引。当胡塞尔用可被误解的"直观"概念来描述自身给予时，他指的便是对象对意识而言的不再具有指引联系的当下。胡塞尔曾试图指明对每一种对象而言的特殊的自身给予的直观，但比"各种不同的意向如何充实自身"这个问题更为根本的是这样一个问题：究竟如何来思考为胡塞尔所预设的那种充实体验的无指引状态？对这个问题的回答取决于下列假设的合法性，即意向是可充实的。没有可充实性，整个意向性现象学就还建立在沙堆上。

一个体验境况如何能够具有这样一种不再继续被指引的终结属性？对此，原则上存在着两种可能性。一个终结只可能存在于这个指引联系的可以说是开端处，亦即存在于对对象的本原经验之境况中。在这个境况中，我们原初地遭遇对象的自在存在。如果对象是"自在"存在的，那么这就意味着，它的实存是以某种方式独立于意识的，并且因此也独立于这个意识对更进一步体验境况的指引状态。对自身给予过程的体验就在于，意识在这种对象自立性方面是与指引意识相对而驰的。意识在这个自立性中找到支撑，并使这个进一步被指引的运动得以终结。因而，无指引状态的第一个形式必定处在对象的自在存在的本原经验之中。

指引联系的另一个终结只可能存在于它在某种程度上得以中止的地方。当这个联系完全被穿越并且在一个相应的体验中作为整体而被给予我们之后，这个联系便中止了。现在，个别对象在被意向体验的过程中将自身交织到这些指引联系之中，这些联系——它们也被胡塞尔在其《逻辑研究》之后的发展中称为"境域"——并不是毫无联系地并列在一起的。恰恰因为境域所涉及的是指引联系，所以，境域本身也是彼此指引的。对所有指引联系而言的指引联系、"所有境域的境域"，是通过现象学的"世界"概念而得到标识的。因此，对"一个体验如何可能无指引地显现出来"这个问题可以想到的第二种可能性就是：世界本身显现出来。

如果我们试图进一步描述无指引状态的这两种形式，我们便会在两个方面遇到相同的困难。即使我们本原地在其自在存在中遭遇一个个别对象，这也并不意味着，它是无关联地出现的：它处在其他对象之中，而且我们此外还知道，这同一个对象也能够以自身给予的形式不同地显现给我们。这就给予意识以这样一种可能性：既去追索对象与其他对象的关系，也去追索它与它的其他被给予方式的关系。由于这个对象显现为对象，因而境域便不可避免地显露出来，而且看起来似乎有一个没完没了的继续被指引的运动。

类似的情况也适用于世界的显现，即世界显现为所有指引联系的总组成。如果这个世界总体应当是在一个体验中被给予，那么，看上去唯一的可能就是它成为体验的对象。但它作为对象却通过它的对象特征而开启了这样一种可能性：追索那些可以将它的现时显现方式与其他被给予方式和其他对象联系起来的指引。

如果自在存在的对象和世界被经验为对象，那么，无指引状态也就随之而丧失，体验也就失去了自身给予的特征，意向意识就是在这种自身给予中得到充实的。据此，如果有可能如此地去体验一个个别对象的自在存在以及作为世界的世界，以至于它们在这里不再显现为对象，那么，意识的意向趋向就只能以一种现实满足的方式来充实自身。"作为对象显现"在胡塞尔的语言中就意味着：成为意向意识注意力的"课题"。真正的充实体验的标志必须在于：一个对象的自在存在和作为世界的世界在这个体验中非课题地被给予。

如此被描述的充实体验只是一种现象学在试图彻底克服怀疑论时为消除困难而构想出来的东西吗？或者，这种体验的确是可以被经验的？只是在海德格尔那里，他才用《存在与时间》中关于在世存在的分析为回答这个问题提供了工具。

<h1 style="text-align:center">二</h1>

海德格尔分析的前设是一个从理论的"充实"概念向实践的"充实"概念的转换。在他那里，充实体验之可能性必须原始地得到指引的领域，并不是胡塞尔所偏重的感知意向和含义意向，而是行动的区域。

对于这个区域转换，有一个现象学上可信的论据：正如我们在第一节中所表明的那样，体验的意向性的基本状况在于，它们每次都交织在指引的联系之中。这种在境域中的交织最早出现在特定类型的行为即工具行为中，而不是出现在作为胡塞尔起点的感知行为和理论行为中。与这些行为不同的是，在工具行动的行为中不需要后补性的反思来揭示它们在指引联系中的交织状态。每一个我们试图通过使用一个合适手段来实现一个特定目的的行动，都已经在其进行过程中为明确的指引意识所伴随，因为每一个手段作为手段都指引着一个它为之所献身的目的，而每一个目的都指引为实现它自己而所需的手段。

海德格尔将那些在工具行动中作为手段而被使用的对象称作"用具",将那个通过手段使用而产生的指引联系称作"因缘联系"。①在对用具的使用中包含着关于它的可靠性的意识。这些工具行动的手段是可靠的,因为我们知道,我们能够使用这些手段,同时无须去考虑这些手段本身。在用它们来进行一种特别设计好的活动时,它们明确地是"为我地"存在于此。但构成与对象的为我存在之对立面的是它们的自在存在。因此,在关于用具对象的可靠性意识中,对象的自在存在呈报着自身。②

但现在,自在存在的这种显现恰恰不是这样一种类型,即用具在此时作为对象而成为我们的课题;因为在可靠性中包含着这样的意思:这个用具事物始终是不为人注目的。唯当一个使用对象由于不好使用甚至根本就不能使用而妨碍了我们时,即是说,唯当它丧失了它的可靠性并且因此而丧失它的自在存在时,它才引起我们的注意并成为课题。③借助于这个观察,海德格尔在现象学上开辟了一条指明现实满足的充实体验的道路。真正的体验应当带有一个体验,在这个体验中,我们恰恰是在其不为人注目的可靠性中遭遇一个用具事物;也就是说,这个用具事物是在不被对象化地课题化的情况下而将它的这个特征展现给我们的。

海德格尔的分析也已经含有这样的起点,它可以在具体的体验中确证真正充实的另一个特征,即世界之为世界的非课题显现。工具行动的世界,即这个行动的所有部分所同属的那个境域,就是因缘联系。如此理解的世界在使用用具的过程中也始终是作为世界而

① 参看海德格尔:《存在与时间》,图宾根,1957年,第18节。——原注
② 详细论述可参看拙文:《海德格尔通向"实事本身"之路》。——原注
③ 参看海德格尔:《存在与时间》,第16节,第75—76页。——原注

隐蔽着的，就像那些用具事物一样，只要它们可靠，也就始终不为人注目。即是说，只有当这个在一个作为手段被使用的用具事物与一个相应的目的之间的指引联系被这样一个事物的不可使用性或坏的使用性所妨碍时，这个指引关系才会引起我们的注意。

因此，自在存在的用具事物的不为人注目与这个指引联系的不为人注目（即用具事物所处的世界境域的隐蔽性）是并肩而行的。世界之所以能够把这些用具事物为其自在存在，即为其在工具行动中的不为人注目的、可靠的可使用性开放出来，恰恰是因为世界抑制了它自己的显现。世界本身为了用具事物的不为人注目的显现而隐藏自身。带着这个发现，海德格尔在《存在与时间》的第18节中开始准备将现象学深入地改造为他后期所说的"非显现之物的现象学"。[①]

由于用具的不为人注目要归功于世界的隐蔽性，因此我们可以期待，在一个用具事物以其不为人注目的可靠性而非对象地遭遇我们的体验时，世界作为世界也可以非对象化地从它的隐蔽性中显露出来。但我们如何通过具体的现象学分析来兑现这种期待呢？由于手段处处都指引着目的，因此对于工具行动来说，某种不安具有建构的性质：每一个使用对象都只是"为了"（Umwillen）目的才出现，它显现为一种适合用来实现此目的的手段。因此，意识，或用海德格尔的话来说，此在，可以不在这些对象上聚集滞留；它在使用时也总是已经超越出每一个这样的用具事物。为了能够使一个用具事物聚集地被遭遇，此在必须具有克服这种工具行动之不安的可能性。

---

① 参看海德格尔：《研讨班》，《海德格尔全集》第15卷，奥克瓦尔德编，美因河畔法兰克福，1986年，第399页。——原注

这种可能性现在的确存在，它通过工具行动所描述的"为了"的指引结构而得到标识：每一个手段的使用都是为了一个目的，而目的则又可以被纳入另一个更高的目的中去。但是，这个"为了"的链条不可能是一个无限的回退（regressus in infinitum）。它可以说是挂在第一个"为了"上面，即挂在此在本身上，在所有工具活动中最终涉及的还是这个此在本身。[1]

此在可以在它的所有行动可能性中找到这样一个突出的可能性，即它将自己思考为一个不再可以被附属的"为了"，并且使自己不因工具行动的日常进行而偏离开这个自己。人的生存，即所有行动的可能性的可能存在，因此而改变了它的存在方式。它超越出那个使工具行动可能性得以可能的日常生存模式。新的生存模式的基础在于，此在明确地觉知它的各个本己自身。由于关系到自身的这个不可更换的本己（Eigene），海德格尔将这种生存模式称为本真状态（Eigentlichkeit）的生存模式。[2]

由于在本真性中的此在所涉及的是不再可以被附属的"为了"，它便因此可以获得一种安宁，可以通过这种安宁而聚集地滞留在一个用具事物上。这种滞留不可能在于：这个用具事物被剥夺了那个恰恰使它成为用具事物的特征，即它在世界这个普全境域中的交织。但这种交织现在可以以不同方式在显现中出现，即以一种摆脱了工具行动之不安的方式出现。作为使用中的手段，用具事物每次都指引着它为之而被使用的目的；而生存的不安就在于，此在是在追索这些个别的指引，即活动于这个指引联系以内。此在可以在用具事物上滞留，只要它与这个在世界中进行的活动保持距离，并从而使

---

① 参看海德格尔：《存在与时间》，第18节，第84页。——原注
② 参看同上书，第9节，第42—43页。——原注

这个指引联系显现为整体，使世界显现为世界。

这就是说，即使本真生存的此在滞留于用具事物，事物也保持着它在指引联系中的交织状态。因此，它也保持着不为人注目的可靠性特征。它也就不会作为对象而成为课题。尽管如此，它为在它之中聚集滞留的此在获得了一个新的含义，因为在它之中世界显现为世界。世界可以说成为燃点，成为世界在其中作为世界而闪亮的"焦点"（focus）。[①]作为一个始终不渝的现象学家[②]，海德格尔在其后期对事物的阐释中阐明，世界在使用事物中的这种焦点化是如何通过本真性的安宁聚集而成为可能的。[③]

据此，海德格尔指明了——如果我们将此译回到胡塞尔的语言中——真正的充实体验的意向相关项内涵，并因而迈出了使现象学对怀疑论的反驳得以完善的一步。真正的充实体验只存在于本真性的生存模式之中，而且这些体验的标识在于，工具行动的个别手段成为世界在其中被照亮的燃点。此外，这些手段未必是海德格尔所局限于其上的用具事物。我们的本己行动在工具行动中也是作为实现目的的手段在起作用的。[④]因此，在本真性中，每一个行动都可以成为世界的燃点，并且——用胡塞尔的语言来说——可以作为本真充实的一个"意向相关项"而显现出来。

作为指引联系，即把工具行动的手段以不为人注目的方式解放

---

① 我从伯格曼（Albert Borgmann）那里接受了这个形象的说法，他引入了"焦点事物和实践"这个概念。参看伯格曼：《科技与当代生活的特征》，芝加哥/伦敦，1984年，第4页以下。——原注

② 我曾在下列文章中尝试论证这个主张：《海德格尔与现象学原则》，第111页以下；以及《世界的有限性——现象学从胡塞尔到海德格尔的过渡》，第130页以下。——原注

③ 首先可以参看海德格尔的演讲《筑·居·思》和《物》，载海德格尔：《演讲与论文集》，图宾根，1954年。——原注

④ 对此可以参看拙文：《本真生存与政治世界》，载亨尼希费尔德、黑尔德编：《生存范畴——沃夫冈·杨克纪念文集》，维尔茨堡，1993年。——原注

出来、使其得到不受干扰的使用的指引联系，世界本身始终是不为人注目的，即隐蔽着的。即使手段对世界成为燃点，它们仍然保持手段的特征；即是说，它们的可靠性、它们的自在存在要归功于世界的隐蔽性。如果世界在燃点中作为世界被照亮，那么，这种照亮据此便具有一种从隐蔽性中显身的特征。在本真的充实体验中，世界之光并不显现为一种不为任何晦暗性所浑浊的明亮性，而只是显现在与隐蔽性的晦暗性相对的特征之中，这种晦暗性也可以为我们始终保存世界之光。所以，世界的这种显现是一种从隐蔽性中的解放。

这种解放不是一个对象，因此它本身也无法被对象地经验到。它只能在充实体验的内涵中通过一种情绪而呈报自身，此在带着这个情绪来回报解放的馈赠。这种情绪具有喜悦的特征，它是一种高兴之情（Hochstimmung）。[1]但这种高兴之情的出现是与世界在行动手段中的焦点化相联结的。因此，每一个成为本真生存燃点的手段都会在此在那里释放出一些感情，我们也可以将它们改称为快乐、享受、欢乐或舒适。

通过这些感情，本真的充实便具有一种情感满足的特征。正如我们在本文引论中所说的，这个特征标识着实践的充实。胡塞尔原初的理论的"充实"概念具有一种形式的特征。"充实"意味着意向意识到达了自身给予的无指引状态。实践的"充实"概念据此而含有一个附加的、质料的因素：在到达这样一个境况时对引发行动的欲求的满足。这种满足的标志首先在于：这种欲求在到达中得以安宁，这样一种安宁为我们在本真性的聚集中所遭遇，但"满足"除

---

[1] 我曾尝试在对海德格尔的一个思想的批判接受中更进一步地确定这种高兴之情。参看拙文：《海德格尔的基本情调与时代批判》。——原注

此之外还意指一种感情，由于这种感情，生活被感受为幸福的。正是这种感情才是在本真的充实体验中出现的快乐的高兴之情。

<h2 style="text-align:center">三</h2>

带着实践充实及其情感成分，我们踏进了现象学伦理学的领域。属于本真充实的感情的基本特征在于，它们"在某物上"被引燃。这个"某物"——作为我们行动的手段——对我们显现为甜蜜的（hedy），就像古代希腊人所说的那样。因此，以此方式而产生的快乐（hedone）是一种可以说是意向的即与某个作为其"对象"的燃点有关的感情。但它本身并不是对象，而只是一种在对象显现过程中的伴随显现。因此，人并不能通过一个直接朝向它的意向来引出快乐。

正如马克斯·舍勒准确地观察到的那样，"快乐"这种幸福的感受始终只是出现在这样一些行为的背后，这些行为必须朝向那些本身不是感情的对象。[①]这些其他的对象总是我们的行动本真地被体验到的手段。即是说，它们或者是原初在使用中出现过的事物，为我们带来喜悦和乐趣；它们或者就是我们行动本身的可能性，我们将它们经验为充满欢乐的。如果快乐直接地被意指，我们就总是无法得到它。[②]但这是可以解释的，因为世界从隐蔽性中的解放并不能由人来决定。因此，他既不能生产本真充实的快乐，也不能生产他的与对象相关的对快乐本身之影响。一种快乐只能是不被意愿和不被

---

① 参看舍勒：《伦理学中的形式主义与质料的价值伦理学》，伯尔尼，1954年，第56页以下，第259页以下，第360页以下，以及其他等等。——原注

② 参看拙文：《非政治化的幸福之实现——伊壁鸠鲁致美诺寇的信》，载恩格哈特编：《幸福与有福的生活》，美因茨，1985年，第98页以下。——原注

期望地出现。但恰恰是通过这种不可支配性，"快乐"这种幸福的感受才能够为人的生存带来满足并因此带来充实。

如此被理解的实践的充实能够对一门现象学的伦理学具有何种意义呢？胡塞尔自1908年起就开设伦理学讲座。但在这些文字中，起决定性作用的是"价值"概念。直到在1924年的一篇文章中，胡塞尔才提出了一门以实践的意向性及其充实为出发点的真正现象学伦理学的构想，这篇文章的标题是《改造作为个体伦理学的问题》①。

胡塞尔在这篇文章中以一个本质特征为出发点，这个特征是所有意向都具有的特征，无论它们的本性是理论的还是实践的：意向的意义表明，意向应当"证实"（bewähren）自己。即是说，必须始终保证这些意向得到充实，而不致失败，即胡塞尔所说的，不致"失望"（Entäuschung）或"被删除"。因此，实践的意向朝向一种生存充实，这种充实应当是恒久的。如果人放纵自己的生活，那他就不可避免地会经验到，许多引导他做出行动的期待都会变成失望；他的行动的结果不能满足他。

为了防止这种经验的产生，人必须做到，不再听任自己受那些引发他的行动的欲求的指使，而要主动地控制这些欲求。唯有当他的实践意向在他那里被动地出现时，他才能接受它们。他必须通过意志来全面地调整他的生活。②只有在意志的主动性主宰了欲求的被动性时，人才明确地承担起对他的行动的责任。从这时候起，他便有能力解说那些引发他的行动的意向，并且以此方式论证自己的生活。随着这种辩解（Rechenschaft，在希腊文中就是"logos"），行动

---

① 该文载胡塞尔：《论文和演讲集（1922—1937年）》，《胡塞尔全集》第27卷，多特莱希特/波士顿/伦敦，第20页以下（以下在脚注中简称《改造》。——译注）。——原注
② 参看《改造》，第24、26—27页。——原注

被置于理性的统治之下。

但人首先是不加控制地追随他的那些基于被动性而出现的实践意向。只要他如此做，他就仍然在听任自己受某些生存理想和生活形式的指使，而不去检验这些通常是至关重要的价值是否相互协调。例如，他主要是在财富中、在友谊中、在健康中、在权力中、在研究中或在其他等等之中寻找对他的生活而言的充实，但他不去询问，他是否不必为这一种满足而去放弃其他种类的实践充实。因此，如果生活的某些充实可能性表明其自身是不可忍受的，并且由于其不可协调性而无法证实自身，那么他每一次——正如胡塞尔所说——都会"苦闷地"（peinlich）感到吃惊。[1]

对实践意向的理性控制可以预防这种苦闷的惊异。在胡塞尔看来，存在着极端形式的控制和较缓和形式的控制。后一种形式的控制结果，举例说来，是决定从事某个特定的职业。[2]带着这样一种决定，我有意识地为了许多没有预见到的生活境况而承受这样的事实：在冲突的情况中，某些充实的可能性为了职业所能提供的那些特殊满足而必须退后。

但这种控制并不能为我提供这样的保证，即不能保证有一天在我的生活道路上不会出现一种没有预见到的充实，以及这种充实不会不与职业的满足发生冲突，从而使我的幸福崩溃。这种不可靠只有通过一种极端形式的控制来消除。通过这种控制，人的生存获得一种被胡塞尔称作真正人性的生活方式的内涵。[3]这种生活方式所能允准的充实可以抵御危机，因为与职业这类生活形式不同，它不再

---

① 参看《改造》，第26页。——原注
② 参看同上书，第28页以下。——原注
③ 参看同上书，第29页，第33页以下。——原注

与其他的生活形式相竞争。它更多的是生活形态的一种普遍方式，这种方式提供了一种可能，即在任何一种竞争的生活形式中找到一种始终摆脱了上述苦闷惊异的满足。

只要人还没有达到真正人性的生活形式，他就必须考虑到，在与其他生活形式的比较中，他的生活形式总会在某个时候让他觉得是单一的。他不能确定，他的生存充实是否有一天会失足于不满，即那种由他所选择的生活形式的局限而有可能在他那里引发的不满。在德文中，存在着"充实"（Erfüllung）和"充盈"（Fülle）之间的语言联系。"充盈"是一种无贫困的富足。在进入真正人性的生活形式之前，人具有这样一种生活态度，这种态度使他担心，他的生活形式是否有一天会因其贫困而不再能够满足他。

与此相反，真正人性的生活形式建基于这样一种态度之上，这种态度排斥了下列可能性：人的生活形式的局限性可能会使人觉得这是一种充盈的匮缺。但这种排斥是如何可能的呢？胡塞尔在他的文章中既没有提出也没有回答这个问题。但答案是显而易见的：如果生活充实之充盈是通过生活形式的局限性才得以可能的，那么，这种局限性从一开始就不可能受那种充盈的影响。我们可以对胡塞尔的意向伦理学构想进行多种批评。但它的基本缺陷在于，人性的伦理（Ethos）始终是一个空乏的形式，因为胡塞尔远没有深入到我们刚才所表述的那些思想中去。唯有本真的"充实"概念，即可以从海德格尔出发来规定的本真"充实"概念，才可能使这个思想在现象学上得以具体化。

这种由"真正人性的生活形式"所应带来的生存充实的充盈，关系到丰富的行动可能性，世界为这些行动可能性开启了游戏空间。每一个行动可能性都是有限的。但是，只要它成为燃点，那么在每一个可能性中，世界都可以作为这样一个向度而闪亮，这个向度隐蔽地准备了生存可能性的充盈。唯有通过限制在行动可能性的一个范围中，亦即唯有通过选择一种生活形式，世界才能够作为隐蔽的充盈而被经验到。但这种经验的前设是本真的生存，因为只有在这种生存中，人才准备将那些通过生活形式而被给予的行动可能性作为出自隐蔽性的馈赠而加以接受。

　　我这里所涉及的胡塞尔文章《改造作为个体伦理学的问题》，是他于1924年在日本《改造》杂志上所发表的一组论"改造"的文章中的第三篇。[①]在今天这个时代，由于对共生的人类而言交互文化性问题变得越来越紧迫，所以，我们有必要在本文结束之际将注意力转向这一组文章的标题以及它们的非欧洲发表地点。

　　首先就标题而论，它表明，一种实践的意向性伦理的基本特征在于"改造"。这种基本特征产生于这样一种思想：被动出现的实践意向要想证实自身，就必须通过理性意志来加以控制。这种控制不可能具有这样的意义，即它是对那种被动地被给予的欲求的消除；因为否则的话，行动便被剥夺了它的动机。但欲求获得了一个新的形态，它被"改造"了。这种改造从根本上改善了持续充实的前景，同时却并不可能每次都对它做出绝对的保证。因此，改造就在于人自身的一种工作，这种工作是没有穷尽的。[②]由于有这种无限性，改造便具有一个无限的未来领域。因而在胡塞尔看来，在改造精神中进行的生活是处在规范性的不朽性观念的指导之下的。

　　欧洲的伦理自其在希腊人那里的原初创立以来便带有改造意志，带有理性的无限主动性的烙印。这是胡塞尔1936年在其最后一部著

---

① 进一步可以参看《胡塞尔全集》第27卷的"编者引论"，第X页以下。——原注
② 参看《改造》，第34页以下。——原注

作《危机》以及在这部著作的雏形即1935年在维也纳所做的演讲《欧洲人的危机与哲学》中所表达的信念。①在由诸"改造"文章所做的对一门改造的伦理学的初次构想中，后期的工作已经得到准备。胡塞尔能够为非欧洲的公众撰写这些文章，表明他对一门现象学的改造伦理学有何等的期求。他认为，意向生存充实的欧洲伦理应当借助于这个构想而获得一个新的形态和论证，从而可以使它对全人类的普全有效性得以清楚地显露出来。

恰恰是这种期求在今天引起许多知识界人士的反感。不少西方哲学家在1992哥伦布年的奥林匹克运动中参与了新的社会游戏"欧洲中心主义的自身批判"。在他们眼中，对生活经验之意向主动性的神圣化以及从理性意志出发的无限改造恰恰就属于我们的文化传统的刺眼特征，它们已经扮演完了作为我们自己生活之标准的角色，更不能要求它们成为对人类而言的楷模，甚或要求它们成为具有普遍束缚性的东西。作为对这些自身批判的保证，人们喜欢用海德格尔来对抗胡塞尔。但是，正如在本文前面的思考中所再现的那样，借助于海德格尔的思想方式，我们恰恰可以找到一个比在胡塞尔那里更能得到认可的、通过改造来实施的对欧洲的意向性伦理、生存充实伦理的论证。

在本真充实的喜悦情绪中，人经验到世界之光从隐蔽的晦暗中的解放和现出。这种解放原初地在诞生中与人相遭遇。通过出生，人的生存，即所有行动可能性的可能存在，便初始地得以成为可能的。这些行动可能性的活动空间是由"世界"这个普全境域开启出来的。随着向其行动之手段的每一次本真聚集，人觉察到世界作为

① 参看胡塞尔:《危机》，第314页以下。维也纳演讲以《欧洲人的危机与哲学》为题刊印在这一卷中。——原注

世界的显现，并且因此觉察到，他的本己生存的可能存在就是一种出自隐蔽性之中的解放。在这个意义上，人是在真正的充实体验中"重复"他的诞生。用一个漂亮的德语表达来说就是：他再一次"看到""世界之光"。

在重复这个诞生时的喜悦是一种启程的情绪，生存的诞生开端便在这种情绪中呈报自身。诞生的高兴之情给人以朝向更新开端的勇往心态，并且因而为他开启了一个开放的未来境域。但从这种勇往心态中以及从与此相关的开放未来中，无限改造的激情得以滋生，这种激情从胡塞尔的"改造"文章中表露出来，并且它事实上也是欧洲连同其一再"复兴"的历史所具有的特征。①

胡塞尔将这种具有诞生情绪的始终全新的起始能力解释为一种自由意志的主动性。他把这种主动性说成对被动性的主宰。这样就会产生一种误解，似乎意志的主动性建基于一种态度之上，人在这种态度中会相信他能够支配一切。实际上，这种诞生性的启程情绪是从这样一种经验中吸取营养的，即人是从一个不可支配的晦暗中被允准获得所有那些生存的可能性的。而胡塞尔的意向生存充实的伦理学所负载的过多的欧洲自由激情，就是迸发于一种感激之情：对这种自由的活动空间从隐蔽性之中的解放的感激。

（倪梁康　译）

---

① 对此可参看拙文：《胡塞尔关于人性欧洲化的命题》，第26—27页。——原注

第二编

海德格尔与世界现象学

第一章　世界的有限性
——现象学从胡塞尔到海德格尔的过渡

以本文的思考，我想为一个人们经常提出来的问题贡献一个答案。这个问题就是：海德格尔在《存在与时间》之后的思想中，对由胡塞尔所奠定的现象学做了持续的发展吗？或者在他那里，现象学之外的动机起着决定性的作用，以至于人们必须说在胡塞尔与海德格尔之间存在着一个哲学上的断裂吗？为了澄清这两位思想家之间的关系，人们以往主要把他们的主导观念依次纳入三个问题域中：一、明证性与作为无蔽（aletheia）的真理；二、意向性意识与此在；三、内在时间意识与绽出的时间性。与此相对，我在本文中则主张：根本上是现象学的"世界"概念构成了从胡塞尔到海德格尔过渡的桥梁。[①]

我的初始论点是：世界乃是现象学的真正实事。因此，本文开头的那个问题应当如何解答，必须根据世界分析来裁定。我的结论将是：海德格尔的世界分析推进了胡塞尔现象学的基本问题，并且把它彻底化了。这并不是要抹杀两位思想家之间的深刻差异。相反地，恰恰是在这两位思想家对世界的领悟中才显示出他们之间的深

---

① 这原是欧根·芬克的观点，他早年在胡塞尔与海德格尔之间的张力领域中所做的卓越工作赢得了广泛的重视。参看芬克：《现象学研究（1930—1939年）》，海牙，1966年；以及《切近与间距——现象学演讲与论文集》，弗莱堡/慕尼黑，1976年。世界之为现象学的本真课题，也构成了拙文《胡塞尔的哲学新导论——生活世界概念》的对象。——原注

刻差异。胡塞尔对世界的基本规定乃是世界的无限性，而海德格尔对世界的基本规定则是世界的有限性。但这两个规定并不是相互排斥的。事情倒是：在海德格尔意义上理解的世界的有限性使得胡塞尔意义上的世界的无限性成为可能。对于这个论点，我想以我的一些思索来加以论证。

现象学借以把自身采纳为一种全新的思想可能性的那个步骤，构成了现象学的内在开端。即便在前哲学的日常生活中，也发生着思想这样的事情。现象学的思想何以与前哲学的生活区别开来呢？思想乃是一种以"实事"（Sache）为课题的精神实行。如果可以区分两种思想，那么这两种思想就必定共同具有一个比较项（tertium comparationis）。这里存在着两种可能性。或者说，在前哲学的思想与现象学的思想中，精神实行的方式——最广义的"方法"——是同一的，而课题是不同的；或者反过来说，课题是同一的，方式是不同的。倘若课题是不同的，那么，依然令人费解的是，何以来自前哲学生活的人竟能对哲学或者现象学产生兴趣。于是就只有这样一种可能性，即现象学与前哲学的生活有着它们共同的实事，但现象学是以全新的方式来思考这个实事的。在这个意义上，现象学首先表现为方法，正如海德格尔在《存在与时间》中正确地强调的那样。[①]

一种对某个实事的全新思考只能以一种全新的对此实事的态度为依据。面对一个根本上可思的实事，最彻底的态度变化在于：在这种变化之前，这个实事还根本没有作为一种对此实事的可能态度的对象而显现出来。胡塞尔现象学的全新之处在于，它对一个实事采取了一种态度，这种态度到那时为止尚未作为一种与之相关的

---

① 参看海德格尔：《存在与时间》，第7节。——原注

态度的相关项而被揭示出来，因此尚不可能被处理为课题。这个实事就是世界。对前哲学生活的态度来说，亦即对于胡塞尔所谓的"自然的态度"来说，重要的是这样一回事，即它虽然与一个相关项——世界——相关涉，但恰恰这样一来，世界未能成为课题。

　　现象学首次能够把世界当作课题，因为它一贯地着眼于存在者如何与人照面来考察每个存在者及其全部规定性。现象学唯一地只关心这个如何（Wie），只关心向人显现出来的存在者与这种显现的方式之间的相关性。这就是现象学的不可消除的方法原理，即相关性原则；在其后期著作《危机》的一个显要段落中，胡塞尔把这个原则称为他毕生工作的主导思想。①唯坚持这个原则的哲学思考，才配享有"现象学"之名。

　　所谓"显现"（Erscheinen）意味着：从一个未被照亮的背景中显露出来。因此，具体的相关性分析的基本思想就是：在一切显现中有某个共同特征，即不论一个人每每与何种存在者打交道，存在者身上的任何东西都不是完全孤立地与他照面的；而毋宁说，它是从一个未被照亮的背景中显露出来的，而由于有这个背景，存在者在显现方面的一种多样性总是共属一体的。这个背景乃是转向其他存在者的各种可能性的空间，并且因此总是为这样一些可能性构成一个视界、一个境域。由于各种可能性以常轨方式相互指引，所以，每一个此类境域都是一个指引联系。在每一个此类联系中，也都包含着对其他境域的指引（Verweisungen）。因此，所有这些指引都在一种唯一的对一切可能境域而言的指引联系中结合起来，那就是：世界。

---

① 参看胡塞尔：《危机》，第168页注，第169页注。——原注

　　每个存在者如何显现出来，这种显现之如何就是它嵌入那个隐藏的普遍境域即世界之中，就是它的世界性（Weltlichkeit）。被现象学首次当作课题的世界就是这种世界性。因为它作为如何构成每一种显现的背景，所以，即使在前哲学层面上，人就已经能以某种方式谈论对他显现出来的存在者所属的世界。但作为存在者整体或者作为这个整体的维度，这个世界属于存在者，而且并不是其显现的如何，即普遍境域。诚然，作为这种如何，自然态度中的世界也在每一种与存在者的照面中运作，从而就是这种态度的相关项。但自然的态度却是这样得到界定的，即它没有明确地进入一种与其相关项的关系之中的可能性。人首次取得了与这个相关项的一种关系，是因为他把这种关系当作普遍境域而使之成为思想的课题。这个步骤就是向现象学态度的过渡。

　　在这个步骤之前，显现之世界背景以一种非关系的方式向人开放出来。人之生存由此被规定为毫不显眼地保持着的、无关系的世界性，即海德格尔所谓的"在世界之中存在"（In-der-Welt-sein）。作为普遍境域，世界在自然态度中绝对还是非课题的。现象学正是对这种非课题性的揭示。因此，现象学的态度把思想置入一种与自然生活的无关系的世界性的独特关系之中。这种思想虽然获得了把世界课题化的任务，但并没有歪曲世界的境域特征；这个境域特征使世界对于自然态度而言无可消除地非课题化了。把作为绝对非课题之物的世界境域当作课题，这是现象学的根本任务。因此，对于《存在与时间》以后的海德格尔是否以及在何种程度上还是一位现象学家，就要看他是否对这项现象学任务的解答做出了贡献。

　　现象学首先需要说明，何以普遍境域在自然态度中不能成为课题。人对这个普遍境域是开放的，而又没有对之采取一种姿态。在一种有意识的姿态中，他始终仅仅面对着这样的存在者，这个存在者总是从非课题化的背景中走出来而与之相对。他对这个存在者采取的姿态是他所意识到的，因为他把总是向他显现出来的东西把握为同一的对象；对于这个对象，他知道他是能够在一种显现方式的多样性中与之照面的。

在这种关于对象的意识中包含着一点：人是熟悉一种在显现方式上的差异的，这些显现方式可能较好或者较差地适合于使人获得那种赋予当下对象以同一性的完全规定性。在对象意识中，存在着把这种意义上的对象之显现方式优化的趋向。胡塞尔把这种趋向称为"意向性"（Intentionalität），把所追求的显现最佳值称为"明证性"（Evidenz）。所以，在自然态度中，对存在者的有意识的姿态是以一种穿透一切的兴趣为特征的，也就是意向性意识力求使与明证性的对象同一性向自己显现出来的努力。这种兴趣使自然态度固定在对象上，并且因而阻碍对象转向它们的显现之如何，即世界境域。

为了实现它对明证性的意向性追求，意向性意识必须让对象在境域中向自己显现出来；因为只有境域作为指引联系准备好了可能性，通过这些可能性，显现者在其规定性方面才能进一步得到阐明。对确定对象的兴趣把意识推向相应的目标设定。每一个个别境域都是一个视界，这个视界是这样形成的，即意向性意识构成总是与这种目标相关的指引联系。为此，它就必须给某些指引联系以优先地位，而削弱其他一些指引联系。由于有这种限制，个别的境域就只不过是普遍境域的片段；它们是有限的。因此，胡塞尔在后期著作中偶尔也把它们称为"特殊世界"①。

---

① 关于胡塞尔后期对"特殊世界"概念的区分，参看拙文：《家乡世界、陌生世界和这一个世界》。——原注

我们具有一种关于显现对象的明确意识。与此类似地，我们偶尔也能意识到那些仿佛总是构成对象之环境的特殊世界，例如，当某人明白他是通过自己的职业、年龄、国籍等而具有一个不同于他人的境域时。这一点之所以可能，是因为这样的境域是由特定的对象兴趣决定的。由于在自然态度中意向兴趣状态把我们束缚在特殊世界上，它就使我们失去了明确地进入一种与普遍境域即世界的关系之中的可能性。

尽管如此，这个普遍境域却是以非课题的方式为我们所熟悉的。正如胡塞尔贴切地表述出来的那样，意向意识乃是一种"我能"（ich kann）：就一个对象在某个特殊世界中的每一种显现，我仿佛能追问其中蕴含着哪些指引。在对这些含义的阐明中，特殊世界并没有对我的"我能"构成什么不可超越的界限：我也能把握那些越出当下特殊世界的可能性。显现之如何包含着关于一种毫无限制地敞开的不断让自行指引（Sichverweisenlassen）的意识。指引联系的这种不可锁闭性乃是一种潜在的无限性。它乃是作为普遍境域的世界的主要特征。

这是胡塞尔所发现的自然态度的世界的基本规定。如果"世界"在现象学上首次成了课题，那它就必然显现为无限的普遍境域。当海德格尔强调说，这同一个非课题化的世界境域也可以被规定为有限的时，上面这个规定并没有变成错误的规定。这两个特性刻画必定是在不同方面发挥作用的。我前面探讨普遍境域的角度是自然态度的兴趣状态。意向意识对于对象同一性的兴趣推动着它，去超越特殊世界的限制而进入无限的指引联系之中，并且总是一再为自己开启新的境域。如果世界境域也可以被规定为有限的，那么这只能是由于：在自然态度的无关系的世界性中，还有某种不同于意向兴趣的东西在起作用。

意向兴趣乃是一种意志，一种以对象同一性的构成和保持为定向的意志。它把我们在自然态度中的意向意识固定在对象或者它们的环境上，即固定在境域上。因此，为了能够把世界境域课题化，我们就必须从这种意志中解脱出来。借助于对同一性的追求的一种"中止"（Innehalten），希腊文叫"epechein"，向现象学态度的过渡成为可能。所以，胡塞尔把那种摆脱了兴趣的行为——它是现象学态度的基础——称为"悬搁"（epoche）。

这种悬搁使我们得以首次使世界成为课题。但现在，在这种课题化过程当中，世界不能像一个对象那样根据自然态度来被处理。为了预防这种危险，首要的是需要一种对悬搁的合乎实事的阐释。悬搁基于一种决心，也就是一种意志行为，亦即恰恰能够摆脱同一性意志的那种行为。而现在的问题是：这种对同一性意志的摆脱首先是通过悬搁形成的吗？胡塞尔或许会对此问题做出肯定回答；他根本就没有看到，在这里会出现一个问题。但存在着一种抉择：人们也可以这样来阐释悬搁，即它仅仅使一种已经现存的但迄今为止还隐蔽着的摆脱同一意志的自由暴露出来了。

只有这第二种可能性进入现象学的考虑范围之内。如果摆脱同一性意志的自由首先是通过悬搁产生的，那么，它就不是一种真正的意志自由；因为这样的话，悬搁之实存作为一种长久被采纳的态度在其整个持续过程中就依赖于某种意志张力，悬搁之实存就归功于这种意志张力。这样一种在悬搁范围内持续的意志张力必定具体地具有一种以某个对象为指向的兴趣的形态。[1]这个对象对悬搁来说

---

① 关于悬搁与意志状态的关系，参看拙文：《胡塞尔对"现象"的回溯与现象学的历史地位》；以及《胡塞尔与希腊人》，载奥尔特编：《现象学研究》第22卷，弗莱堡/慕尼黑，1989年。——原注

只能是世界。悬搁因而只是用一个新的对象取代了旧的对象。"作为普遍境域的世界"这个新对象取代了那些在自然态度中使我们感兴趣的对象。

但这样一来，现象学家就要走出非走不可的一着棋。他只得把他与"世界"对象的有意识的关系当作他阐释自然态度的无关系的世界性时的范式。他必须把这种态度与世界境域——它并不是意识与某物的意向性的、兴趣上的关系——重新解释为一种意向性的关系。作为这方面的范例，这里出现的是意向意识与特殊世界的关系；因为正如我们已经提到的那样，即便在自然态度中，也已经可能偶尔对特殊世界有一种明确的意识。

关于一个特殊世界的意识是通过对那些对象的兴趣才成为可能的，对这些对象来说，特殊世界仿佛构成一个环境。意向意识使向它显现出来的东西可以通过对象化而得到识别。随着每一种对象化，在指引可能性方面都出现了一种新的潜能；意识不仅在对象化环节中具有这些指引可能性，而是从此持续地具有这些指引可能性。就像胡塞尔所说的，意识把新的潜能"习性化"（habitualisiert）了。我们原则上能够一而再再而三地意识到那些习性，以及由此可为我们所达到的特殊世界。

自然态度与世界之间的相关性一旦被阐释为意向关系，则通过习性化对特殊世界的构成就可以充当这方面的范例。"世界"这个普遍的指引联系是以类似的方式从特殊世界的指引空间中构成——构造（konstituiert）——出来的，就像特殊世界的指引空间是从对对象之显现的新可能性的习性化而形成的。诚然，这个构造过程，即在其中形成普遍境域的构造过程，不同于自然态度中特殊世界的形成，陷于一种不可消除的遗忘状态中，因为对象兴趣把意向意识捆绑在特殊世界上了。这样，对世界构造的现象学分析就是那种使我们摆脱这种捆绑的先验的重新回忆。

从根本上讲，胡塞尔那里的世界问题的结果就是我们刚刚勾勒出来的观点。它说明了，为什么在他那里构造着世界的意识——而不是世界——成了现象学的实事。这个观点的决定性的失误在于，它把前意向性的无关系的世界性重新解释为一种意向性的与世界的关系，而其隐秘的原因就在于对悬搁的错误解释。如果说通过悬搁才产生了对同一性意志的摆脱，那么，悬搁就并没有真正摆脱这种意志。因此，在进行悬搁的决心之前，亦即在自然态度范围内，就必定已经存在着一种对同一性意志的摆脱。由于与显现对象的关系是由这种意志承担的，所以它只可能成为显现之如何，即无关系的世界性，后者的特性是由对同一性意志的摆脱决定的。对于作为境域的世界，人并没有处于一种意向关系中；而不如说，作为境域的世界首先向人开放出来，使之获得一切意向上的对象兴趣。但这种世界敞开状态（Weltoffenheit）从一开始就被掩盖起来了，由于特定兴趣的与对象的关系以及局限于特定的特殊世界（它们构成了对象的环境）而被掩盖起来了。悬搁就是对这种掩盖的扬弃。

限定了兴趣的对特殊世界的构造仿佛把前意向性的世界敞开状态叠加起来了。对于这一点，人们当然不可这样来理解，仿佛世界敞开状态本身未受触动地停滞于局部境域中，就像一个宁静的湖中的湖水停滞于冬天的冰层之下。似乎对特殊世界的构成就处于一种单纯表面的与无关系的世界性的关系中。而实际上，前意向性地向人开放的世界已经是境域了。倘若它不是境域，那它就不可能构成局部境域的指引联系。但作为境域，世界已经为局部境域所渗透。正是这一点使世界成为无限的。

更具体地，这就意味着，人在自然态度中所熟悉的世界是历史性地变化着的；也就是说，当广大的文化局部境域通过整个文化的兴趣状态中的结构改变而发生变化时，世界也变化了。这就是说，无关系的世界敞开状态并不是不受触动的，不受那种在这样一种历史性的富有成果的构造过程中起作用的意志的触动。胡塞尔在其后期著作中看到了这一点。他谈到，导致一种历史性的境域变化的意识工作"涌入"普遍境域中，并且因而丰富了普遍境域。[1]不过，假定普遍境域无非就是这样一种意识史的丰富过程的结果，这或许是一个错误的结论。为了能够通过境域构成而变得更为丰富，世界必须总是已经预先"此"在。相对于任何一种可以根据意向兴趣而得到解释的对特殊世界的构造，前意向性的世界境域保持着一种不可超越的优势地位。它乃是一种先天性（Apriori），后者因此也绝不能完全通过先验回忆中的构造作用而得到解释。

作为对特殊世界的限定了兴趣的构成的无限敞开的空间，世界乃是无限的。即使世界能够被规定为有限的，这一点也必定是由于：在无关系的世界中有一种不可超越的对世界的熟悉，这种熟悉摆脱了一切同一性意志和对象兴趣的影响。但是，既然我直到眼下为止都仅仅否定性地通过界定兴趣和意志来刻画显现之如何，那么，这种先天的世界敞开状态，即通过悬搁暴露出来的显现之如何，如何能够得到肯定性的刻画呢？

在新境域的构成中，同一性意志控制着意向意识：在一个已经发现的指引联系范围内，意识走上了一个确定的指引方向，并对这个方向进行扩建，使之成为一种对境域的扩大或者一种新的境

---

① 关于这种"涌入"（Einströmen），进一步参看拙文：《胡塞尔的哲学新导论——生活世界概念》。——原注

域。对指引方向的选择乃是一种意向上蓄意的行为、一种主动性（Aktivität）。在这里，对现象学的分析来说，就开启出一条通向前意向性的世界敞开状态的通道。这就是说，我们刚刚开始做的描述是片面的。指引方向的选择不仅是一种行为，而且同样也是一种遭受：意识在境域中让自身向这个或者那个方向指引。

如果意识追随一个确定的指引方向，那么它当然是服从一种兴趣的。但这种兴趣本身是由指引联系中的某个东西"唤起"的。境域准备好了对其中所隐含的指引方向进行阐明的可能性。这种可能性直到那时都只是潜在的，它"沉睡着"，现在才"被唤起"，因为意识把它把握住了。但现在，这样一种可能性并不是在所发生的意识行为之外的一种对象性的被给予性。这种可能性的沉睡乃是意识本身的一种实存方式。但一个沉睡者不可能作为沉睡者把自己唤醒，他只能让自己被唤醒。这种遭受因素中贯穿着一切蓄意的意向行为。在指引联系中的主动定向具有这种被动的一面，它无可消除地是以指引之被唤醒为前提的。这个因素，一向被哲学传统称为"pathos"或者"情绪"（Affekt），乃是意向意识所不能掌握的。

从根本上看，胡塞尔总是把情绪的被动性解释为一种减弱了的主动性，解释为意向性的以某物为指向的状态的准备阶段。在这里，他的未承认的前提乃是这样一个假定：意向意识能够确定那种情绪——通过它，意向意识能够把自身指引到某个确定的方向上——的位置，并且因此说明它对指引方向的选择。那个为选择给出动力的东西似乎还处于意向性的支配力量的范围内，因为我们仿佛能够指出刺激者在指引联系中的位置。

然而在进一步的考察中，一种情绪所引起的东西就摆脱了这种意向性的掌握。我们只能要么在意识所照面的某个对象身上来寻找这个刺激者，要么在意识本身的某个内在状态中寻找这个刺激者——但不能同时在两个方面来寻找它。为了成为可辨认的，具有刺激作用的对象或意识状态必定会片面地把意识引导到某个确定的指引方向上。但对象或者意识状态通过刺激我们而把我们引导到哪个方向上，这并不取决于对象或者意识状态，而是取决于一种先行的准备，即准备这样或者那样地被刺激。从自然态度的生活中，我们把这种准备认作"情调"（Stimmung）。它更不能作为刺激者在意识—显现对象相关项的两个方面中的一个方面那里得到位置确定，而不如说，它规定了在这种相关性中发生的显现整体的如何。所以，它无非就是无关系的世界敞开状态每每发生出来的方式。在我看来，这个洞见就是海德格尔在《存在与时间》中的重大发现之一。[①]作为原始情调性的世界敞开状态之场所，"人"在这部著作中被称为"此在"（Dasein）。

此在依赖于情调向它无声地道出的东西，才能够领悟它的处身性（Befindlichkeit）；也就是说，才能够经验它的无关系的世界性，即它的在世界之中存在总是处于何种情况中。前意向性的世界敞开状态总是如何发生，总是如何在情调中敞开出来，这是此在的支配力量所不能掌握的；它始终不可消除地是偶性的（kontingent）——是一种偶然。在指引联系中的定向以及在境域构成方面，我们是依赖于这种偶然的。这个"我能"，在胡塞尔看来为我们开启出世界普遍境域的这个"我能"，本身就是受这种依赖性限制的。而这就已经表明，世界境域是无限的，以及在何种意义上是无限的。世界境域

---

① 海德格尔的开端本质上可以被解释为一种关于世界敞开状态的现象学。关于这一点，我已经做了论证的努力。参看拙文：《海德格尔与现象学原则》；以及《海德格尔的基本情调与时代批判》。——原注

就是兴趣上先行的显现之如何，因为在这种如何的发生中，包含着一种对意向上的对象化意志的反动。这种反动，是我们在情调的侵袭中、在对情调无声的声音的依赖状态中原始地经验到的。在《存在与时间》之后的思想发展中，海德格尔将把这种反动称为"隐匿"（Entzug）。

我们在意向上应答着这种在情调中被经验到的隐匿，因为我们总是让自身被指引到某个确定方向上，并且因此放弃了对其他可能性的把握。作为行为，这种做法就是一种对当下兴趣方向的确定；通过这个兴趣方向，我们就把自身系缚于现实地构成我们的视界的特殊世界。这个居支配地位的兴趣通过对其他指引可能性的放弃而限制了这个视界。这就赋予当下特殊世界以有限性特征。这种有限性在境域构成的意向主动性的表面领域显示为隐秘的、遮蔽着的有限性，后者乃是前意向地在情调中敞开的世界通过隐匿所特有的。

世界乃是现象学的实事，因为悬搁，即现象学的入门途径，使前意志的、先行于兴趣的世界性暴露出来，而这种世界性对于引导兴趣的意向上的世界关系来说构成了先天性。如果前意志的世界敞开状态具有情调的特征，并且悬搁只不过是对这种世界敞开状态的暴露，那么，就连采取悬搁的决心也必定要归因于一种情调。从胡塞尔后期著作《危机》所做的现象学历史导论中，人们可以看到，他把现象学视为对希腊人借以为哲学和科学奠定基础的那种世界课题化的批判性恢复。在胡塞尔1935年的维也纳演讲中，以及海德格尔1937—1938年冬季学期的讲座中[1]，二者都接受了希腊哲学在柏拉图和亚里士多德那里的自身阐释；根据这种自身阐释来看，哲学一

---

[1]　参看胡塞尔：《危机》，第331—332页；海德格尔：《哲学的基本问题》，《海德格尔全集》第45卷，冯·海尔曼编，美因河畔法兰克福，1984年，第155页以下，第197—198页。——原注

科学思想乃起于惊讶。而这种惊讶就是一种情调。这种情调的基本特征是惊奇，我们以这种惊奇来领悟作为世界的世界。这种惊奇是通过以下"奇迹"而产生的，即绝对非课题化的东西竟能够成为课题。哲学和科学之形成，乃是一个不可推导出来的偶然事件；它是这样一个偶然事件，即当时有一种情调产生出来，这种情调推动人们把直到那时仅仅非课题地在情调上敞开出来的世界本身课题化。

这样一来，必定也立即出现了对原则上非课题之物本身的课题化过程的基本困难。作为非课题的显现之如何，世界前哲学地在情调中为我们所熟悉。在情调中，那种使世界成为有限的隐匿向我们袭来。在惊讶中我们感到，我们掌握不了世界敞开状态。世界之为世界的涌现是在那种可能性的反向运动中发生的。这种可能性就是：虚无之深渊可能会从人那里抽回世界敞开状态——作为此在之基础的"此"（Da）。这样，世界就显现为奇迹了，我们在惊讶之情调中首先把这个奇迹作为世界来领悟，希腊人把它领悟为有限的——当然，他们并没有能够从隐匿角度对这种有限性做出解说。唯在很久以后，通过海德格尔对显现之如何的彻底的现象学沉思，这种解说才成为可能的了。

此外，课题化倾向自始就意味着要把世界把握为对于许多有限的特殊世界而言的无限的指引联系。对此有一个历史证据，那就是这样一个事实：在希腊科学中，人们从一开始就已经考虑到了世界的一种——也许是无限的——杂多性。更清晰地，这种倾向在爱奥尼亚学说中表现出来，这乃是第一个对我们来说明确的经验科学形态。它把自身理解为一种对这个唯一世界的丰富性的勘探（Erkunden）。但正如人们在历史学之父希罗多德那里能够观察到的那样，这种勘探并不是指一种毫无方向的信息收集。关键之点在于，不同文化的特殊世界的风俗、上帝观、制度被解释为交互文化的同一性的显现方式。以此方式，这个唯一的无限的普遍境域就作为有限的特殊世界指引联系而首次出现在人们眼前。惊讶因此转变为理论好奇心，这种理论好奇心惊奇地注视着特殊世界的多样性的无限丰富性，但同时又力求把这种无限丰富性重新与这个唯一世界的统一性联系起来。

在《存在与时间》中，海德格尔只是把这种好奇心看作非本真状态的一个方面、对本己自身的逃避。在其后期的存在历史思想中，好奇心属于存在之被遗忘状态：在通过无限制的信息来支配一切的狂热癖好中，形而上学的意志——它仅仅允许能够被带向在场状态的东西——达到了它极端的烙印。这种意志的特性在于，在其中，隐匿本身遁入一种深不可测的遮蔽状态之中。在海德格尔看来，这种隐匿之被遗忘状态也在科学的好奇心中占有支配地位；科学的好奇心始于多多知道的愿望，这是那个时代的赫拉克利特已经就学说（historie）批判过的一点。[①]或许可能有一种以本真状态为样态的对世界之无限性的理论好奇心，也即可能有一种并没有遗忘隐匿的科学——对于这样一种可能性，海德格尔几乎没有给予严肃的考虑。

然而，从科学历史的开端直至今天，都是有这种可能性的。本真的理论好奇心应答着那种隐匿，那种在推动哲学和科学的作为情调的惊讶中被经验的隐匿。正如前面所阐述的，这种隐匿在意向主动性层面上显示于那种放弃，唯有通过这种放弃，具有有限性的特殊世界才能构造自身。但隐匿也给出一种推动，使得特殊世界的有

---

① 关于赫拉克利特的现象学阐释，参看拙著：《赫拉克利特、巴门尼德与哲学和科学的开端——一种现象学的沉思》。有关"学说"，特别可参看该书第73页以下，第187页以下。——原注

限性向着普遍境域超越；因为那种情调、对隐匿的经验使得那些情绪成为可能，通过这些情绪，一切潜在的指引可能性——也包括超出当下特殊世界之外的可能性——根本上才能够被动地被唤醒，并且因此才能够积极地得到把握。本真的好奇心的动机乃是对唯一的普遍境域与多个特殊世界之间的关联的揭示，也即要揭示出这样一种关联，这种关联的两极只有通过隐匿才能相互表现出来。

实际上，理论好奇心的危险是一种遗忘。通过普遍境域的无限性，哲学—科学思想有遗忘有限性的危险，而这种有限性乃是世界境域的根本特性，因为世界境域作为情绪性地为我们开放着的先天性先行于一切特殊世界的区分化。这种区分化源起于意向意识的同一性意志和对象兴趣。非课题的世界境域在哲学—科学思想对它的课题化过程中越是明确地被夹入对象化的普洛克路斯忒斯之床[1]中，则世界的无限性与其有限性相比就越强烈地显突出来。

在一种关于在惊讶中以理论方式被直观的世界之有限性的流行信念中，希腊科学——以及接踵而来的中世纪思想——保持着一种对于隐匿的猜度。只是到了近代，哲学—科学思想才把其无限性激情提升到了极端之境。胡塞尔的现象学乞灵于对理论好奇心的这种激情的同情。尽管如此，胡塞尔乃是第一人，首次清晰地描写了近代对世界的对象化与无限性思想的支配地位之间的联系。[2]世界在其无限性中通过现代的具体科学以特有的方式被对象化了。它在其中

---

[1] 普洛克路斯忒斯之床（Prokrustesbett）：希腊神话中的强盗普洛克路斯忒斯开设一家黑店，专门拦截路人，将投宿旅客一律安置在一张床上，对身高者截其足，对身矮者强行拉长，以适应床铺长度。一般喻指生搬硬套地强求适应一个模式。——译注
[2] 关于胡塞尔思想中的近代无限性激情与对有限性的沉思之间的分裂，我在一些文章中做了不同角度的探讨。参看拙文：《胡塞尔与希腊人》；以及《胡塞尔关于人性欧洲化的命题》。——原注

显现为处于无限中的极点，具体科学的研究以无止境的工作接近于这个极点，而又从来没有达到这个极点。这种对象化是以一种对世界之境域特征的深刻遗忘为代价的。胡塞尔把它称为"客观主义"。

从其倾向来看，胡塞尔对客观主义的世界之被遗忘状态的批判乃是一种对世界之有限性的沉思。但这种沉思缺乏最终的效力，因为胡塞尔关于普遍境域之构造的学说依然固执于普遍境域的无限性，因而本身仍然与客观主义精神密切相连。特殊世界的有限性淹没于普遍境域的无限性中了。只有当这种有限性的特有正当性从隐匿出发得到解说时，它才能发挥作用。海德格尔已经为此开辟了道路，因为他突入到了前意向的世界敞开状态并且揭示了它的情调特征。

（孙周兴　译）

第二章　海德格尔通向"实事本身"之路

本文将从历史角度探讨海德格尔与现象学的关系。我们知道，海德格尔是凭借1927年出版的主要著作《存在与时间》而跻身于20世纪最重要的哲学家之列的。海德格尔宣称，他在这本书中所做的分析，是以胡塞尔在20世纪之初建立起来的现象学方法为依据的——尽管对之做了生存论—存在学的转换。而在《存在与时间》之后的思想发展中，海德格尔越来越少地使用现象学概念了。不过，在1962年的一个研讨班上，海德格尔说，他的思想"保持了真正的现象学"。[①]

我想循着一条问题支线——世界与实事的关系——来表明，我们完全可以把海德格尔在《存在与时间》之后的哲学发展读解为一个尝试，即试图尽可能彻底地遵循胡塞尔提出的现象学准则："面向实事本身。"而同时，着眼于系统的角度，我也要表明，海德格尔的这个尝试的毛病是一种基本的不清晰。在我看来，这种不清晰就在于：海德格尔没有专门把"实事"（Sache）概念——这个准则中的基本概念——的歧义性表达出来。当我们试图把"实事"重新翻译为古希腊语时，这种歧义性立即就显示出来了。

---

① 关于《时间与存在》这个演讲的研讨班，参看海德格尔：《面向思的事情》，图宾根，1969年，第48页。甚至在1946年纲领性的《关于人道主义的书信》中，海德格尔还说，他把他的开创性洞见归功于"现象学的看的重要帮助"。参看海德格尔：《路标》，《海德格尔全集》第9卷，冯·海尔曼编，美因河畔法兰克福，1984年，第357页。——原注

古典希腊语用两个词来表示我们德语中所谓的"实事"或"事物",以及拉丁语中所谓的"物"（res）,这两个希腊语词语就是:"chrema"［用物］和"pragma"［事务］。"Pragma"是与动词"prattein"［行动］联系在一起的。人的行为若是能把它的目的表达出来,那就成为一种行动。为达到目的,行动需要合适的手段。这些手段乃是行动所关心的东西,即pragmata或者chremata。希腊语把二者区别开来,是因为存在着两种行动的手段。第一种手段是行动的可能性,我们在与他人的对话中或者在我们自己斟酌的过程中会考虑这些可能性,以达到某个预先给定的目的。如若我们专门与他人共同协商这些可能性,那它们就成为行动对象意义上的"事务"（Angelegenheiten）了。这就是"pragma"一词的意思。

为了开始处理某件事务,我们几乎总是需要合适的物质事物。后者之所以构成我们行动的手段,是因为我们利用和使用它们。这种利用和使用,希腊语叫作"chresthai"——"chrema"一词就是由此得来的。Chremata,即用物,仅仅是第二位的行动手段,因为它们是为头等的手段（即作为事务的pragmata）服务的。[①]尽管如此,用物在主体主义的事物观那里仍旧受到了关注,因为它们是可感知的、物质性的对象,而且这种对象给人最强烈的印象,似乎它们的存在具有一种相对于我们的表象活动的自立性。因此,并非偶然地,海德格尔在《存在与时间》中对人的"在世界之中存在"的现象学分析——这种分析已经闻名学界——是从用物着手的,并且探讨了用物对人之此在来说是如何作为所谓"器具"（Zeug）而"上手"

---

① Pragmata是第一性的行动手段,这一点也由罗曼语中的"cosa"或者"chose"表明。这个词语原本并不标示用物,因为它要回溯到拉丁语的"causa"。一个causa,举例讲,就是法庭诉讼中的一个案件,也就是希腊词语"pragma"意义上的一个事务。——原注

（zuhanden）的。

海德格尔对与器具的交道的关于实事的原初经验做了现象学的规定，以此来批判和修正胡塞尔把这种经验规定为感知的做法。这乃是众所周知的事情了。不过，在我看来，人们迄今为止依然极少注意到：尽管有这种批判，海德格尔仍与胡塞尔一样，同样都是以物质事物为基本定向的。在其后期著作中，海德格尔明确地指出，事物的存在并不完全在于作为人的器具而上手地存在；而且，德文中的"事物"一词原本是从"thing"中获得其名称的，后者也就是日耳曼人商讨他们的共同事务的集会。所以，该词语本身就已经暗示出，对行动着的人来说，第一性的事物是事务。这一点并没有阻碍海德格尔，直到后期，他仍然是按照物质性的事物（诸如神庙、壶、岩石、桥等）来解说超出单纯的上手存在的事物之存在的。

海德格尔的器具分析不仅因为它以用物为基本定向而深深地受制于胡塞尔，而且也在另一个方面深受胡塞尔的影响。如果我们比迄今为止对《存在与时间》的阐释更为仔细地注意一下，差不多就在"器具分析"一开始，在这部著作的第16节，进而又在第18节，就出现了"自在"（Ansich）或者"自在存在"（Ansichsein）概念。这个概念与"面向实事本身"这个准则具有某种隐蔽的联系。这个受到强调的"自身"（Selbst）具有某种挑战意义："实事"在现象学上不应仅仅如其在我们的意识、我们的表象的内容中呈示出来的那样被课题化。而毋宁说——这乃是胡塞尔反心理主义的攻击方向——它们应当这样得到表达，即这种分析要正确地对待它们的存在对于我们的表象活动的独立性。但这种对意识的无关联性却可以最确切不过地用"自在"概念来表达，如果我们把这个概念理解为"为我"（für mich）或者"为我们"（für uns）的对立概念的话。所谓

"实事本身"，就是在其自身存在中的实事。

不过，从另一个方面来说，只要实事——这就是现象学概念所言说的——一贯地在它们为我们的显现之如何中、在它们的意识相关性中得到考察，现象学的分析就具有一种先验的特征。恰恰对实事为我们的显现与它们的自在存在之间的紧张关系的解决，是胡塞尔所谓的"相关性分析"的任务。用一个公式来表达，在这种分析中重要的是：在实事之多样性中的自在存在的显现方式。

对实事的现象学态度因此就取得了一种处于两种可能性之间的动摇不定的中间地位；由于有这两种可能性，现象学的态度就容易被混淆起来。第一种可能性在于，让自在存在完全在为意识的显现中涌现出来，并且从中只还保留康德意义上的一个"自在之物"的限界概念。存在因此就成为对象性，成为对人类主体而言的客体存在。与胡塞尔的早期学生们一样，海德格尔也把"面向实事本身"这个准则读解为一个要求：返回到一种新的对自在存在的尊重，并且因此克服把存在者对象化的主体主义。举例说来，《关于人道主义的书信》的一个段落就表明了这一点。在那里，海德格尔谈到一种"把存在者变成单纯客体的主体化过程"，并且说："某个在其存在中存在的东西并不止于其对象性。"[①]

可是，人们在此不可忽视，与早期现象学家相对立，海德格尔并没有借此重新落入前批判时期的实在论当中——对于实事的现象学态度可能被错失的第二种可能性。海德格尔停留在一种对一切在其主观显现方式中的实事的考察的先验哲学路线上。[②]但对他来说，由此产生出一项任务，就是要表明：恰恰在这种显现中自在存

---

① 海德格尔：《关于人道主义的书信》，载海德格尔：《路标》，第357页。——原注
② 参看海德格尔：《存在与时间》，图宾根，1957年，第212页。——原注

在是如何呈现出来的。在《存在与时间》中，关于在其中系统化地取代了胡塞尔意义上的意识的此在，海德格尔毫不含糊地说：“唯当此在在，才有存在。若此在并不生存，则‘独立性’也并不‘存在’，‘自在’也并不‘存在’。”但区别于具有反先验哲学态度的实在论者，海德格尔自始就知道，把自在存在规定为“为我们的存在”（Für-uns-sein）的否定是不够的，因为这种否定就如同一切否定一样，总是依赖于它所否定的东西。它尽管具有反主体主义的激情（其实正因为它具有这种激情），自身却依然是主体主义的。

只要“自在”这个概念只具有消极的意义，即可以表示“为我们”或“为我”这个表达的反面，那么，对这个概念的使用就不能保证事物之存在对于表象活动的独立性。只有当这个概念指的是诸如事物的自持之类的东西时，对它的使用才能保证这种独立性——这里所谓“自持”①，并不是从它们与主体相对立的角度来得到理解的。海德格尔的“通向实事本身的道路”，我理解，就是把他引向这样一个观念的发展过程。而这种发展在《存在与时间》中始于前面提到的“自在”概念的出现，出现在对用物对此在的显现的分析语境中。由于把这种显现规定为器具交道的做法是与胡塞尔把这种显现规定为感知的做法针锋相对的，所以，只有当把海德格尔对“自在”概念的采用与胡塞尔对自在存在经验的解释相对照时，人们才能对之做出适当的评价。

胡塞尔感知分析的重要发现是境域意识：对象从来不是孤立地

---

① 这里“自持”（Insichruhen）的字面意思为“以自身为依据”“安于自身”，可以英译为“residing-in-itself”。作者黑尔德教授专门为中译本加了一个注释：以“自持”一词，我指的是诸如某种独立性、自主性、事物与自身的关涉状态。但重要的或许是，在翻译中——如果恰好有可能的话——也传达出德文“自-持”（Insich-ruhen）所含的“宁静”因素，因为我在后面的文字中把“自持”与主观的“我能”（ich kann）的活动性对立起来。——译注

向我们显现出来的，不如说，它们是在其意义中相互指引的。因此，它们总是在某个意义指引的网络中、在某个境域（Horizont）中与我们照面的。诸境域通过它们之间的指引构成一个境域性的总体联系，即作为普遍境域的世界。如此这般理解的世界通过在其中所包含的意义指引为我们准备了可能性，即我能如何继续我当下的知觉。一切境域由于也超出自身之外指引着，所以它们在世界——在现象学上被理解为作为普遍境域的世界——的无所不包的指引联系中是共属一体的。我们总是具有一种关于世界的意识，因为我们能够超越我们现实地置身于其中的每一个境域，而且因为这种超越运动的"继续"（und-so-weiter）是绝不会中断的。我们的"我能"首先以这种活动性（Beweglichkeit）而在普全的境域空间中展开出来。对胡塞尔来说，有了这种"我能"，即对可能性（Vermöglichkeit）的支配，就有了我们的自由，而主体性就意味着自由。在我们当下的境域中先行被勾画出来的可能性，即发挥我们的"我能"之自由的可能性，在此意义上就具有某种主观的特征。

但是，我们的意识绝不能把超越一切境域的可能的无限性转变为一种现实的无限性——世界就在其中一下子被给予，因为在具体的经验进展中，意识总是维系于实际地预先被给定的个别境域。由于有这种有限性，我们就可以发现，事物比它们在当下具体的境域中显现出来的东西"更多"；它们的存在超出了意识的那些局限在这种境域中的经验可能性。这样，胡塞尔就解释了我们是怎样达到对事物之自在存在的意识的。

这种解释的基础是由"我能"之自由构成的，因为这种"我能"在境域上的展开机会的无限性，乃是衡量实际知觉的尺度。它的有限性，境域的预先给定性，是对主体性的这一无限性的限制，因而只有从它出发才是可理解的。在此意义上，胡塞尔对事物之自在存在的解释就是主体主义的。但尽管如此，他的解释却备下了破除主体性之魔力的可能性。

因为胡塞尔自始就把"我能"之自由解释为在普遍境域的可能无限性中的活动性，所以他忽视了以下事实：这种在事物之显现方面的活动性已然在当下诸境域范围内开始了，还在它们向着其他境域被超越之前。但我们不是在纯粹的事物知觉中经验到这种活动性的；而不如说，只是由于事物作为器具在它们得到使用的某个境域中与我们照面，用《存在与时间》的话来讲，事物作为某种上手之物在作为因缘联系（Bewandtniszusammenhang）①的世界中与我们照面，我们才经验到这种活动性。对器具的无干扰的使用乃是一种已经在这样一个境域范围内的活动性。胡塞尔的知觉模式之所以是不充分的，其根本原因就在于：它未能说明，一种在事物之显现方面的自由经验恰恰是在与某个先行给定的有限境域的联系中才是可能的。

海德格尔是从事物的上手状态出发的，由此他首先把关于事物存在的主体主义解释推到了极致：在对事物的顺利使用中，事物之存在完全在于它们与人的关联状态（Bezogenheit）。事物的独立性，事物自在存在的因素，为了它们的"为我们存在"而彻底地消失了。海德格尔《存在与时间》的第一个开创性发现是：恰恰是事物的这种显现方式包含着对自在存在的最强烈的经验。这是因为，要不是我们已经确信，在我们根据各自的具体情况使用事物之前，事物已经作为某种可用的东西随时可供我们使用了，那么，我们就不能取

---

① 在作者提供的英译本中，此词译作"context of relevance"，意即"关联语境"。——译注

得一种对器物的顺利使用的经验。这种信赖（Vertrauen）提供了最好的解释，说明为什么我们不假思索地坚信，在我们把事物搞成我们的对象之前事物就已经存在了。

但在这种关于事物的自在存在的自然信念的解释中，却还包含着一个更为深远的发现：对上手之物的可用性的信赖的真正依据，并不是由器物本身构成的，而是由作为境域的世界构成的；这个境域为事物备好了这样一种使用方面的可靠性，使得我们能够信赖它，能够在与事物的交道中自由地活动。据此看来，自在就是世界，就是那个首先日常地作为使用境域为我们所信赖的世界。"面向实事本身"这个座右铭的要求是针对这种自在的，即我们在事物之显现中经验到的这种自在。如若世界就是这种自在，那么，复数的"实事本身"（Sachen selbst）就表明自身为一个单数，即现象学哲学的这一个实事本身乃是世界。①

在此决定性的事情乃是世界与自由的联系。我们与某个当下的使用境域的实际联系，也即被经验为自在的世界的有限性，并没有限制与器物打交道的自由，而是首先使得这种自由成为可能，因为这种自由保证了对器物的当下使用毫无阻碍的活动性。胡塞尔相信，"我能"之自由只存在于那个作为普遍境域——它超越一切个别境域——的世界所具有的无限广度之中。海德格尔发现，世界的整个广度在这种超越之前已经在当下使用境域（Gebrauchshorizont）的内在广度中显露出来了。因为这个内在广度为与器物的顺利交道的活动性给出了位置，所以，世界恰恰因其有限性而成为一个敞开维度。胡塞尔依然与形而上学的大传统合拍，把实际地预先被给定的境域

---

① 也就是说，不是海德格尔所主张的"存在"。参看拙文：《世界的有限性——现象学从胡塞尔到海德格尔的过渡》。——原注

的有限性理解为对有限性的限制。而在海德格尔那里，有限性所具有的这种限制特征就获得了一种全新的意义。

海德格尔器具分析方面的思想还包括如下指导性的考察：指引关联，使我们把使用事物的世界称为一个境域的那些指引关联，只有当器具之使用受到扰乱的时候，才作为这样一些指引关联显露出来。这就意味着：因缘联系为事物的不受干扰的可用性开放出上手事物，因为因缘联系本身为了这种可用性而不让我们注意，并且始终是隐而不显的。作为敞开维度的世界因其本身是完全不显眼的，就为我们在与上手事物的交道中的活动性开放出一个空间。"自在"概念由此在德文中获得了双重意义，海德格尔在《存在与时间》第16节中明确地引证了这种双重意义①；它不仅像我们开头所说过的那样，是"为我"或者"为我们"的对立概念，而且也具有它在德文动词"ansichhalten"——其意义与德文中的"克制"（sich zurückhalten）一词相同——中出现时所具有的含义。作为当下因缘境域的世界以其本己的显现"克制自己"，以至于恰恰以此方式，器物之显现才能在它们的有用性中发生。有限性对自由的限制存在于对以下事实的依赖关系中，即世界并不显现出来。

世界恰恰通过限制，即通过它的克制，才使自由成为可能——对于这一点，日常经验中有一个有益的模型可以说明之。作为真正的自在，世界这个敞开维度具有预先被给定的特征。这个预先－给定的东西（das Vor-gegebene）——正如这种构词所说的——乃是一个赠品。②如果这说的是某人给另一个人的礼物，则一个赠品就把所赠予赠者联系起来。赠者越是克制自己和不让人注意自己，则接受者

① 参看海德格尔:《存在与时间》，第75页。——原注
② "赠品"（Gabe）之"赠"（geben）即为"给定"（gegeben）之"给"（geben）。——译注

在他与礼物的交道中就越少与赠者联系起来，也即在自由方面越少受到限制。①

世界不是事物，不是某人可以赠送给另一个人的事物。因此，在这里不存在什么躲在赠品后面的赠者。在此避而不显的东西，只是赠予本身的发生，只是自行克制对自由空间的开放。只有通过这种发生的毫不显眼，人的自由才能显露出来。由于有这种毫不显眼，后期海德格尔在1973年查林根研讨班上就说，哲学必须变成一种"关于不显明者的现象学"（Phänomenologie des Unscheinbaren）。②由于上面所说的发生乃是一种给予位置（Platzgeben），所以，世界就能作为一个空间向我们显现出来。但这个空间不是一个静态现成的容器。不如说，它的存在只是由于它通过克制开启自身；作为敞开状态之维度的世界是一种发生（Geschehen）；世界"世界化"（weltet）。

但以这一发现，海氏尚未回答下面这个问题：事物的自在存在如何能从世界之自在存在角度得到理解？——座右铭"面向实事本身"中的复数，原本就是指事物的自在存在。③由于事物作为器具可为我们所用，它们甚至就不再保持那么多的自在存在了，就像胡塞尔在其分析中还给予事物的那么多自在存在。这是由于，对海德格尔来说，"我能"之活动性——在胡塞尔那里，这种活动性只始于对有限境域的超越——在因缘联系之境域的范围内就开始了；因为这

---

① 当赠予行为保持不显眼时，赠者就并不显现出来；因此，在日本和土耳其的传统中，人们呈送礼物的行动往往竭力不让对方注意，这在来自其他文化的不明真相的客人看来，简直就是不礼貌。——原注
② 参看海德格尔：《研讨班》，第399页。——原注
③ "面向实事本身"中的"实事"（Sachen）为复数，眼下这个句子中的"事物"（Dinge）也为复数。——译注

种境域内部的活动性是以事物的顺利的有用性为依据的，以这种有用性，事物之存在仅仅限于：成为可以"为我们"所用的——即便就胡塞尔而言，境域空间内的活动性就已经是一个原因，可以说明为什么他只是以主体主义的方式削减了自在存在，而没有看见它的作为自持的真正形态。看起来，向我们的主观活动性回归，似乎是所有并没有突入到事物的真正自在存在（即它们的自持）的分析工作的特征。由此可以推出一个结论：事物的真正自在存在对我们始终是锁闭起来的，只要它们的显现是与这样一种运动相联系的。[①]只有当我们专心地逗留于某个事物面前，从而在某种安宁状态中去对待事物的内在安宁（"自持"这个表达已经暗示出这种内在安宁[②]），事物的真正的自在存在才向我们显示出来。[③]

人如何才能在事物面前逗留呢？在1936年的《艺术作品的本源》一文中，海德格尔首次对之做了揭示。但是，对某个伟大艺术作品的陶醉，不论有何种表现，并不是逗留的唯一可能性。就对自在存在的非主体主义理解而言，海氏的这篇文章包含着一个关键的新洞见：事物的内在安宁并不是从我们的主观活动性中获得其意义的，而是从另一种运动中，即从世界这种发生中，获得其意义的。这种发生于自身中包含着两种运动，它们恰恰由于相互冲突而构成一个整体：作为自行遮蔽的自行克制与作为让事物显现的自行开启。这样一种贯穿着斗争的共属一体性，早就为早期希腊思想家赫拉克

[①] 即便是在英语世界占主导地位的分析哲学也不能达到事物真正的自在存在，因为它的出发点是人类话语的主观活动。——原注

[②] "自持"（Insichruhen）之词根"ruhen"与"安宁"（Ruhe）同，故有此说。——译注

[③] 对这样一种安宁状态来说重要的是，我们只有通过某种相应的情调才能进入其中。这就需要有一种海德格尔所说的"基本情调"。这样一种情调何以可能？在何种形态中是可能的？关于这个问题，可参看拙文：《海德格尔的基本情调与时代批判》，以及那里给出的参考文献。——原注

利特所发现了。赫拉克利特称之为"紧张的和谐"（gegenspännige Fügung）[1]，希腊文是"palintonos harmonie"。[2]

作为显现之敞开维度，世界正如我们日常所经验的那样，包含着两个涵括一切的区域，而任何一种显现都是在这两大区域之间进行的。这两个区域就是：天空（Himmel）和大地（Erde）。在关于前哲学的生活的前现象学实在论中，我们把这两大区域理解为两个静态的相互对立的空间，它们本身又被作为最广大空间的世界所包围。但从现象学上来看，世界并不是静态、现成的最大容器，而是一种紧张的发生。作为这种发生，世界乃是"一切区域的区域"。[3]天空与大地这两种世界区域乃是世界发生出来的两种方式，也即作为自行开启与自行锁闭之间的冲突。

作为发生事件的天空与大地由于这种冲突而"紧张地"共属一体。但这一点仅仅显示在可感知的物质事物中，而且只有当我们专心地逗留于这些事物面前时才显示出来，因为在这个时候，这些事物的物质性质就以全新的方式为我们显现出来。由于这些性质的形体性，我们就可以说：这些事物来自大地。"大地"在此乃是表示组成事物的一切物质的质料性的名称。使我们有可能把一切质料称为"大地"的那个共同特征，是从以下事实中得来的：在关于事物的日常经验中，质料向我们显现为我们能够以不同方式"侵入"（eindringen）其中的某个东西。这种侵入总是具有以下意义，即我们由此去照亮质料的内在幽暗。但这种光亮丝毫没有改变质料发自

① 英译本作"counterstretching jointure"。——译注
② 参看第尔斯、克兰茨编：《前苏格拉底残篇》，B51；以及拙著：《赫拉克利特、巴门尼德与哲学和科学的开端——一种现象学的沉思》，第166页以下。——原注
③ 参看芬克：《存在、真理、世界——现象概念问题的初步追问》，海牙，1958年，第151页。——原注

自身的幽暗。从现象学上看，这种幽暗就是作为自行锁闭之发生的大地。

当我们专心地逗留于某个事物面前时，我们便经验到，这个事物是如何归属于大地这个世界区域的，因为事物的物质性质以全新的方式招呼我们。这时，大地就在这些性质中作为锁闭于自身的幽暗的东西向我们显示出来。这个东西吸引我们，因为隐而不显的自行锁闭之发生借此就作为这种自行隐匿的东西进入敞开域（das Offene）中，它被纳入自行开启之发生中；大地进入天空的敞开广度中而作为大地显露出来，因为本来就幽暗的物质性质在这个广度中仿佛获得了光度。[1]但这种发生本身之所以能够为我们所经验，只是因为事物以此方式揭露出来的性质乃是质料性的，也即是归属于大地的。[2]在这种交互关系中可以明见，大地与天空是相互需要的，而且恰恰作为处于相互冲突中的发生事件（Geschehnisse）相互需要。

事物之存在之所以是一种自持，是因为在事物质料的显现中，天空与大地的相互作用作为"紧张的和谐"实现出来。我们把这一认识归于海德格尔。以这一认识，哲学首次获得了进入一种关于自在存在的后主体主义理解的通道。诚然，在胡塞尔的感知分析与海德格尔《存在与时间》的器具分析中，已经有了一种对天空的敞开广度的猜度；因为在对作为用物的事物的使用和感知中，事物的显现已经被嵌入各个境域之中了，我们能够通过遵循因缘联系或感知世界的指引线索而活动于这些境域中。但是，作为境域（亦即作为主观活动性的空间）的世界的这一广度，仅仅是世界的可以

---

[1] 海德格尔在《艺术作品的本源》中把这一点称为"建立一个世界"。参看海德格尔：《林中路》，《海德格尔全集》第5卷，美因河畔法兰克福，1977年，第29页以下。——原注

[2] 海德格尔把这一点称为"制造大地"。参看同上书第31页以下。——原注

为我们的表象能力所达到的方面——可以说是朝向主体的方面。在这背后，隐藏着背离主体的方面，即作为一种发生的世界的自行克制；在1945年关于"泰然任之"的对话中，海德格尔明确地把它刻画为境域的背面（Kehrseite des Horizonts）。[1]思想的转折，思想借以转向上面所说的背面的那个转折，就是"转向"（Kehre）。通过转向，事物的"对"（ob）——德文中"对象"（Gegenstände）的"对"（gegen）——就获得了一种超出"对-象性"（Gegen-ständlichkeit）的"对"的意义。[2]

然而，这里尚需注意的是：在我们的日常经验中，可感知的事物——它们真正的自在存在通过关于世界区域的后主体主义的现象学而变得可以理解了——首先是作为某种上手之物、作为器具向我们显现出来的，也即是作为用物向我们显现出来的。我在本文开头已经指出，同样也存在着那些"事物"，它们是在共同的对话中作为事务——我们与其他人一道把它当作行动（希腊文的"prattein"）可能性来考虑——与我们照面的。就一个事务（pragma，拉丁文的"causa"）而言，重要的不是某种具有物质性质的可感知的东西。所以在这里，自行锁闭与自行开启之间的冲突就没有表现为天空与大地的紧张发生（gegenspännige Geschehen）。但尽管如此，在这方面仍存在着某种相似性。

日常对事务的处理是以主观活动性为标志的：处于平均状态中的

---

① 参看海德格尔：《田间小路上的对话》，《海德格尔全集》第77卷，美因河畔法兰克福，1995年，第112页以下。——原注

② 为了表达这个"对"的剩余，海德格尔在《田间小路上的对话》中动用了"地带"（Gegend）这个词语的古代方言形式，这个词本身与德语介词"对"（gegen）相联系；海氏并且把世界——就其被理解为背离主体的一切地带之地带即世界化而言——称为"域"（Gegnet）。——原注

人——用《存在与时间》的话来讲，就是"常人"（das Man）——并不逗留于任何实事那里，而是放任自己从一个事务到下一个事务追逐不停。但我们也能停下来。当对某个事务的协商不是单纯的例行公事，而是"事关全局"，也就是说，世界作为由一个人类共同体联系起来的事务整体处于存亡关头，这时候，我们也就能停下来了。海德格尔从没有摆脱掉他在《存在与时间》中关于常人的判决，而且因此没有考虑到，存在着一种在事务那里的逗留，我们从中能够经验到它们的自持。在我看来，海德格尔对人与事务的交道的错误估计乃是一个最深刻的原因，可以说明为什么他的思想在政治世界面前失败了；而且令人遗憾的是，这种失败又发生在那样一个时代里，当时亟须的是以哲学批判去对付国家社会主义。

在对那些决定某个共同体命运的事务的协商中，对行动可能性的衡量集中到这样一个问题上：当前所讨论的处境是否提供了一个有利的时机，去开辟某种具有开创性的全新的东西。这用希腊文来讲就是关于一个"kairos"［契机］①的问题。一个契机是某种新东西，它还隐蔽在将来中，但又已经突入当前之中，因为它在作为可能性的共同行动中是"容易把握"的。如果一个人类共同体真正抓住这样一种可能性，那么，这个共同体的共同事务的世界借此就获得了一个全新的形态；世界的自行开启之发生仿佛就得到了一个新的推动力。在此发生中，契机就与天空相应和。

由于将来作为将来有其不可消除的未知性，在一个当前处境是不是一个契机的问题上，人们是绝没有什么把握的，因此，对一个契机的可能性的共同衡量，就不可避免地变成一种意见争执。这种

---

① 希腊文"kairos"在基督教意义上可译为"恩宠时刻"。——译注

争执的不可避免性使一个规范基础成为必需的，后者能够保证参与争执者达成相互理解。这样一个基础只可能存在于某些对共同行动有约束力的标准中。但如果这些标准被对象性地表象为命令、律令、法规、义务、价值等，那么，它们就不能提供什么可靠性，以保证一切参与争执者在这上面达成一致；因为诸如此类的东西原则上是可争执、可讨论的。这些标准必须以过去生活中的行为规则为形态，具有一种前对象性的约束力。这就是"伦常"（Sitten）[①]，是人们已经习以为常的行为方式。它们自古以来就为人们所赞赏，被人们认为是值得仿效的。

伦常构成伦理（ethos，在这个希腊词语的原始意义上）[②]，也即一个熟悉的共同场所。一个人类共同体持续不断地逗留于这个共同场所中，通过行动来塑造他们的共同生活。伦常对我们来说是不言自明的，因为它们已经渐渐地渗入习惯中了；伦常来自过去。但是，伦常对我们来说之所以是不言自明的，也是因为它们本身并不是我们注意力的对象。所以，伦常得以从中产生的那个过去逃避任何回忆；通过回忆，那个过去作为仿佛可以确定其年代的过去，就会变成一种明确想象的对象。伦理乃是这样一种回忆赶不上的东西，从而是过去本身，是这个词的真正意义上的"古老"（das Alte）。古老作为幽暗的过去无可挽回地远离我们而去，但它却在作为以往生活的遗产的伦常中活生生地向我们呈现出来，并且与我们相切近。所

---

① 德文"Sitten"有"习惯""风俗""礼仪""品德""社会风气"等多种意思。我们试以中文"伦常"译之。英译本作"customs"。——译注
② 希腊文"ethos"通解为"习惯""品格""气质""伦理"等。黑尔德在此强调指出：此词的原始意义为"人类共同体逗留于其中的熟悉的共同场所"，故我们似也可以译之为"居所"，但为维持必要的译名统一性，我们仍采字面义，译之为"伦理"。海德格尔在《关于人道主义的书信》中也曾把"ethos"解为"居留"或"居留之所"（Aufenthalt）。参看海德格尔：《路标》，第352页。——译注

以，在某种伦理中的共同生活的自明性，用《存在与时间》的话来讲，乃是对作为"曾在状态"（Gewesenheit）的过去的原始经验。

对某个契机的把握，对世界开启之发生事件的更新，在某种伦理中获得了依靠；这种伦理以其毫不显眼的自明性并且由于其来源的模糊而具有遮蔽的特征。在事务领域中，与之相应的是，可感知的事物通过那些物质性质——可感知事物借以在天空之广度中敞开出来的那些物质性质——归属于幽暗的大地。甚至在契机中，就像在伦理的曾在状态那里一样，遥远之物也远近一体地与我们照面。在契机中，"将来"作为本身显现出来，也即作为全新的东西，它一方面由于它的未知性总是在到来中，保持着不可达到的遥远，并且因此引发意见争执；而另一方面，契机又在法文"avenir"［将来］一词的意义上"走近"我们，因为它作为可把握的可能性已经十分切近于我们。这样，这个契机——还是以《存在与时间》的话来讲——就是对"将来状态"（Zukünftigkeit）的原始经验。

天空与契机，大地与伦理，两下是相互吻合的，但二者从来都不是同一个东西。在关于"艺术作品的本源"的论文中，海德格尔暗示出这一点；因为区别于更后来在天、地、神、人"四重整体"（Geviert）中对天空与大地的两极化，海氏在这里是把世界与大地对置起来了。在这个文本中，世界一方面作为敞开域，作为一切显现者在其中显现的敞开域，具有希腊文"ouranos"［天空］——它在柏拉图和亚里士多德那里是表示作为宇宙（kosmos）的世界整体的主要名称意义上的"天空"——的特征；另一方面又具有历史性世界的特征，它之所以是"历史性的"，是因为契机使世界之发生事件活动起来。与这个双重特性相应，大地一方面也像后来在四重整体中一样，以"宇宙学方式"被理解为幽暗和庇护之物；而另一方面，大地又显现为人类共同栖居的历史性家园，也即显现为伦理。

但是，在海德格尔本人那里，这种差异化却停止了，因为他没有看到，存在着一个特有的事务世界，我们通过对事务的论争性讨论以独特方式逗留在这个世界上。所以，在《艺术作品的本源》之后的思想发展中，海德格尔能够用四重整体中的天空与大地的相互作用来替代世界与大地的相互作用，而没有做出解释，四重整体中的天空与大地的对立性与《艺术作品的本源》中的世界与大地的对立性关系如何。在海德格尔思想的这种发展中消失的东西，乃是这样一种可能性，即把历史性事务世界的本己因素——正如它在伦理与契机的相互作用中被经验到的那样——与宇宙学上被经验的天空与大地的相互作用的世界区别开来的可能性。

伦理与契机处于一种类似于天空与大地的关系中，这是由于它们恰恰通过它们的冲突而相互制约：通过在契机中接近的将来之切近，伦理进入过去之遥远中，因为生活状况的一种即将来临的变化能使传统习惯显得陈旧过时。[1]但同时，将来之切近也吸引了意见争执的注意力，并且因此使伦理免于在这种争执中被对象化，使得它通过它的前对象性的不言自明性能够作为居留之所而切近于我们。通过伦理的这种切近，在可能的契机中呈示出来的将来受到阻止，因为传统习惯的惯性力量是拒绝新东西的当前化的。[2]但伦理的这同一种切近也使这种当前化成为可能，因为它作为理解的基础使意见争执成为可能，而这种意见争执能够导致对契机的把握。

---

[1] 这种原初的经验在现象学上构成海德格尔在《时间与存在》这个演讲中关于非主体主义地被阐释的将来所说的话的基础："……它（近）把曾在之将来作为当前加以拒绝，从而使曾在敞开。"海德格尔：《面向思的事情》，第16页。——原注

[2] 海德格尔在同一个演讲中（第16页）就"切近之接近"所说的话正是借助于这种原初经验。海氏在那里说，这种切近之接近"在到来中把将来扣留，从而使来自将来的到来敞开"。——原注

于是，通过伦理与契机的交互关系，我们经验到那种不再主体主义地被思考的时间的原始性，正如海德格尔在其后期演讲《时间与存在》（1962年）[1]中所描写的那样：本真的将来与曾在是相互制约的，而这恰恰是由于切近与遥远相互争执，因为曾在状态把将来之物（即到达者）的到达扣留起来，而这种将来之物本身又在一种对象化的回忆中拒绝曾在之物的可支配性。[2]但是，只有当我们通过意见争执逗留于一个命运性的事务那里，并且以此方式把一个事务经验为自持的实事时，我们才能注意到这种"紧张的和谐"。

那个敞开维度，那个由于我们逗留于某个事务而为我们开启出来的敞开维度，就是政治世界（politische Welt）；当希腊人把他们的城邦改造为民主政体，也即改造为一个唯有通过意见争执才开启自身的生活空间时，他们就历史性地建立了这个政治世界。[3]与之相对地，由于一个用物作为分裂的和谐的位置向我们显现出来，我们便认识到一个敞开维度。这个为我们所认识的敞开维度，乃是我们所居住的自然（Natur）的物质世界，即自然的生活世界。它在天空与大地两个世界区域之间的相互作用中开启自身，而且这是在任何时间和任何地点（在我们所居住的大地上）都发生的事情。诚然，具体讲来，这种相互作用始终只是在某种文化形态中发生的；也就是说，"天空"与"大地"对于人类的意义，并非在地球的每一个区域都是同一的。[4]尽管如此，与天空和大地的相互作用的自然的生活世

---

① 参看海德格尔：《面向思的事情》，中译本，陈小文、孙周兴译，北京，1996年。——译注
② 在第81页注2中所说的那种"接近"（Nähern）——正如海德格尔在接下来的句子中所说的——"持留着……那些在曾在中被拒绝的东西、在将来中被扣留的东西"。——原注
③ 关于这一点，可参看拙文：《海德格尔的基本情调与时代批判》。——原注
④ 参看拙文：《生活世界与大自然——一种交互文化现象学的基础》，载《自然现象学——曹街京（Kah Kyung Cho）纪念文集》，《现象学研究》特刊，弗莱堡，1999年。——原注

界相比较，政治事务的世界会以某种十分激烈的方式发生历史性的变化，因为在这里，时间起着支配作用；时间一方面总是使某种伦理变成习惯，而另一方面又令人吃惊地使契机成为可能——这个契机能够改变某个共同体的整个共同生活。对这种时间性的关系的进一步规定必将构成一种未来的交互文化现象学的任务之一；而这种现象学，正是一个一切人类文化共生共长的世界化时代所要求的。

（孙周兴　译）

第三章 海德格尔与现象学原则

根据胡塞尔在《纯粹现象学与现象学哲学的观念》第1卷中所做的纲领性说明[1]，现象学的基础乃是自身给予的直观或明证性原则。在这里，"明证性"（Evidenz）具有"原初的被给予性"这样一个宽广的含义。海德格尔在后期多次强调，他比现象学的创立者更合乎实事、更原始地坚持了现象学的原则。[2]我想以此诉求为引线，来探讨这样一个问题：在何种意义上以及在何种程度上，海德格尔在其思想发展中真正坚持不渝地做了现象学的思考？

关于明证性原则对于现象学的重大意义，胡塞尔在《形式逻辑与先验逻辑》中做了最清晰的说明。[3]他的现象学的基本课题乃是意识的意向性。但意向性是以明证性为依据的，因为每一种意识之所以与对象处于某种关联中，仅仅是因为它具有把当下对象带向原初被给予性的可能性。也就是说，意向性在其基础上乃是明证性之关涉性（Evidenzbezogenheit）。[4]

对意向性的现象学研究本身就是意向意识的一个形态，因此人

---

[1] 参看胡塞尔：《观念》第1卷，第51页。——原注

[2] 参看海德格尔：《致理查德森的信》，载理查德森：《海德格尔：从现象学到思想》，海牙，1974年，第XV页。——原注

[3] 参看胡塞尔：《形式逻辑与先验逻辑》，《胡塞尔全集》第17卷，海牙，1974年，第176页以下。——原注

[4] 海德格尔在《时间概念的历史导论》中正确地指出：对意向性来说，明证性具有一种"普遍作用"。参看海德格尔：《时间概念的历史导论》，《海德格尔全集》第22卷，美因河畔法兰克福，1979年，第68页。——原注

们要求通过自身给予的直观来证明它的认识。现象学的研究对象和研究方法同样也是以此方式由明证性来决定的。于是，人们会问：在这两种作用中，明证性拥有一个共同的基本特征吗？1925年的讲座《时间概念的历史导论》包含着海德格尔对于胡塞尔现象学的相对而言最无拘束和最为详细的表态；在这个讲座中，海德格尔虽然未曾明言，但显然也是为此问题所引导，并且在"范畴直观"概念中找到了胡塞尔的明证性的涵盖性特征。[1]

　　胡塞尔的明证性原则是以自身给予的直观的可能性为前提的，而且自身给予的直观之所以可能又是有前提的。其前提就是：为其具体的个别实行，事先已经备好了可直观之物。这个预先给定的可直观之物乃是普遍的形式的和本质的规定性，只有根据这些规定性——海德格尔如此理解胡塞尔——感知对象才能够以明证性向意向意识显现出来。在《逻辑研究》第六研究中，胡塞尔以"范畴之物"这个宽泛概念来指称这些规定性。[2]诚然，范畴之物对在哲学上毫无训练的眼光遮蔽着自身；但按海德格尔对胡塞尔的理解，作为使感知对象之显现成为可能的东西，范畴之物就是在感知对象之显现中真正地显现出来的东西。[3]海德格尔认为，在胡塞尔那里决定性的事情是，范畴普遍之物并不是主观之物；也就是说，它既不是通过反思在意识的内在状态中被解读出来的，也不是思想推导的主观行为产生出来的。[4]按照明证性原则，我们不可对范畴之物在其原初

---

① 对于"范畴直观"是什么，海德格尔在《时间概念的历史导论》中（第64页以下）依据胡塞尔做了阐发。——原注

② 参看胡塞尔：《逻辑研究》，《胡塞尔全集》第19卷，海牙，1984年，第657页以下；这里可参看图根哈特：《胡塞尔与海德格尔的真理概念》，柏林，1970年，第107页以下。——原注

③ 参看海德格尔：《四个研讨班》，美因河畔法兰克福，1977年，第115页。——原注

④ 参看海德格尔：《时间概念的历史导论》，第78页以下，第97、101页；以及《四个研讨班》，第113—114、116页。——原注

把握中呈现给我们的那个特征吹毛求疵。而这种原初的把握就是范畴直观；而且在其中，正如"直观"（Anschauung）概念已经显明的那样，范畴普遍之物作为某种被给予之物显现给我们。

范畴之物不是主观之物，而是具有一种超主观的预先被给予性特征——海德格尔在《时间概念的历史导论》中视这一发现为胡塞尔真正开创性的洞见。在海德格尔眼里，这个发现同时也是他自己的现象学的焦点所在[1]，这是由于范畴直观不仅使对象的意向显现成为可能[2]，而且也使对这种显现的现象学分析成为可能，因为这种分析的依据乃是以普遍之物为对象的观念直观或者本质直观。[3]正如其60年代的后期著作所表明的那样，海德格尔在20年代所赢获的这幅关于胡塞尔现象学的图画，历经几十年后不曾发生什么变化。

在海德格尔看来，"范畴直观"这一发现超出胡塞尔之外具有时代性意义。《时间概念的历史导论》中特别值得注意的一段话表明了这一点。海德格尔在这段话中断言：凭借对范畴之物的超主观的预先被给予性的洞见，普遍性之争中的唯名论立场就可以被克服了。[4]在这段话中，海德格尔的现象学观点对我们来说有一种全新的现实意义，因为围绕语言分析哲学的真正基础的争辩眼下越来越尖锐地集中到对唯名论的赞成与反对上了，如海德格尔的弟子恩斯特·图根哈特就持有唯名论的立场。[5]

海德格尔在《时间概念的历史导论》中对"范畴直观"的反唯

---

[1] 参看海德格尔：《四个研讨班》，第111页。——原注
[2] 参看海德格尔：《时间概念的历史导论》，第64页；以及《四个研讨班》，第112页以下。——原注
[3] 参看海德格尔：《时间概念的历史导论》，第90页以下，第109、130页。——原注
[4] 参看同上书，第98页以下。——原注
[5] 参看图根哈特：《语言分析哲学导论》，美因河畔法兰克福，1976年，第184页以下。——原注

名论的解释，通过其60年代的后期著作而得到了毫无歧义的证实：按海德格尔的阐释，只要范畴普遍之物使得感知对象的明证显现成为可能，从而使得一般意向显现成为可能，那么它就构成了那个敞开状态的维度；在这个敞开状态的光亮中，存在者才成为可认识、可思维的。①也就是说，范畴之物的敞开维度对于存在者来说具有认识之根据（ratio cognoscendi）的作用。而这样一来，这个敞开维度同时也就是存在之根据（ratio essendi），它保证着对象的对象性。②这是因为对胡塞尔的现象学来说，对象并不拥有在其意向显现范围之外的自在存在。就范畴之物在认识之根据与存在之根据的双重作用中构成认识与存在之间的桥梁而言，它与柏拉图的"理念"和前唯名论的经院哲学的"形式"有着同一种使命。因此，用不着奇怪，在《四个研讨班》的最后一次研讨班中，海德格尔把范畴直观置入柏拉图的理念直观行列之中。③由于范畴直观为认识开启出通向存在者本身之实事状态的通道，所以海德格尔在《时间概念的历史导论》中就可以说，只有通过"范畴直观"这一发现才能成功地"重新把一种清楚明白的意义带入"经院哲学的、源出于希腊的真理定义，也即前唯名论的真理概念"符合"（adaequatio）。④诚然，人们必须提防一种误解：这一切并不意味着，海德格尔把向一种前唯名论的本质思想的质朴回归视为现象学的基本成就了。⑤"范畴直观"这一发现的持久的哲学收获，在海德格尔看来仅仅在于，在这种直观中呈

---

① 参看海德格尔：《四个研讨班》，第112页以下。——原注
② 参看同上书，第112页以下。——原注
③ 参看同上书，第114页以下。——原注
④ 参看海德格尔：《时间概念的历史导论》，第69页以下，第73页。——原注
⑤ 独特地在上面提到的段落中（同上书，第98页），海德格尔对于普遍性之争也只是说，这种争论随着"范畴直观"这一发现"暂时地得到了解决"（重点号为引者所加）。——原注

示出一种敞开状态之维度（Offenbarheitsdimension）①的超主观的预先被给予性，而敞开状态之维度作为存在和真正认识的可能性基础先天地（apriori）把二者维系在一起。②所以，现象学的明证性原则虽然把哲学带出了它由于中世纪的后期唯名论而陷入其中的瓶颈，并且正如海德格尔在《面向思的事情》中所说的那样③，为哲学开启出一条全新的通道，以理解希腊的（即原始的前唯名论的）对于无蔽状态即显现着的存在者的无蔽（aletheia）的坦然接纳④，但是，就对预先被给予的敞开状态之维度的具体规定而言，海德格尔认为，无论是胡塞尔的范畴之物还是前唯名论传统的外观、形态（eide）或形式，都不是最终的决定。

如果说海德格尔是把范畴之物与这种形态或形式相比较，那么，在此要紧的是从一开始就注意到一个限制。海德格尔在查林根研讨班上虽然没有做出这种限制，但在海氏自己在《时间概念的历史导论》中所做的胡塞尔评论⑤的意义上，人们却不可对这个限制视而不见。这个限制就是：《逻辑研究》中所讲的范畴普遍之物分为根本不同的两组。其一是综合的一形式的普遍之物，按胡塞尔后来在《观念》第1卷中所做的区分，它就是在"形式化"（Formalisierung）的普遍化过程中与意识照面的东西；其二是通过观念直观被给予的本

---

① 有关与"敞开状态"联系在一起的"维度"概念，可参看海德格尔：《形而上学是什么?》导论，载海德格尔：《路标》，第375页；关于"维度"，也可参看海德格尔：《面向思的事情》，第15页。——原注

② 参看海德格尔：《时间概念的历史导论》，第99页以下。——原注

③ 参看海德格尔：《面向思的事情》，第87页。——原注

④ 在拙文《论存在学的上帝证明的前史——安瑟伦与巴门尼德》中，我试图在与经院哲学在安瑟伦那里的初始状态的对照中，来说明早期希腊思想中的前唯名论的世界关系的原始基础。该文载《哲学观点》第9卷，1983年，第217页以下。——原注

⑤ 参看海德格尔：《时间概念的历史导论》，第85页以下。海德格尔在此忠实于胡塞尔，介绍了我们下面列述的区分，把它当作"综合行为"（第6节c）与"观念直观行为"（第6节d）的区分。——原注

质的普遍之物，它是在"总体化"（Generalisierung）的普遍化过程中出现的。①当然，一种与前唯名论传统的形态或形式的类似，只有对第二种含义上的范畴之物来说才存在。因此，海德格尔在查林根研讨班中强调指出：胡塞尔意义上的范畴之物"比形式更多"。②凭借他自己自从《存在与时间》以来对预先被给予的敞开状态之维度的重新规定（这是我下面要描述的），海德格尔离开了总体化道路，而走上了我们下面将要指出的形式化道路。③

现在我要随海德格尔从下面这一点开始谈起：在关于一种超主观地预先被给予的敞开状态之维度的思想中，人们可以撇开这个维度在一种关于爱多斯（eidos）或形式的哲学中的前唯名论的具体化。但这种撇开是绝对不够的，不足以使有关这样一个维度的假定变得可以为后唯名论的、现代的思想所接受——这种思想以笛卡尔主义的方式建立在意识的基础之上。当哲学首次承认了它通过后期经院哲学的唯意志论而陷入其中的完全不确定境地时，留给它的首先就只有彻底唯名论的怀疑，即笛卡尔用第一个《沉思》中关于欺骗者上帝的论证所表达出来的怀疑。如果说赋予存在以实在性（realitas）的普遍规定性依赖于一个隐蔽的神（deus absconditus）的任意性，而后者对于人类的把握行为来说原则上是不可透视的，那么，看起来从一开始（a limine）就不允许假定一个预先被给予的敞开状态之维

---

① 胡塞尔《逻辑研究》第六研究的第48节和第50—51节探讨了形式范畴的直观，而第52节以本质直观为课题。《观念》第1卷第13节中对形式化与总体化的区别实际上也关系到这同一种区分。——原注

② 参看海德格尔：《四个研讨班》，第113页。——原注

③ 海德格尔已经意识到了形式化与总体化之区分的基本方法意义，这一点可见于他在早期弗莱堡讲座《宗教生活现象学》（1920—1921年冬季学期）中的论述。参看海德格尔：《宗教生活现象学》，《海德格尔全集》第60卷，荣格、雷格利编，美因河畔法兰克福，1995年，第57页以下。——原注

度；在此维度的光亮中，存在者之实事性会对我们敞然显明。

所以，哲学就只有在一种首先与世界分割开来的意识的内在性中才能找到依靠，而且就出现了近代认识论的经典问题：这样一种无世界的意识如何能够向世界超越？这里从一开始就一目了然的是，这样一种超越，也即真正的认识的条件，只能在自身中，而不是在一种先天地把认识与存在相互结合起来的超主观的预先被给予的敞开状态之维度中。

胡塞尔完全认识到了近代哲学的这个怀疑论的起始状态。[1]由于这个原因，胡塞尔不得不接受笛卡尔的意识内在论。但他试图把这种意识内在论与现象学对一种预先被给予的敞开状态之维度的发现或重新发现挂起钩来。这乃是意向性观念所要达到的。如果说意识的本质就是成为关于某物的意识，那么，意识实际上从一开始就超出自身之外，在世界的"外面"。这样，认识论关于外部世界的经典问题就得到了解决。但胡塞尔却仍旧坚持内在论。世界之超越仍旧被扣留在意识之内在性中，按照胡塞尔多次变化的矛盾表述，世界之超越乃是"内在的超越"。[2]通过意向性的这种内在超越，意识在自身中就应当成为敞开状态之维度，即存在者之显现的场所。

在60年代，海德格尔正确地反复指出，胡塞尔以这种笛卡尔主义的内在论恰恰把他在现象学上的关于敞开状态之维度的原初发现冲淡了。[3]此外，胡塞尔为他的笛卡尔主义准备了一个很好的理由：

---

[1]　阿古雷最透彻地说明了怀疑论在胡塞尔哲学中的这种不可低估的意义。参看阿古雷：《发生现象学与还原——胡塞尔思想中根据彻底的怀疑论对科学的终极论证》，第65页以下。——原注

[2]　对于这种矛盾的现象学批评，我在别处做过更详细的阐发。参看拙文：《胡塞尔对现象的"回溯"与现象学的历史地位》，第89页以下。——原注

[3]　参看海德格尔：《面向思的事情》，第47页，第69页以下；以及《四个研讨班》，第119页以下，第123页。——原注

看起来，仿佛现象学只有通过这条途径才能做好准备，来对付唯名论的怀疑论。

所以，在海德格尔对胡塞尔的批判中，显露出现象学极深的分裂性的初始状态：一方面，遵循明证性原则，胡塞尔发现了一种超主观的敞开状态之维度的预先被给予性，因而为20世纪哲学提供了克服近代笛卡尔主义的世界失落（Weltverlust）的时代机遇；另一方面，胡塞尔又感到自己不得不用一种意识内在论来保障这个发现，以防止唯名论的怀疑论，而通过这种意识内在论，他就又失去了那个机遇。

尽管海德格尔在批判胡塞尔时从来没有明言现象学的上述初始局面，但我却有这样一个印象：逃脱上面所描述的困境的努力，本质上决定了他20年代以后的思想道路。由此而来，我以为就完全有理由断言：即便在"转向"①之后的几十年里，海德格尔的思想仍然是现象学的，虽然在这几十年里，他对于胡塞尔几乎没有发表意见。至少，海德格尔这个时期的几个核心思想可以被解释为他彻底思考明证性原则的努力的结果。这种努力的基本步骤是我现在想要阐明的。

首先，海德格尔不得不向自己提出以下问题：应当如何规定预先被给予的敞开状态之维度，如果我们不再能质朴地以前唯名论方式把它把握为形态或形式之光的话？答案根本上是从作为明证性之关涉状态的意向性的结构中得出来的。由于意向意识受到指引，从非原初的被给予方式指向原初的被给予方式，所以，它的全部体验都是在被给予方式的一种透视性中实现的。要是这种方式的存在者

---

① 一般认为，海德格尔思想的"转向"发生在20世纪30年代初，特别以1930年的演讲《论真理的本质》为标志。——译注

也总是与我们照面，那么，这种照面就只能在相应的被给予方式中发生；可以说，我们不能忽略这些被给予方式而直接看到对象。这种"普遍的相关性先天性"（universale Korrelationsapriori）乃是任何现象学的工作基础。因此之故，胡塞尔在《危机》中进行回顾时，才有理由把它称为他毕生工作的基本课题。[①]

胡塞尔以笛卡尔主义的方式把作为意向性之要素的被给予方式移居到意识的内在性中。就被给予方式是意识完成对象之意向显现的形式而言，他这样做是合乎实事的。但是，这种特性说明仅只涉及被给予方式的一个方面。被给予方式同时也是存在者从自身而来自行呈现的形式。并不存在任何实事根据，能够给予显现之意识实行方面一种相对于存在者之自行显示方面的优先地位。也就是说，我们既不能把被给予方式片面地判给显现着的存在者，也不能把它判给以存在者为指向的意识体验。它们构成一个主体-客体-中性状态（Subjekt-Objekt-Indifferenz）的维度，或者更确切地说，一个"之间"（Zwischen）维度[②]，这个维度才使得作为显现之实行者的主体与在显现中出现的客体的相互分化成为可能。这就意味着：我们必须在被给予方式领域内寻找预先被给予的敞开状态之维度。

被给予方式从来不是孤立地出现的，因为每一种被给予方式都是一种对各种被给予方式的指引联系的指引。指引联系乃是我们的意向体验的视界、境域，与之一体地，就是对象在其中每每能够一般地向我们显现出来的空间。因此，境域具有与被给予方式相同的

---

① 参看胡塞尔:《危机》，第48页。——原注

② 参看图根哈特:《胡塞尔与海德格尔的真理概念》，第172、184页。关于"之间"，也可参看拙文:《胡塞尔对"现象"的回溯与现象学的历史地位》，第90页以下；以及《后胡塞尔时代的现象学》，载《哲学观点》第7卷，1981年，第185页以下。——原注

"之间"特征：作为视界，它们站在意识一边；作为自行显示的空间，它们站在对象一边。但所有境域性的指引联系也在自身中间相互指引，并且因而共属于一个对一切境域而言的普遍境域，即世界。因此，被理解为普遍境域的世界就表明自身为原始的"之间"。而这就是指：所寻找的敞开状态之维度。只是因为在胡塞尔那里，意向性建立在这种敞开状态之维度的"之间"特征基础上，所以，通过他的意向性分析，近代认识论关于外部世界的问题才能得到解决。

由此可见，由于始终不渝地遵循明证性原则，对现象学来说或许就只有一个基本课题，那就是：作为普遍境域的世界。构成敞开状态之维度的并不是范畴普遍之物，而是世界；而且，一种对关于范畴直观的现象学理论的重新采纳——正如从唯名论的语言分析对它的批判角度看来[1]，它是必要的——必定要提出一项任务，即把范畴直观解释为对世界境域的显示。作为指引联系之整体，世界境域具有形式特征，不同于前唯名论传统中的形态，也不同于本质范畴之物。[2]人们可以期望，从这个形式特征出发能够对形式范畴之物做出解释。不过，即使是本质变更方法——根据胡塞尔的后期理论[3]，通过这种方法，早先所谓的"本质直观"的本质—质料内容就被揭示出来了——也许也是以境域意识为前提的；因为只有通过这种意识的规整结构，那些界限，也就是想象意识在对某些意向活动的或

---

[1] 参看图根哈特：《语言分析哲学导论》，第150页以下，第164页以下。他早先对"范畴直观"做了赞成性的分析，参看图根哈特：《胡塞尔与海德格尔的真理概念》，第126页以下。——原注
[2] 根据这个观点，图根哈特在《语言分析哲学导论》中（第39页以下）提出的一个论点就得到了证实。这个论点是：哲学的基本课题只有通过形式化而非总体化才能得到规定。只不过，通过上面所建议的途径，得出的不是日常语言理解的语义形式，而是作为哲学课题的普遍境域意义上的世界。——原注
[3] 参看胡塞尔：《经验与判断——逻辑系谱学研究》，兰德格雷贝编，汉堡，1976年，第410页。——原注

者意向相关项的（noematisch）内容的质料规定性进行自由"虚构"（Umfingieren）时所碰到的界限，才可能预先被给定。①

在对胡塞尔的辨析中，海德格尔多次把现象学研究的准则（它所表述的是作为要求的明证性原则）"面向实事本身"（zu den Sachen selbst）转换为单数，即"面向实事本身"（zur Sache selbst）。②这种变更实际上是大有根据的，因为从根本上来讲，正如欧根·芬克最为清晰地看到的那样，现象学只关乎一个"实事"，那就是：作为敞开状态之维度的世界。对"在其显现之如何中的对象"的现象学分析超出自身之外而走向对"显现之如何"本身的分析③，说到底也就是：对显现维度"世界"的分析。

随着20年代以来发生现象学的发展，"境域"概念越来越成了胡塞尔关注的焦点，从而他也就越来越接近于上述洞见了。1933年，胡塞尔甚至声称芬克的一篇文章是对自己的思想着眼点的可靠描述；这篇文章宣称世界问题乃是现象学的基本课题。④这种倾向随着他的《危机》一书中的"生活世界"思想而继续发展。胡塞尔这时以全新的清晰性看到了现象学的历史使命：近代思想的世界失落乃是由于，客观主义的科学彻底不顾存在者的透视性的一受处境限制的显现，也即不顾存在者嵌入被给予方式和境域之中的情况。世界整体因此

① 这里可参看拙文：《境域与习惯——胡塞尔关于生活世界的科学》，载费特尔编：《科学的危机——危机的科学?》，维也纳现象学会议文集，美因河畔法兰克福，1998年。——原注
② 这一番意思已经可参看海德格尔：《时间概念的历史导论》，第104页以下；《致理查德森的信》，第XIII—XIV页；以及《面向思的事情》，第69页以下，第73、87页。关于在此联系中的"实事"概念，也可参看海德格尔：《面向思的事情》，第41、67页。——原注
③ 参看图根哈特：《胡塞尔与海德格尔的真理概念》，第270页。——原注
④ 参看芬克：《在当代批评中的胡塞尔现象学哲学》（胡塞尔作序），载《康德研究》第38卷，1933年，第319页以下；重刊于芬克：《现象学研究（1930—1939年）》，第79页。在此可参看施特拉塞尔的富有启发性的评论：《现象学哲学中的世界概念》，载奥尔特编：《现象学研究》第3卷，弗莱堡，1976年，第174页以下。——原注

仅仅还被把握为对象总体，而不是被把握为普遍境域——胡塞尔现在称之为"生活世界"。[①]

这种贫困化了的世界经验将重新通过作为意向意识的基本特征的明证性关联而成为可能。这种意识不是静态的，而是动态的：在对明证性的意向追求中，起支配作用的是一种意志，这种意志把意识固定到它力求以原初的被给予方式加以把握的对象身上。但这种固定到对象身上的过程却阻碍着意识，使它看不到对象之显现的境域性的"如何"，亦即被给予方式和生活世界。

借助于胡塞尔不再清晰地强调的意向性的意志特征[②]，近代的世界失落从唯意志论中的起源就在某种程度上变得显明了——或许胡塞尔本人并没有发觉这一点。由于唯意志论对上帝意志的抬高，人的意志深深地通过唯名论方式而变得不可靠了；人的意志只有通过笛卡尔主义的向内在意识的退却才能得到自身保持，而且从这个"阿基米德点"出发，人的意志才断然地向对象伸展。由此就可说明，为什么在胡塞尔那里，正是一种意志行为把意识从其客体束缚状态中解放出来：首先使得对被给予方式的现象学分析成为可能的悬搁，从它在斯多亚派那里的起源开始，就已经是一种意志上的态度变化。[③]通过这种态度变化，意识获得了毫无拘束的泰然状态（Gelassenheit），胡塞尔称之为"无趣状态"（Uninteressiertheit）。在其中，作为普遍境域

① 关于作为总体的"世界"与"境域"的区分，参看克莱斯格斯：《胡塞尔生活世界概念的歧义性》，载克莱斯格斯、黑尔德编：《现象学研究展望——贺兰德格雷贝七十寿辰》，《现象学文库》第47卷，海牙，1972年，第85页以下；我对此思想做了进一步发挥，参看拙文：《胡塞尔的哲学新导论——生活世界概念》。——原注

② 不过，关于意向性的意志特征，可参看胡塞尔：《经验与判断——逻辑系谱学研究》，第81—92、231页；以及《第一哲学》第2卷，第98页以下，第152页以下。——原注

③ 关于这种联系，可参看拙文：《胡塞尔对"现象"的回溯与现象学的历史地位》，第100页以下。——原注

的世界才能成为课题。

尽管在胡塞尔的后期哲学中，一切都围绕着"世界"或者"生活世界"这个普遍境域，但在其纲领中占优先地位的却是另一个课题：作为先验主体性的意识。胡塞尔把预先被给予的敞开状态之维度即世界宣布为意识的构造产物，由此就把世界置入意识之内在性中了。这样，他就错误地认为，作为一切被给予方式的指引空间，世界"仿佛构成那个要素"①，在其中意识与存在构成一种原始统一性。只是因为有这种先行的统一性，它们也才可能随后分化开来。先验意识，通过其构造作用而与世界相对待的先验意识，已经是以世界这个敞开状态之维度为前提的。胡塞尔颠倒了这种论证联系。

海德格尔从一开始就看透了胡塞尔的这个错误。但就海德格尔而言，他没有像看起来或许必须做的那样，用"世界"来取代作为敞开状态之维度的对世界具有构造作用的意识，而是用"存在"来取代之。在《时间概念的历史导论》中，海德格尔借助于一种自称严格内在的对胡塞尔学说的批判，宣称"存在"乃是现象学的"实事"。他的论点是：对胡塞尔来说，意向意识就是"现象学的实事"，但他必须对意向意识的存在做出规定，而他没有或者至少没有充分地完成这项任务。

在我看来，为了对海德格尔的存在问题的现象学特征或者非现象学特征做出决断，为了对海德格尔把现象学解释为存在学方法的做法做出一种合适的评判，具有决定意义的是这样一个问题：这种批判是否事实上具有海德格尔所要求的内在特征？②这个问题也就是：

---

① 以这个表达式，我引用的是海德格尔在《面向思的事情》中多次用来刻画无蔽状态或者澄明的那个说法。参看该书第76、78页。——原注
② 参看海德格尔：《时间概念的历史导论》，第124、158、178页。——原注

海德格尔是不是真的能够表明，胡塞尔为了令人满意地贯彻现象学，就必须提出和解答一个关于意识之存在的问题（而这是后者既没有提出来更没有做出令人满意解答的问题）？下面，我将从海德格尔有关意向意识之存在的批判中举出几个重点。

第一个重大的指责是，对于作为绝对意识的意向性之存在，胡塞尔没有着眼于它本身来加以规定，而只是通过对这种意识与他者的关联的四重考虑来加以规定。[1]但我们没有看到，除了海德格尔贴切地重构起来的胡塞尔的四个规定之外，还可能有何种对意向意识之存在的积极规定；因为要不是通过对他者的考虑，一个实事的存在是得不到规定的（determinatio est negatio，规定即否定）。如果说海德格尔在《存在与时间》中用"此在"取代了"绝对意识"，并且把此在的生存存在方式与上手状态（Zuhandenheit）和现成状态（Vorhandenheit）划分开来，那么，在形式上，他并没有做什么不同的事情。

这里特别引人注目的是海德格尔对胡塞尔的第一个规定——意识乃是内在的存在——所做的批判的方式。[2]"内在"（Immanenz）在此指的是，在意识对本己的体验的反思行为中，恰恰是这种体验作为这样一种行为的对象——区别于外感知的对象——被"实在地包含"在这种行为中。海德格尔现在断言，以对如此这般被理解的内在性的确定，只有"意识"区域范围内的一种关系得到了规定，而不是存在，亦即这个区域本身的存在方式。

或许，只有当关于意识之存在的谈论——不管它如何给出自身——在现象学上成为富有意义的谈论时，上面这种批判才会是合

---

① 参看海德格尔：《时间概念的历史导论》，第146页以下。——原注
② 参看同上书，第142页。——原注

乎实际的。但根据我们已经提到过的现象学的相关性原则，任何一个对象的存在，也包括作为自为对象的意识的存在，唯一地只在其原初的显现中显示出来。也就是说，如果说意识原初地在反思行为中把自身显现出来（a），并且如果这种显现的方式具有上面所说的内在性的特征（b），那么，也就有了这样一个结论（c）：内在性乃是意识之存在的一个规定。海德格尔或许会有很好的理由来质疑前提a和b：作为终有一死的人对自身存在的忧虑，烦忧（Sorge）乃是一种作为对象化反思之体验的原初的自身关系（Selbstverhältnis）（a），而且，是否我的体验对于一种与此相关的反思行为真的是内在的，而不是同样也已经是超越的（b），这在胡塞尔本人后期做的时代分析中也已经成了问题。但十分独特地，海德格尔并没有从上述两点开始他的批判，而是从结论（c）开始他的批判，以说明胡塞尔没有解答意识之存在的问题。而恰恰这个断言是不合乎实际的。

　　海德格尔在《时间概念的历史导论》中做的胡塞尔批判在下列论证中达到了顶峰：为了把对世界具有构造作用的意识的绝对存在与相关于意识的世界的存在区别开来，胡塞尔就需要以存在为进行比较的观察角度，而且他耽搁了对这种被设为前提的存在的意义的追问。[①]按照这种论证，存在就成了胡塞尔借以区分绝对存在与相对存在两种方式的属（Gattung）了。然而，自亚里士多德以来人们就已经清楚，"存在"不是一个属概念。而且，没有人比海德格尔更知道这一点了。这就是说，海德格尔在其对胡塞尔的现象学批判框架内引入"存在"概念时，使用了一个站不住脚的"存在"概念，因而他的这种批判在关键点上最终失去了说服力。

---

① 参看海德格尔：《时间概念的历史导论》，第158、178页。——原注

这并不排除，海德格尔对"存在"概念的使用也许可以借助于非现象学的论据来得到辩护。而在我看来，这里的关键只在于，通过一种内在的现象学批判的途径来采用这个概念是不成功的。这一切都表明，海德格尔的存在问题是由非现象学的根据引发的，尤其是通过与亚里士多德的联系而引发出来的。因此，正如胡塞尔力求通过在意识那里找到庇护之所，以正确对待后唯名论的处境，因而不得已运用了笛卡尔主义的哲学观念，同样地，海德格尔受到前唯名论的关于敞开状态之维度的被给予性的基本经验的推动，重新采纳了决定性的前笛卡尔主义的哲学观念，即亚里士多德关于在其存在中的存在者的问题。[1]

在这两种情形下，现象学所承担的都是一个不同的实事，不同于毫无拘束地从现象学的明证性原则中得出来的实事，即世界。[2]但此外，甚至这个课题也可以与一种传统哲学观念挂起钩来。海德格尔的权威亚里士多德主张：人们总是已经在追问"存在"（on）了[3]；与此相反，最早期的希腊思想并不关乎"存在"——这乃是在巴门尼德那里才有的解说[4]，而是关乎"绝对整体"、"万物"（panta）、"宇宙"（kosmos）。因此，世界乃是原始的"哲学之实事"，而且在这个意义上，现象学就可以被看作对最古老的哲学观念的恢复。尽管海德格尔并没有这样承认这个论点，但从《存在与时间》的"在世界之中存在"一直到后期的"四重整体"（Geviert）问题和"集置"（Gestell）问

---

① 参看亚里士多德：《形而上学》，1003a21以下。——原注
② 所以，海德格尔在《时间概念的历史导论》中（第147页）对胡塞尔做的正确批评，也是适合于海德格尔本人的：他"没有以现象学方式通过对实事本身的回溯，而是通过对一个传统哲学观念的回溯，来赢获现象学的课题域"。——原注
③ 参看亚里士多德：《形而上学》，1028b2以下。——原注
④ 对此论点的论证，可参看拙著：《赫拉克利特、巴门尼德与哲学和科学的开端——一种现象学的沉思》，第122页，第576页以下。——原注

题，在海德格尔的思想中，"世界"总是一而再再而三地作为真正的现象学课题显示出来。[①]下面我将以这些部分为依据来展开讨论，因为在我看来，"存在"似乎并没有被证明为"现象学之实事"。[②]

胡塞尔是这样来设想世界构造的：意识在对对象的意向体验中构成相应的境域，又从这些境域中把普遍境域"构筑"起来。这就是说，他从意识的对象关联出发，由此出发才达到意识对于世界境域的敞开状态。但以这种构造，胡塞尔现象学本身却沦于生活世界之被遗忘状态中了，因为以此方式，世界就必须被理解为一个无所不包的对象之类的东西。世界却不可能是这种东西，因为世界作为敞开状态之维度首先使得对象之显现成为可能。因此，在《存在与时间》中，海德格尔的现象学始于以下论点：与世界的关联必须是意识的第一规定。但由于"意识"是通过它的对象关联来被界定的，所以同时必须扬弃这个概念。近代意义上的主体在《存在与时间》中得到了重新界定，通过它对于作为敞开状态之维度的世界的根本敞开性而得到了重新界定。它无非就是对于这个维度之显现而言的"此"（Da）[③]，亦即作为"在世界之中存在"的"此在"（Dasein）。此在与世界的关系现在已经不同于在胡塞尔的"意向性"概念那里

---

① 有关这方面的证据，可参看马克斯：《海德格尔与传统》，斯图加特，1961年，第183页以下。我们也注意到，海氏早在其早期弗莱堡讲座《亚里士多德》中（第85页以下）对"世界"概念即有引人注目的使用。也可参看图根哈特：《胡塞尔与海德格尔的真理概念》，第272页以下。——原注

② 我或许可以把"存在"接受为"现象学之实事"，如果海德格尔的这个概念可以说完全清晰地在冯·海尔曼所表述的意义上被使用的话，也就是说，"被展开状态和敞开状态本身就是存在的质朴本质"。参看冯·海尔曼：《主体与此在——对〈存在与时间〉的阐释》，美因河畔法兰克福，1974年，第80页。此外，我也同意冯·海尔曼的观点："我们首先必须思考被展开状态和敞开状态的本质，被展开状态的开启和敞开状态的涌现，这乃是海德格尔最独特和最深刻的基本思想，它引发了其思想中所有其他的观点。"（同上）恰恰通过这个基本观点，在我看来，海德格尔就是一位彻底地思考明证性原则的现象学家。——原注

③ 海德格尔：《存在与时间》，第132—133页。对此，冯·海尔曼在《主体与此在——对〈存在与时间〉的阐释》中（第30页以下）做了精辟的评注。——原注

的情况，不再受内在性所缠绕，因为向着世界的超主观的"外部"（Draußen）的自身超越对于此在来说是根本性的。与对象的意向关系被重新奠基于向世界的超越（Transzendenz zur Welt）中。①

在紧接《存在与时间》之后那些年的著作和讲座中，这种超越越来越明确地表现为此在的基本特征。②但同时也越来越清楚的是，恰恰这个超越思想还总是可能被利用来反对明证性原则的精神。在向世界的超越的原始运动中，此在从那个本来就锁闭的、幽暗的存在者身上夺取显现之明亮维度，即世界境域；在后者的光亮中，存在者得以显示自身。③所以，正如在胡塞尔的固执于对象的意向意识中，追求明证性的意志在起着作用，同样地，此在在其生存之自由中也掌握着一种战斗意志，后者作为此在的"缘故"（Um-willen）预先为自己确定了世界，即作为这种自由的普遍境域的世界。④以这个思想，海德格尔就首先把意志原则的支配地位以及近代唯意志论的世界关系推到了极端地位，还超过了胡塞尔的意识内在论的世界构造理论。于是，世界完全落入意志之支配暴力中了。

如果敞开状态之维度应当始终一贯地以反唯意志论的方式被思考为某种预先被给予的东西、一个真正的超主观的"外部"，那么，它就必定是意志所支配不了的；它不能作为某个根本上源出于此在之自由的东西而与此在照面，而只可能作为此在从中才接受其自由的东西而与此在照面。不过，此在对于敞开状态之维度的这样一种

---

① 对于这整个联系，主要可参看海德格尔：《以莱布尼茨为起点的逻辑学的形而上学开端》，《海德格尔全集》第26卷，克劳斯·黑尔德编，美因河畔法兰克福，1978年，第212页以下，以及在《路标》中的相应文本（第157页以下）。——原注
② 参看海德格尔：《路标》，第157页以下。——原注
③ 参看海德格尔：《以莱布尼茨为起点的逻辑学的形而上学开端》，第281页。——原注
④ 参看同上书，第246页以下；同时可参看海德格尔：《路标》，第157页以下。——原注

接受性①却是有前提的。其前提是：这个维度是不可支配的，是自行隐匿的。所以，一种越来越坚定的对于反唯名论的和反意志论的明证性原则的含义的沉思，就导致了"转向"：在"世界"这个敞开状态之维度的显现中，必定有一种作为显露之反动的自行隐匿在起作用；亦即说，有一种自行遮蔽在起作用。只是在这个地方，根据他后期的恰如其分的自我阐释，现象学家海德格尔迈出了超越胡塞尔的决定性步骤。②

诚然，从"面向实事本身"这个研究准则中，即从明证性原则的这个命令式表达中，人们已经可以听出这个关于遮蔽状态的思想，因为把实事本身即现象揭示出来的要求只有在下述前提下才是富有意义的，即恰恰这些实事通常总是遮蔽着的。③胡塞尔却把这种遮蔽状态归因于自然态度中的意识的对象束缚性。而且就连海德格尔起先在《存在与时间》中也还是把被遮蔽状态限定在那个取代了意识的此在的状态中，亦即限定在此在的沉沦状态中。④唯有转向之后，海德格尔才看清楚，被遮蔽状态属于"实事本身"；现在，被遮蔽状态规定了预先被给予的明证性原则所预设的敞开状态之维度。

尽管现象学随此步骤获得了与胡塞尔阶段不同的另一个革命性特征，但在胡塞尔的后期著作《危机》中实际上已经有了一种思想联系。它毫无疑问地表明，在关于被遮蔽状态的思想中，甚至胡塞尔现象学的原始倾向也得到了实现：作为被给予方式的境域性指引联系，世界对于采取自然态度的意识必定是遮蔽着的，因为这种意

---

① 此处"接受性"（Empfänglichkeit）或可译为"敏感性"。——译注

② 海德格尔：《面向思的事情》，第70页以下；以及《四个研讨班》，第123页以下。——原注

③ 早在《时间概念的历史导论》中，海德格尔即已有此想法了，参看该书第119—120页。——原注

④ 对于这种对被遮蔽状态的首次规定，海德格尔后来从"转向"角度做了重新解释。参看海德格尔：《路标》，第332—333页。——原注

识把对它显现出来的东西变成它注意的对象，即"课题"；世界，作为所有这些对象化过程的媒介，是躲避课题化的。唯随着生物学和科学的出现，也就是说，随着自然态度向哲学态度的历史过渡，世界在诸如"宇宙"或者"万物"的名目下从其非课题性中显露出来。但随着它的课题化，世界也径直无可避免地成为哲学和科学思维的对象。而这就意味着：它恰恰丧失了它作为境域借以与自然态度的对象区分开来的那个特征。以此方式，哲学和科学思维自始就陷入自然态度之中，而后者乃是它力图通过对世界的课题化而摆脱掉的。通过对世界的对象化，哲学和科学思维沦于"客观主义"的自我误解，这种自我误解随着近代数学化的自然科学而升入极致。①但如何能设想对客观主义的扬弃呢？显然只有这样（尽管在胡塞尔那里，我们难以发现他对这个思想的十分清晰的尖锐化）：哲学恰恰成功地在非课题性中把世界课题化，通过这种非课题性，世界避开自然态度的对象化倾向，并且在此意义上对这种对象化倾向遮蔽起来。可见，如果人们彻底地思考胡塞尔对客观主义的批判，那么，在形式上产生的无非就是这样一项在海德格尔那里得到了完成的任务：对"世界"这个敞开状态之维度的遮蔽特征的思考。②

　　哲学和科学思维自始就对这种遮蔽特征有一种猜度，这种猜度本身被深深地遮蔽着，而且几乎从来没有得到过把握。对于这一点，海德格尔在希腊的"无蔽"（aletheia）概念中找到了著名的证明。对他来说，"非－遮蔽状态"（Un-verborgenheit）一词的词语构

---

① 关于作为一种"第二层次的自然态度"的客观主义的历史的和系统的问题，我已经在别处做了深入讨论。参看拙文：《胡塞尔的哲学新导论——生活世界概念》。——原注

② 胡塞尔把生活世界之课题性与生活世界之非课题性交叠起来；类似地，海德格尔把存在之遮蔽与存在之隐匿交叠起来。对于这种相似性，我在别处已经做过更详细的讨论。参看拙文：《胡塞尔现象学的当代诊断及其与海德格尔的比较》，载冯克编：《美因茨大学胡塞尔学术讨论会》，美因茨研究院论文，1989年。——原注

成包含着一个最初的提示：世界境域的显露是与一种自行隐匿（Sich-Entziehen）或者自行隐瞒（Sich-Vorenthalten）交叠在一起的。①世界的出现，敞开状态之维度本身的敞开，其特征就是构成一种原始的遮蔽的反运动。在紧接着《存在与时间》之后的一个时期里，海德格尔还假定，这种反运动的基础在于此在的自由意志，这个此在在近代强行取得了它的自身维护。大约自1930年以来，海德格尔看到，明证性原则的最彻底的结论只可能在于：世界之涌现是从一种先行的克制（Ansichhalten）而来的，而这种克制在其原始的自由中并没有把世界之光向人隐瞒起来，而是使之向此在开放出来。②

凭着上述思想，海德格尔现在终于看到了敞开状态之维度的超主观的预先被给予性，而且是以这样一种方式，这种方式原则上对一种关于这种预先被给予性的意识已经具有的前唯名论思想是锁闭着的，因为形态或者形式的光亮没有被思考为来自一种原始黑暗的赠礼（Gabe）；这种光亮的显现没有因为任何一种幽暗而变得暗淡。因此，以传统的光之譬喻为衬托，海德格尔把这种对从隐匿而来的世界涌现的开放称为"澄明"（Lichtung）。③同时，尽管海德格尔本人似乎没有表达出这一点，但他却以关于一种深邃的遮蔽状态的假定、以一种非神学化的方式保持了唯意志论的真理要素。

如果说海德格尔使前唯意志论和前唯名论的关于敞开状态之维度的预先被给予性的意识重新发挥作用，那么，他也绝不是在修补一个已经过时的形而上学形态，而是停留在近代后唯意志论的基地

---

① 对于至1961年为止的有关证据，维尔纳·马克斯做了集中的概述。参看马克斯：《海德格尔与传统》，第148页以下。——原注

② 这个转折的最重要文献自然还是《论真理的本质》这个演讲。参看海德格尔：《路标》，第187页以下。——原注

③ 主要可参看海德格尔：《面向思的事情》，第72页以下。——原注

上。海德格尔并不是一个乔装打扮的托马斯主义者。这一点也表现在，他在一个决定性方面并没有放弃近代的主体性立场。[①]"主体"本身虽然不再被看作意识，而是根据世界关联而被看作此在，而且现代的意志自由，即主体借以战胜唯意志论和唯名论的不可靠性的意志自由，只有通过从遮蔽状态而来对世界境域的开放才是可能的。但是——而且这是关键所在——来自澄明的敞开状态之赠礼是以作为其接受者的人为依赖的。[②]澄明"需要"以此在为位置，在那里才发生世界之涌现。[③]只不过，这恰恰并不意味着：澄明并不是此在的构造产物。[④]

所以，类似于黑格尔，但又以完全不同的方式，海德格尔为自己提出了这样一项任务：从近代主体性思想出发，为我们重新赢获前唯意志论和前唯名论传统的基本洞识，而又不重新陷入这个传统的已经被克服了的偏见或者素朴性之中。

由于作为敞开状态之维度的世界的预先被给予性得到了彻底的承认，我们也就越来越有机会扬弃近代的世界失落了。[⑤]胡塞尔已经用他对生活世界之被遗忘状态的批判同这种世界失落做斗争了。胡塞尔借助于"境域"概念规定了世界的指引特征；而海德格尔则借助于他的彻底化了的关于有所澄明的遮蔽的现象学，以全新的方

---

① 按图根哈特的说法，海德格尔"以恰当地得到理解的新立场并没有取消主体性哲学，而是对之做了一贯的发展"。参看图根哈特：《胡塞尔与海德格尔的真理概念》，第276页。盖特曼的杰出研究原则上也遵循了相同的阐释路线。参看盖特曼：《理解与解释——马丁·海德格尔哲学中的方法问题》，波恩，1974年。在他的描述的结论中，盖特曼认为，海德格尔思想发展的"枢纽"在于"这样一个主体理论论点"，即"在传统'主体性'概念中被思考的自身关系本身乃是由一种（存在学上的）关于不可支配性特征的关系所决定的"（同上书，第334页）。——原注

② 参看马克斯：《海德格尔与传统》，第224页。——原注

③ 在《四个研讨班》中（第106页），海德格尔再次做了这样的表述。——原注

④ 参看海德格尔：《路标》，第124—125、336、375、442页。——原注

⑤ 在《技术与转向》中，海德格尔本人就这种新处境说："世界发生。"（Es ereignet sich Welt）参看该书第42页。——原注

式来描述世界的这种指引特征。首先，人由于世界之预先被给予性——由之而来，人才把自己接受为此在——而与世界中的事物共属一体。其次，人却在世界中作为一个生物而生存。在这个生物的此中，世界作为世界显现出来；也就是说，世界在它从深邃的遮蔽状态的出现中显现出来。这种从遮蔽状态中的起源，穿透了在不可扬弃的死亡之秘密中的人之生存本身。因此，人乃是终有一死者，亦即唯一能够"赴死"的生物。而没有与作为终有一死性之反面的神性之物的不朽性的互补性关联，对于终有一死性的基本经验又是不可能的。[①]甚至神性之物也是对澄明敞开的东西，也就是在世界中生活着把世界作为世界来经验的东西。[②]终有一死者与神性者的区别与第二种区别相交错。对于把世界作为世界来经验的东西，世界原初地照面为它所逗留的无所不包的地方，也即作为地域（Gegend）而照面。这个具有光亮的敞开状态与幽暗的遮蔽状态之特性的区别赋予世界以地域的特征。这就是说，对于终有一死者存在着两个地域：天空与大地。在那里，两个特征中的一个特征总是以一种我们在此不能解说的方式占着上风。

于是，生活-世界（Lebens-Welt）的指引联系，亦即在其原初的为生命体所体验的存在方式中的世界，就被重新规定为终有一死者和神性者、天空与大地的四重整体。[③]尽管胡塞尔把个别的感知事物

---

① 在拙著《赫拉克利特、巴门尼德与哲学和科学的开端——一种现象学的沉思》中（第434页以下），我试图表明：在早期哲学中，赫拉克利特的逻各斯思想完全顺理成章地而且没有任何神话色彩地——这是人们不公正地指责海德格尔的四重整体思想的地方——达到了诸神与终有一死者的互补性的思想。而且同样合理地，我们可以从赫拉克利特出发——我在一种"对赫拉克利特的宇宙论的生活世界阐释"中试图证明这一点——说明天空与大地的两极性。——原注

② 参看海德格尔:《演讲与论文集》，第278—279页。——原注

③ 特别可参看海德格尔在《演讲与论文集》第二部分中（第145页以下）的有关论文。——原注

嵌入生活世界的境域性的指引联系之中，人们仍觉察到这样一个次要的意图，即由此免得感知事物被客观主义平整为一个"世界"的可替换的部分。这个"世界"作为一切对象的单纯总体乃是像一个庞大容器一样的东西，在其中，一切说底到都成了垃圾。唯有海德格尔才看透了此种处境的戏剧性场面。而在今天，即使对于不具有哲学意识的人们来说，它在世界生态危机中也已经变得昭然若揭了。在海德格尔看来，个别事物已经在集置中作为可替换的研究对象、作为技术上可支配的材料和消费社会的消费品而丧失了它的尊严；而只有通过它在自身中把四重整体的关联聚集起来，它才能够重新赢获自己的尊严。

不论人们如何考虑这种分析的承载能力，在我看来独特的一点是：在这里，转向之后的海德格尔思想重又在现象学上变得具体了。它再一次以真正的"现象学的实事"为课题，那就是：作为指引联系的世界，以及相应地把个别事物嵌入这种联系之中。真正讲来，胡塞尔那里的感知事物已经不再是实体；而不如说，它作为境域性指引关联的综合中意向对象的一极，就是这种世界关联的聚集。但是，原初地被经验的事物在严格意义上乃是世界关联的聚集，这一点却是首先为海德格尔所思考的，他用事物与世界的原始两极性代替了胡塞尔的感知对象与境域的原始两极性。

从胡塞尔到海德格尔的现象学的生活世界思想的隐蔽连续性，我们也能从下面这一点上见出：海德格尔保持了胡塞尔关于世界中的个别东西（即"事物"）对于胡塞尔以及语言学转向（linguistic turn）的开路先锋们所谓的"事态"（Sachverhalt）的优先性。胡塞尔在他的分析中首要地以个别的感知对象为定向，而并不是从与事态相关的命题出发，这就使得他的分析至少在以唯名论方式进行思考的语言分析哲学家看来已经过时了。[①]但依我之见，人们在语言分析哲学中还没有考虑和思索这样一回事：与胡塞尔的感知现象学相比，海德格尔的事物现象学给予个别对象对于事态的优先性以一个更好的支撑。在言说（Sprechen）对于感知的优先地位方面，海德格尔或许与语言分析哲学并无二致。但对于海德格尔来说，"真正的语言单元不是句子，而是词语"[②]；言说的原始行为不是命题性的联结，亦即陈述情形下的语义形式ti kata tinos［关于某物说什么］[③]，而是纯粹的诗意的命名，即onomazein［命名］。[④]它从在四重整体的指引关联中的澄明之遮蔽状态中唤起人一般地能够照面的一切东西的名字。倘若个别事物不是通过这种唯一的言说"行为"——它理当获得这个名称——而在世界中出现，那么，对于语言来说就根本不会有什么东西是能够在命题上联结起来的。[⑤]

　　海德格尔的这个转向，采纳一种在敞开状态之维度与此在之间

---

① 参看图根哈特：《语言分析哲学导论》，第105页注1；有关这个观点的准备，也可参看图根哈特：《胡塞尔与海德格尔的真理概念》，第399页以下。——原注

② 图根哈特：《胡塞尔与海德格尔的真理概念》，第402页。——原注

③ 此处希腊文"ti kata tinos"译成德文就是：etwas über etwas。——译注

④ 参看海德格尔：《在通向语言的途中》，弗林根，1959年，第18页以下；以及《四个研讨班》，第66—67页。——原注

⑤ 不过，有一个进一步的问题，在迄今为止出版的海德格尔著作中只做了少许暗示。这个问题就是：就像海德格尔已经在《存在与时间》关于处身状态（Befindlichkeit）的章节中所阐述的那样，如果世界整体之为整体的原始展开状态是在处身性的调谐状态（Gestimmtsein）中发生的，那么，言说这种原始行为不是必定就是当下处身状态的联结吗？在对作为整体之展开状态的处身状态的表达中，还没有对主体与客体的任何区别，也还没有对个别客体的指示性比较；这种表达已经被包含在诸如"亮了"（Es ist hell）、"真可怕"（Es ist unheimlich）之类的所谓"无主语的"或者"无人称的"句子中了。如果人（作为海德格尔意义上的此在）是通过他的世界敞开状态成为人的，并且这种世界敞开状态本身是在无人称的言说中得到联结的，那么，就可以猜测：无论是有所引发的命名（onomazein）还是后来的命题性句子构成，都是以一种原始的言说行为为基础的，这种原始行为的余音还回响在无主语句子中。"真正的语言单元"因而就是单词句（Ein-Wort-Satz），在其当下情调性的展开状态中的世界整体是靠这种句子被唤起的。也就是说，一种世界的命名首先变成了事物的命名。关于这个课题，可参看拙著：《赫拉克利特、巴门尼德与哲学和科学的开端——一种现象学的沉思》，第82—83、216—217、352—353页，第371页以下，第415页以下，第513—514页。——原注

的运动坡度上的反向性（Gegenläufigkeit），在当代哲学中是很受怀疑的。人们可以用下述问题来表达这种怀疑：应当为世界境域之不可支配性提供保证的遮蔽状态，难道不是某种纯粹的杜撰出来的东西吗？这个关于一种超越意识的真理基础的假定难道不是过时了的形而上学思想风格的继续吗？难道它因此不该受到奥卡姆剃刀的清理吗？说在世界之显现中有一种隐瞒在起支配作用，证据何在呢？

根据这里提出的海德格尔阐释，关于转向的思想就从明证性思想的反唯名论倾向出发获得了它的约束力：就像海德格尔本人始终强调的那样，决定性的事情是，转向仅仅在表面上是他的思想道路上的一个主观的转折。[①]这个转折毋宁必须被理解为对近代意志原则的一种世界历史性的背弃的预兆。这个意志原则的后果就是已经上升为生活世界之被遗忘状态的世界失落。这种世界失落已经是所需要的证据，表明我们不是"世界"这个敞开状态之维度的主人；也就是说，我们在我们的自由中依赖于一种在其中起支配作用的遮蔽状态。对如此这般被理解的一种超主观的敞开状态之维度的预先被给予性的唯名论怀疑，本身就是关于世界失落的哲学表达。由于这种怀疑否定我们不是创造而接受敞开状态之维度，所以，它就是一种世界之被遗忘状态的传声筒；这种世界之被遗忘状态本身不是由人造成的，而是从澄明中的隐瞒而来落到人头上的厄运。敞开状态是从在人的支配力量之外的一个隐蔽地方提供给人的——对于这个假定的唯名论怀疑违反它自己的意图而证明了它所怀疑的东西。

作为世界历史性变革的转向将如何成为可能的呢？这是我们已经知道的了：随着集置中的世界失落之危险（Gefahr）的极端增长，

---

① 参看海德格尔：《致理查德森的信》，第XIX页。——原注

也生长着一种时机，首次把这种失落当作失落来经验，并且因而把遮蔽状态——由之而来，这种失落历史性地被发送给我们了——经验为归属于澄明之本质的东西。不过，还留下最后一个问题：这个时机如何才能实现？如何才能克服意志原则，即世界失落的基础？

胡塞尔提出以悬搁为道路，也就是说，以一种对意向意志性的中断为道路。但这种中断本身却是我们要决定的某个东西，也就是一种意志行为。这位现象学家之所以要实行这种行为，是因为明证性原则的命令式表述，即"面向实事本身"这个准则，乃是对学者之责任的一种呼吁。在明证性原则中蕴含着这样一个要求，即哲学家有责任对世界之显现做出解释。胡塞尔一而再再而三地对哲学家的这种责任做了正确的强调。[①]对他来说，现象学在其极点上无非就是对终极责任的担当。

在这一点上，海德格尔做了不加分析的全盘否定。他假定，现代的世界之被遗忘状态，由于它是从澄明中的隐匿而来落到人头上的厄运，所以是一种悲剧性的蒙蔽，是一种连哲学家也躲不了的悲剧性的蒙蔽。[②]如果说胡塞尔认为近代的意志原则可以通过哲学家的一种意志决心来克服，那么，海德格尔大概就会说，胡塞尔以这种对哲学家意志的信赖就依然屈从于意志原则的支配。[③]依海德格尔之见，对世界之被遗忘状态的终结的希望要求有一种态度，在其中，甚至连采取这种态度的意志也消失了。

适应这种彻底无意志的方式的人之存在状态，海德格尔名之为

---

① 诸如最后在《危机》中（第15页以下，第272页以下）。——原注
② 关于海德格尔思想中这种悲剧特质的问题，我在别处已经做了探讨。参看拙文：《海德格尔关于哲学之终结的论题》，载《哲学研究杂志》第34卷，1980年，第535页以下。——原注
③ 参看海德格尔：《对泰然任之的探讨》，载海德格尔：《从思想的经验而来》，《海德格尔全集》第13卷，美因河畔法兰克福，1983年，第38页以下。——原注

"泰然任之"（Gelassenheit）。这种泰然任之不再是一种传统意义上的道德态度；因为传统意义上的道德态度是有意训练出来的，它们以决心为依据，而决心又必须由人来承担责任。与之相反，依海德格尔在《田间小路上的对话》《对泰然任之的探讨》中的字面说法，在泰然任之的领域中根本就"没有什么需要承担责任"[1]。因此，海德格尔认为，在明证性原则的命令式表述中不可拒绝地显露出来的责任因素，说到底是半拉子的；以这种极端方式，海德格尔把关于敞开状态之维度的超主观的预先被给予性的思想彻底化了。[2]

这个泰然任之的思想在我看来是过分了。我不想引证这样一个对人的辩论式（argumentum ad hominem）[3]，即海德格尔的整个思想努力中实际上完全贯穿着一种意志（一种十分有力的意志，要对我们的时代以及此后或许还会到来的东西做出有责任的解释），而且他以这种意志证明了他自己对意愿的拒绝是谎言。在我看来，首要地，海德格尔把力求有责任地说明的意志——只要毕竟还有严肃的哲学，这种意志就总是已经被设为前提了——与唯意志论的过度的意志混为一谈了，后者只在一个特定的历史时期才达到了统治地位，因此也可能重新消失。海德格尔对蕴含在"现象学"概念中的"逻各斯"（logos）一词做过许多思考；而十分独特地，他以形形色色的可能表达来翻译这个词语，但从来没有用始终还最为恰当的德语概念"辩解"[4]来翻译之。用"辩解"一词来翻译苏格拉底关于哲学思考的基本表达式logon didonai［做出辩解］[5]是完全正确的，却是海德格尔

---

① 海德格尔：《对泰然任之的探讨》，第53页。——原注
② 参看图根哈特：《胡塞尔与海德格尔的真理概念》，第372页以下。——原注
③ 拉丁文，意为：指出辩论对方的弱点而攻击之。——译注
④ 此处德文"辩解"（Rechenschaft）意指：对某种行为的理由的说明、解释。——译注
⑤ 希腊文"logon didonai"意为：辩解，说明理由，解释。——译注

明确地拒绝了的。①我们不妨假定，以这样一种拒绝，海德格尔也想使他的现象学避开人们在这种翻译中听到的类似于意志责任之类的声音。

　　人们或许可以忽视海德格尔对于责任性辩解的道德维度的无知，要是这种缺失没有十分令人忧虑的后果的话。在希腊人那里，从力求相互解释的意志中产生出在世界历史上新型的公共生活形式，即在一个由相互平等的具有辩解自由的公民组成的群体中的公共生活形式。作为"做出辩解"的最彻底形式，哲学与公民社会的、真正意义上的政治集体同时形成②，这并非偶然；而且，海德格尔十分尊重的亚里士多德就认为，哲学的一项重要任务是，对这样一个由通过辩解相互交往的公民组成的群体的最佳形式做出思考。

　　海德格尔的确受到了《尼各马可伦理学》中的"实践"概念的激发；但由于他缩小了责任因素，所以，他对于由此得到奠基的政治哲学传统不感兴趣，而且因此就会把希特勒对政治集体的虚无主义攻击看作——尽管时间并不长——他所希望的新时代，并且在公开场合表态赞成国家社会主义。在这里没有什么可以掩饰的。但是，直到今天还在持续的对海德格尔的政治失误的惊愕不应使真正深思熟虑的人们对以下事实视而不见，那就是：海德格尔典范地对明证性原则做了彻底思考，并且因此事实上已经开启了克服近代的世界失落的大门。依我的印象，海德格尔后期对于现象学的谈论表明，他在回顾中清晰地看到了他的思想何以对于未来哲学具有指明道路

---

① 参看海德格尔：《根据律》，第118页。对于这一点的贴切评论，可参看图根哈特：《胡塞尔与海德格尔的真理概念》，第368页注。——原注

② 关于意见（doxa）的中间项，即作为政治意见的"在我看来如此"（dokei moi）的中间项的哲学上的"做出辩解"如何处于与城邦（polis）的内在关联中，我已经在别处做了现象学的重构尝试。参看拙文：《意见的歧义性与现代法制国家的实现》。——原注

的作用：这说到底并不是由于他对生存哲学的深层贡献[①]，也不是由于他对亚里士多德的存在问题所做的在论证上难以令人看透的重新采纳和转换，而是由于他对现象学的原始观念的彻底化。

（孙周兴　译）

[①]　对于这种贡献在海德格尔从《存在与时间》到后期著作的思想道路上如何一贯地展开出来，此间已经有了扬克的令人信服的描述。参看扬克：《生存哲学》，柏林/纽约，1982年，第172页以下。——原注

第四章　海德格尔的基本情调与时代批判

由于海德格尔全集的顺利付梓，今天我们得以具体描绘海德格尔在《存在与时间》继后十年，直至在1936—1938年的《哲学论稿》中臻达巅峰的创造发展。在这十年之中，海德格尔达至其根据存在史而对哲学的当前处境所做的最终规定。其基本论旨是：吾人活于一个过渡之纪元，背后有形而上学时代，来自古希腊之"第一开端"①，乃吾人由哲学所铸造的文化之始源；面前则为全新思想之"另一开端"，它处于尚须预期的将来。承托我们迄今的文化之思想来自第一开端；此思想乃借着存在之"自持"（Ansichhalten），即借着"隐遁"（Entzug）而成为可能。②隐遁构成了存在之自我保留；自此保留，存在将自身作为存在者之存在状态（Seiendheit des Seienden）而交付给形而上学科学科技式思想之支配权力。但隐遁的本质便包含了，隐遁自身抽离这种思想而遁入无基深渊般的隐蔽之中。资此以成的隐遁之遗忘在今天已造极限，已达其终极（eschaton）。由此或会发生转化，人类借以有所变异，变得具备能力并且准备就绪，得以把隐遁作为隐遁亦即以之为"奥秘"（Geheimnis）而经验之。

---

① 此处"开端"（Anfang）译者原译为"元始"，可资参考。——编注

② "Ansichhalten"一般指"抑制""克制""自持"，这里笔者取字面意义，意指存在自持和保留自身于自身之内。"Entzug"来自动词"entziehen"，直接意义是"抽出""抽走""撤离"等，作为反身动词则有"躲避""避开"之义。因为存在的自持就在于，它抽离于显现，保留自身而不给出自身于显现之内，所以存在之"Ansichhalten"便基于它的"Entzug"。译文据义理将"Entzug"意译为"隐遁"，祈请读者注意该词之字面原义。——译注

在此经验中，将可开出一足以奠立历史的开端之可能性，而借此开端则会创建出一全新的文化。一旦人类经验到，正是在隐遁之不可支配性内，奥秘保存着一份超越所有形而上学科技式谋算的富藏，创建新文化所需的种种创造力量便会自人类身上滋长。从此种经验将会兴起三类作品或功业（Werk）：崭新的诗歌与艺术之作品，后形而上学地运思之沉思之作品，新类型的政治社群建设之功业。[1]而这些作品功业则为新文化烙下印记——纵使海德格尔本人回避使用"文化"这个概念。

上述为海德格尔的瞻望之要略。在《哲学论稿》付梓以前已公开出版的著作里，海氏并未如此毫无隐讳地表明其瞻望。他的瞻望基于以下设想：当思想获赋能力，去回应这种以隐遁为隐遁之经验时，思想便临近于历史的"瞬间"[2]即契机（kairos）了。[3]海德格尔的存在史思想整体皆受此设想所引导。如此之设想如何能避免只是一任意空想的嫌疑？何物予以此项设想在思想上的约束力？海德格尔偶尔会排斥这些问题之逼迫。但假若存在史哲理思想所给予的不应只是犹如伪诗般的福音预布而已，则我们便必须允许提出以上这些问题。

对于人类今天或可突破开出一崭新文化这一点，海德格尔的信心异常高昂。这样一项创新突破要求勇气、魄力和牺牲的准备；而

---

[1] 在20世纪30年代，这种"作品或功业"之三重性一再出现于海德格尔思想中。参看海德格尔：《荷尔德林赞歌两首，〈日耳曼人〉与〈莱茵河〉》（以下引为《荷尔德林赞歌两首》），《海德格尔全集》第39卷，齐格勒编，美因河畔法兰克福，1980年，第144页。——原注

[2] 译者原把"瞬间"（Augenblick）译为"当瞬"，取"当下、瞬间"之义，是一个很有意义的译名建议。——编注

[3] "Kairos"乃古希腊文字词，意指关键的"时机"或"契机"，尤与决断和行动相关。德语中，与"kairos"相应的字词乃"Augenblick"，海德格尔以之规定本真时间中的"当前"（Gegenwart）向度。——译注

凡此均预设一实在而并非臆想的经验，以使在上述类型的作品功业中将新文化"设置起用于作品功业内"（Ins-Werk-setzen）之工作成为一项具有约束力之任务。①海德格尔故此不可以逃避有关约束力的问题。要回答这个问题，他便必须提出一种经验，借之既奠定就隐遁而提出的前设之约束力，又奠定投身从事开创历史新始之约束力。在《存在与时间》之后十年，海德格尔逐步阐明此经验乃某种基本情调（Grundstimmung）之经验。海氏对此经验之现象学分析在《哲学论稿》公开出版以前并未充分为人们所认识。首先通过《哲学论稿》和筹备及伴随此部著作的众多文本之刊行，他的分析方始可被学界广泛参阅。借之，我们终于可以考察其晚期哲学之约束力和说服力在现象学上的真正基础。②

首先也是这样一项考察才给予我们机会，揭露海德格尔本人对国家社会主义③的态度之最深层的哲学根源。毫无疑问，海氏曾一时相信，国家社会主义在政治领域内建立起新类型的功业，而人们借之能够在这个政治场域上开创出所期待的新时代。这项信念与海德格尔对于民主的深切怀疑互相配合，而海氏毕生绝无寄望后者对另一开端有何贡献。我希望在本文结尾提出一项新的建议，用以说明海德格尔的这种基本政治态度。据我理解，它虽非单独但却本质上奠立在海氏的基本情调现象学的片面性之上，而这种片面性可借其

---

① 此处"Ins-Werk-setzen"的字面意义是"设置于作品或工作之内"，在日常语中概指实现某事，使之开始运作。笔者在这里乃引用海德格尔的说法。在《艺术作品的本源》一文中，海德格尔语取相关，规定艺术作品之为作品在于让真理得以自行"Ins-Werk-setzen"。参看海德格尔：《艺术作品的本源》，中译本，孙周兴译，载海德格尔：《海德格尔选集》上卷，上海，1996年，第259页以下。——译注
② 在对于当时尚未出版的30年代的海德格尔文本未有确实知识的情况下，我在1980年于《海德格尔关于哲学之终结的论题》一文中，首次初步尝试找出海德格尔对"约束力"问题的解答。我祈望借着本文，对海德格尔的批判方式更能公允看待他本人的意向。——原注
③ "国家社会主义"乃"纳粹主义"（Nazismus）的正式全称。——译注

本人的分析工具而被发现。

具约束力的事项是束缚吾人思想之物；在束缚中有着强制力（Zwang）、必要性（Notwendigkeit）。就另一开端之契机做存在史式先行思索之所以对于海德格尔具有必要性，是因为此思索听从一种困迫（Not）的强制力。对隐遁作为隐遁的经验使人类习惯施展于存在者身上的支配暴力受到质疑。于是，隐遁便将人类带进无基深渊般的困迫之内，而我们时代的多重困迫则仅仅是这种困迫的浮面反映。每一深沉的困迫首先俱使人愣怔无语；对于与学究事业之饶舌喋喋保持距离的哲学思想而言，情况亦复如是。无基深渊般的困迫使此哲学思想哑默无言，唯亦因而使之解放，得以闻听困迫之声音（Stimme）。[1]每种困迫均向吾人诉说，盖因困迫乃在种种相应的情调中赫然袭至；而情调的无声之声则告诉吾人，吾人之处境根本如何。依据海德格尔，基本情调特出之处端在于：因其使隐遁之遗忘的无基深渊般的困迫成为可听可闻，基本情调甚至告知吾人关于吾人整全历史处境之音信。[2]于是，正因基于对如此之基本情调之"闻听"，海德格尔于《存在与时间》继后十年的存在史沉思及其对于开创突破的准备才具有约束力。

唯以哲学传统的真理诉求的目光观之，情调却适为最无约束力之物，并因而恒为普遍受人忽略之现象。仅仅由于借着现象学方法不受成见困囿的视察，情调在海德格尔思想里方能拔起成为存在史

---

[1] 关于此点，参看哈尔：《情调与思想》，载《海德格尔与现象学的观念》，《现象学文库》第108卷，多特莱希特，1988年，第267页。这篇论文对海德格尔"情调"概念的重要说明为本文以下的阐释整体提供了指引。——原注

[2] 参看海德格尔：《哲学论稿（论本有）》（以下引为《哲学论稿》），《海德格尔全集》第65卷，冯·海尔曼编，美因河畔法兰克福，1989年，第21、45—46、96—97、123页；以及《哲学的基本问题》，第129、155页。——原注

思想之路标。海德格尔在《存在与时间》里继承了胡塞尔开创思想新途的洞识：每一存在者皆只有在普遍的指引联系当中方能与人类遭逢。而由于洞察到世界境域①乃在种种情调之内先于一切对象性意识而向人类开放，海德格尔即进而透彻深化了胡塞尔的发现。②于是，海氏便可将人类界定为此在（Dasein），也就是界定为面向世界的"此"或开放场所。③此在作为"在世界之中存在"（In-der-Welt-sein）而存活（existieren），端在于世界作为存活可能性之境域而被给予此在。在种种情调内，此在根本经验到：它作为存活中的世界开放性无非就是"厕身可能性之中的存在"（Sein-in-Möglichkeit）；它的存在方式就是能在（Seinkönnen），就是自我筹划（sich-entwerfen）。情调开示给此在觉知，它无法解除重担，时时刻刻皆被指派作为能在而存在。这种被投掷于"必须自我筹划"当中的状态乃透露于种种情调之内，后者告知此在，于"世界"这个可能性场所里，其个别实然的自我感存（sich-befinden）之状况若何。④

以此方式而开示给此在的，乃是为一切述谓真理奠基的前述谓的真理（vorpradikative Wahrheit）。因而，哲学陈述的约束性便被树立在一反传统的崭新基础之上。假若真理首先借前述谓方式作为世

①　译者原把此处的"境域"（Horizont）译为"界域"。——编注
②　参看海德格尔：《存在与时间》，图宾根，1979年，第138页："实际上，在存在学层面基本上我们必须将世界的原始发见留待'单纯的情调'。"以及《荷尔德林赞歌两首》，第82页："情调作为情调使得存在者开示发生"；第141页："世界的开启发生于基本情调之中。我曾尝试在《海德格尔与现象学原则》一文内详细阐明，在什么意义上，可将海德格尔自《存在与时间》以来的思路发展解释为对于胡塞尔所奠立的现象学世界问题的贯彻始终的深化。——原注
③　鉴于存在这个基本的关联，海德格尔可在《哲学的基本问题》第154页说："正确理解下的情调导致超克迄今以来对于人类之理解。"——原注
④　此处"sich befinden"乃相应于"Befindlichkeit"的反身动词，意指在感觉中发见自己存在于某一特定的处境或状况之中。在《存在与时间》中，海德格尔将"Befindlichkeit"规定为此在存活建构其"此"时所依据的格式之一，借以捕捉一般所谓的"情感"或"感觉"在存在学上的意义。译者据此义将"sich befinden"翻译为"自我感存"，将"Befindlichkeit"翻译为"感存（状态）"或"感存性"，与通行的陈嘉映和王庆节中译本译为"现身状态"有异。——译注

界开放状态而在情调之中发生，则包括哲学陈述在内的一切述谓真理最终均取决于，情调原初如何将世界开显给我们。传统上，真理的场所在于判断；从本源上观之，它就在于言说。这点却已暗示，情调之所以能够为真，亦仅仅因为它以某种方式向吾人言说。这种言说却诚然不能是谈论；此言说乃"道说"①。而作为道说，它是一种对于在世存在的个别感存状态之无声指示。②

但在常态之下，此在却逃避面对被投掷状态（Geworfenheit）之重担，躲闪在日常性之内，而后者则以其聒噪滔滔的营役盖过情调这种无声之声。不过，此在也能够挺身面对"被投入可能存在之中"的状态，并做出准备，切实以可能存在为可能存在而亲身承担之。仅当能在明确与本身的不可能性之可能性相对照时，能在才凸显为可能存在。此在必须无惧面对在死亡里吓唬着的、对于"世界"开放向度的锁闭。这一切乃发生在"瞬间"之决断状态（Entschlossenheit）中；在决断状态中，此在苏醒而返回自身，并在这个"自身成为本己"（sich-zu-eigen-Werden）的过程中成为"本真的"。

本质上，胡塞尔对于对象的境域式显现之分析一直以感知性和理论性的"视见"（Sehen）为主导典范。通过海德格尔的情调分析，"闻听"（Hören）对于现象学便取得了与"视见"同样重要的意义。"解释学的现象学"这个方法标题就是这种典范扩展之信号。事实上，海德格尔之所以能够发见情调现象在系统上的全幅意义，仅因为他承接了解释学传统的想法，认为思想作为解释活动须依恃于闻

---

① 在日常德语里，sprechen、reden、sagen三个动词皆可指说话，它们对应于英语的to speak、to talk、to say，即中文的"说""谈""讲"。我们分别译为"言说""谈论""道说"。——译注
② 参看海德格尔：《在通向语言的途中》，第252页。——原注

听。历史性的存活要求面对历史性的瞬间[1]，即面对契机的一种开放性；这种开放性也就是一种准备就绪的状态。借之，我们将时机成熟的处境体验为号召本质行动之呼唤。

透过情调分析，海德格尔早期"实际性的解释学"[2]中的这种思想便轻而易举地在系统上直通"在世存在现象学"，并且其效力下达《存在与时间》以后十年的发展。情调赫然袭至，它如何向我们开显我们的感存状态，此事并不屈从在我们的支配暴力之下；情调强制我们闻听其无声之声。《存在与时间》之解释学的情调现象学承认这种聆听之强制力，因而便替"转向"做出准备；换言之，它因而做出准备，就对于逸离一切支配暴力的历史诉说（Zuspruch）之回应来解释此在。[3]所以，情调分析便能成为《存在与时间》继后十年的存在史思想发展之路标和约束性基础。

在《存在与时间》一书中，情调之历史相关性虽然尚未表露，但它显然已被预计在此书的体系之内。让瞬间得以建构的"面向本真性的决断状态"乃此体系之顶峰。能在之所以能够明确面对可能存在本身之"可能的不可能性"，之所以能够明确面对"前赴于死"（Vorlaufen zum Tode），乃因为能在始终被其不可能性之可能性所贯通和感染（durchstimmt）。这种基本感存性——畏（Angst）——开示给此在知悉，它作为在世存在乃悬浮摇晃在虚无的无基深渊之上。在前赴于死之决断状态中，此在鼓起勇气，让畏之声音对于"存活"

---

① 参看海德格尔：《荷尔德林诗的阐释》，《海德格尔全集》第4卷，冯·海尔曼编，美因河畔法兰克福，1981年，第173页："适当的时间，当是时间的时候：历史的瞬间。"——原注

② 此处"实际性的解释学"（Hermeneutik der Faktizität）是海德格尔在早期弗莱堡讲座时期（1919—1923年）以及此后几年里阐发出来的思想，它可以说构成了《存在与时间》的前史。——编注

③ 参看海德格尔：《哲学是什么？》，弗林根，1956年，第36页："仅当在被情调感染的基础上……回应之道说才得以接受……它的规定（Be-stimmtheit）。"——原注

产生决定作用，而不再只是潜存地贯通感染此在。

无人可从我身上夺去我的死亡。故此，决断状态将此在带进彻底的单独化之中，而此在则从中发见自己作为"自身"（Selbst）。但这绝非意谓唯我论。畏并不是主观的心灵状态，反而犹如一种氛围，而在世存在之整体即浸潜于此氛围之中。但这个整体假若仅仅与我的世界相关，它便并非整体矣。在种种转瞬即逝的情调里，易言之，在种种感触吾人日常生活运转的情绪里，人确是孤独自处的。但此在于瞬间之决断中所闻听的却是如畏这样的基本感存性，而基本感存性开放此在，使之面对社群性的世界整体，面对作为"互相共在"的在世存在。①

然而，就如海德格尔在《存在与时间》中提示所及，世界作为社群境域即一个民族之世界却是历史性的。此历史性向度乃开显于瞬间之中。《存在与时间》引进"瞬间"这个概念，是用作标识人类存在的一种超历史的可能性，亦即用作标识决断状态之处境；而在这个处境中，基于此在的时间性在面对死亡时的绽出结构、此在所有的世界关系乃犹如一个整体向此在开示。可是在《存在与时间》里，"瞬间"这个概念就已意指历史性的瞬间，即意指契机。而历史性的瞬间之标志则在于，它具有本文开端所提及的那项能力，足以在思想、艺术与政治社群构造之作品功业中创建出历史性开端。

---

① 参看海德格尔：《荷尔德林赞歌两首》，第143页："被开放弃置于存在者里的状态发生在情调之中，人类的此在本身便同时被置放于他人的此在之内；也就是说，只有与他人共在，此在才如其所是。此在于本质上是相互共在、相互替对方存在、相互对立存在。"海德格尔在《存在与时间》第297页以下已经以类似的方式说明过，决断"同时本源地使奠基于其中的'世界'发见和他人之共同此在之开显改变样式。朝手性的'世界'并不'在内容上'变成另一个世界，他人的圈环并不被更换；然而，于理解中面向朝手物的操虑性存在以及顾虑性的与他人共在现在却俱从最本己的能够自我地存在处得到规定"。关于此点，也可参看冯·海尔曼：《海德格尔的艺术哲学》，美因河畔法兰克福，1980年，第342页以下（页码据第2版）。——原注

这项能力生于决断状态。它面对基本情调的无声之声相告此在之事的开放性；而作为这种开放性，它在准备付诸行动的状态中开显出历史世界，并且缔造出经验基础，让创造种种创建历史的作品功业之工作因而成为对于此在具有约束力的任务。这却意谓：透露基本感存状态的这种瞬间的情调本身便须与历史相关。在瞬间情调之本真状态当中开示的就是：此在之"此"本身便在历史地转化，易言之，让群体世界境域得以冒升开启之场所本身便在历史地转化。这样，我们便开出了通向《存在与时间》继后十年的基本情调分析之路，因为接着我们便须探问：我们时代的社群性在世存在之基本感存状态揭示于何样的基本情调当中？但回答此问题时无疑必须注意，只要此在还未达至决断，此在便听不到畏这种基本感存性针对其历史状况所能道说之事。在日常状态的非本真性中，此在压抑其基本感存性，从而亦压抑了瞬间之历史关联。

无论在《存在与时间》的有关篇章内，抑或在1929年弗莱堡大学就职演讲对畏之阐释中，海德格尔俱未明确论述我们以上所概述的有关"畏之基本感存性"与"瞬间之历史关联"二者在系统上的关系。但此关系在那里已确实存在。故此当海德格尔在1943年就职演讲跋语中首次对此关系予以言诠，指出面对历史性的存在隐遁之无基深渊而生的恐惧（Schrecken）乃透露于畏之中时，他便并非在对原文做一种事后曲解了。①据《哲学论稿》以及与之平行的1937—1938年冬季学期讲座所述，恐惧乃我们的时代因受隐遁之无基深渊

---

① 参看海德格尔：《形而上学是什么？》跋语，载海德格尔：《路标》，第307页："'畏怯'栖居于作为对无基深渊的恐惧之本质的'畏'之近邻。"同样请参看《形而上学是什么？》导论，第371页。该处说，畏是通过"恐惧"而被派递来的。在《哲学论稿》第304页，海德格尔论及人类此在之被投掷性。据《存在与时间》，被投掷性是通过畏之基本感存性而以本真的方式被宣告的："被投掷性首先是在存在遗弃之困迫和决断的必要性里发生并确证自身的。"参看海德格尔：《哲学的基本问题》，第197页以下。——原注

般的困迫所感染而生起的情调。是以，我们乃因这种历史的困迫而被要求替本真的畏做出准备。

海德格尔在做就职演讲时便已注意到上述这种系统性关系，这一点显示在紧接就职演讲的1929—1930年冬季学期讲座对"深层厌闷"（Langeweile）的阐释中。厌闷如畏，乃基本感存性；只不过从现在开始，"基本情调"一词取代了"基本感存性"这个概念而已。深层厌闷正如就职演讲里的"本质的畏"一般，首先显得仿佛是"被感染的存在"（Gestimmtsein）的一种超历史的可能性。但之后却表明：正由于投身进入这种可能性，吾人才能准备就绪，去经验吾人时代的基本状况。[①]

在深层厌闷之基本情调里，一切事情不复引发吾人的兴趣，连同吾人在内的存在者整体通通汨没在无基深渊般的漠不相干之中。[②]其真正原因在于，无任何事物复能触发本质问题。在《哲学论稿》时期，海德格尔把科学技术式全幅组织管理此在的营役称为"谋算"（Machenschaft），后复名之为"集置"（Gestell）。[③]在此营役里，所有问题一律被视作原则上可被解决的工作课题。吾人对于全然不可支配者的向度不复有感，对于奥秘之向度不复有感。几乎不再有任何事物被经验为无法解答的谜团的困迫。所以，显露在厌闷之基本情

---

① 参看海德格尔：《形而上学的基本概念：世界——有限性——孤独性》（以下引为《基本概念》），《海德格尔全集》第29—30卷，冯·海尔曼编，美因河畔法兰克福，1984年，第242页："我们探问一种深层的'厌闷'，探问一种特定的——也就是说，属于我们的此在的这样一种——'厌闷'，而并非就这样探问一般和普遍而言的深层厌闷。"作为此在之超历史的可能性的那些基本情调与它们的历史关联构成上文提及的哈尔的研究的主要课题，参看哈尔：《情调与思想》。也参看海德格尔1949年对《形而上学是什么？》所下的按语，第111页。——原注

② 参看海德格尔：《哲学的基本概念》，第244页以下。深层厌闷与本真的畏同样具有漠不相干的特性。参看海德格尔：《形而上学是什么？》，第111页。——原注

③ 参看海德格尔：《哲学论稿》，第126页以下；关于以下的论述，参看《哲学论稿》，第11、24、125、157页。——原注

调里者，正是"一无困迫"之历史困迫，而归根结底就是隐遁的无基深渊。海德格尔在1929—1930年的讲座里已经开展出情调的这种历史关联，而他在《哲学论稿》的一个篇章里又明确重拾对这个课题的探讨。

系统上关键的是，假若基本情调一直只是潜存于此在里，单纯作为一种本真地被感染的存在之可能性，并在日常生活中受其派生物所覆盖，则一切基本情调便皆与历史无关。在《存在与时间》里，这就是本真的畏被怕（Furcht）所掩盖的状况。1929—1930年的讲座则指出，深层厌闷被其种种浮浅而为人熟知的形态所压抑：例如在车站大堂等候列车那种"给某事某物弄至厌闷"，又如在派对上那种"于某事上自感厌闷"。除此之外，该讲座还提及绝望①，而绝望亦是对承受深层厌闷的一种逃避。

后来在《哲学论稿》里所标举之"主导情调"与"基本情调"的体系背后也是相同的架构。所谓"主导情调"，就是各依时代，以情调感染将思想调置入其个别基本执态中的种种感存性。②形而上学的历史乃来源于一系列如此竞相争逐的主导情调；位于其末的便是刚才提及的恐惧，而尼采的虚无主义则是对此恐惧之回应。然而，这种恐惧本身却绝不会把此在调置入瞬间之决断状态中。众所周知，恐惧通常使人麻痹瘫痪，并阻挠一切创造性行为。因为瞬间的决断状态去闻听在恐惧里使吾人愣怔无语之物事，恐惧所带来的麻痹瘫痪方可被克服。只有借此，主导情调才转入其本真状态，并能号召

---

① 参看海德格尔：《基本概念》，第211页。——原注
② 在这个意义上，每一项主导的情调皆源自诸开端之"探问式互相超胜之愉悦"。参看海德格尔：《哲学论稿》，第169页。关于下面的论述，可参看海德格尔：《哲学论稿》，第396页。——原注

起一项在历史上强而有力的践行。

作为情调，厌闷、畏、恐惧赋予我们时代独有的标记。但是，这些情调仅仅片面标识我们的时代；它们只透露了对于第一开端的时代之告别。在我们的时代里，它们还预告着一种替另一开端做出准备的情调之来临。在恐惧里，我们已可闻听"本有"（Ereignis）之鸣响，已可闻听作为隐遁而被经验的隐遁的奥秘之鸣响。[1]完全开放面对奥秘并心怀谢悃的情调则是畏怯（Scheu）。畏怯乃此在的自持；存在本身之本质被此在听取为自持或隐遁，而此在也以自持来回应之。在当前这个或能过渡至另一开端的历史瞬间，思想被授予任务，须将于本真恐惧中所听取的音信真实保存在畏怯这种主导情调内。[2]这项任务通报于我们这个过渡纪元的本真基本情调中，这种本真基本情调就是抑持（Verhaltenheit）。由此，抑持在系统上承担的功能便等同于替本质的畏准备就绪的决断状态[3]，也等同于在1929—1930年的讲座里始终未具名称的那种准备就绪状态。借之，我们让潜存于我们时代里的厌闷获取机会，在其本真状态即作为深层厌闷而发用。

正如会导致麻痹瘫痪的非本真的（即未被经验为抑持的）恐惧

---

[1] 因此，此基本情调就是在"本有"回响之前的畏怯。参看海德格尔：《哲学论稿》，第396页。关于"畏怯"，除《哲学论稿》之外，可参看海德格尔：《荷尔德林诗的阐释》，第131页以下。——原注

[2] 可参看海德格尔：《哲学论稿》，第8页，第14页以下，第107页，第395页以下；以及《哲学的基本问题》，第2页："抑持正是那种情调，在其中恐惧并不被超克和战胜，而恰正因着畏怯而被真实地保存和保藏。"关于下面的论述，可参看海德格尔：《哲学论稿》，第31页："抑持是在'被叫唤的存在'里通过本有之呼唤而特出的与本有之瞬间关系"；第34页："抑持感染着各自进行奠基的瞬间……"——原注

[3] 在上文提及的哈尔的研究中，他已经揣猜到这样的关联。因为以《存在与时间》的术语言之，抑持就是本真性之情调，所以，海德格尔可以在《哲学论稿》第107页说道："抑持让恐惧与畏怯这两项主导情调跃生出来。"关于下面的论述，参看海德格尔：《基本概念》，第245页以下。——原注

对于历史践行不但毫无效益，甚至产生破坏，转变为怕这种非本真情调的畏亦同样欠缺力量，得以在历史瞬间中实践任何创造行为。对处于其浮浅形态里的厌闷①而言，情况同样如此。种种基本情调之所以能够成为历史困迫的经验和由此使得历史的践行变成必然的和具有约束力的，仅因为瞬间的此在已准备就绪向着本真状态来迎向它们，这种状态就是《存在与时间》所标示的"决断状态"。②由此，我们却必须探问，如何可以进一步规定这种"准备就绪状态"。

"准备就绪"乃一种意志执持的态度。但在《存在与时间》里，意志即早已不可被理解为一种自发主动的支配能力，而必须被理解为一种能在基本情调里听取告知此在的音信的能力。然而，为了保持开放去听取音信，急求施用支配暴力的意志却正须抑制自持。关键之处故此就在于，替感受基本情调的涌袭做好准备。这种"准备就绪"确实要求克服非本真状态；但克服非本真状态所需奋力之处却恰恰在于：解放自身而毫无保留地献身于基本情调之中，亦即放松于非本真的日常营役里的紧张奋力状态中，并且不再为跃升至本真状态而立意另用新奋力来延续紧张奋力状态。虽然《存在与时间》的行文笔调似乎屡屡暗示一种英雄式"存活"的意志紧张状态，但这部著作的立论点却清楚表明："决断状态"意指一种以独特方式松弛的意志状态，是泰然任之地将自身交给基本情调，让基本情调得以摆动开展，从而赠予此在于瞬间中缔造历史的行事力量。③

但是，眼前尚有这个关键问题：此"解放自身"和"将自身交

① 参看海德格尔：《荷尔德林赞歌两首》，第142页："我对于任何皆无兴致——厌闷之元形式，它可以自我开展为一项基本情调。"——原注
② 在这个意义上，海德格尔在《哲学是什么？》第42页以下谈论现今的基本情调之多重含糊性。——原注
③ 根据《哲学论稿》第304页，自我前投筹划以及开显世界的此在作为被投掷的此在所成就者，"不外……就是截获存在之中的对反回荡"。——原注

付基本情调"到底是受何物所触发启动？之所以提出这个问题，首先因为似有多种基本情调作为隐藏的可能性而既存于此在身上，仿佛在等待被唤醒一般。于是，决断状态便犹如要从这种种可能性内选取其中一种。诚然，相应于"过渡"甚至只是"可能过渡"的本质，一个我们这样的过渡时代所拥有的基本情调确实不会是单义清晰的。因此之故，即有众多可能的情调竞逐自沽为我们时代的标志。此点海德格尔在《哲学论稿》里有特别指明[1]，后来又在1955年的诺曼底"哲学是什么?"演讲里再次证实之。海德格尔在《哲学论稿》里就提到，对于现今之基本情调的众多可能形态里的哪种会对此在成为实在经验的问题，我们在分析基本情调时不可有任何偏好，更不可做任何推论。我们依恃于情调本身不可支配的临访；假若我们相信，可以借哲学解释而消除情调的偶然性，则我们便与情调的本质相违逆。[2]

但纵然我们接纳这种不可摒除的偶然性，以下问题依然存在：此在究竟是受何物触发启动而准备就绪，一方面打破在日常生活里浮面匆促的情调感染状态（它通常具有如《存在与时间》所谓的"苍白的无情调感染的状态"[3]的形态），另一方面又将自身暴露于基本情调之满载困迫的经验中？人们或可认为，此处显示，正与海德格尔的断言相反，情调也许并非人类此在之最后定论。或许这里正须为传统的由理性导向的意志重新挺立其天赋特权，盖因只有这种意志才能为从非本真状态过渡至本真状态提供动变的基础。

---

[1]　参看海德格尔:《哲学论稿》，第14页以下，第21页以下；以及《哲学是什么?》，第42页以下。——原注

[2]　参看海德格尔:《哲学论稿》，第22页：基本情调之"运行感调的灵感（Einfall）"必须"从根基上保持为一项偶然（Zu-fall）……"——原注

[3]　海德格尔:《存在与时间》，第134页。——原注

　　但我们反之却必须考虑：此在基本上是通过情调感染而开放面对世界的。情调并非偶尔伴随人类存在之物，而是它将人类存在建构为在世存在。此在为情调所贯通感染；如《存在与时间》所言，这就意谓：此在只有通过对反的情调才能主宰一种先行被予的情调。①并无任何决定机制是凌驾在本真的情调之上的，若由理性导向的意志能够带领此在走出日常的情调感染状态，则仅仅因为这个意志任随自身被另一种情调所规定，而正是这种情调调动此在，使之为本真状态准备就绪。

　　但刚才提出的问题却由此变得更加尖锐：这究竟是何种情调呢？可能答案只有下列二者：或者本真基本情调本身在其明确发用以前，便已循隐蔽方式驱动着正须为之而唤醒的准备就绪状态；若非如此，则便是另有一种情调。

　　让我们先来检讨首项假设。每种基本情调作为潜存的可能性皆为模棱两可。此在可借逃入非本真状态来回避基本情调，并以基本情调本身的差缺形态来掩盖之；而这是"首先和最常"发生的状况。但是，此在亦可以对抗主导的掩盖倾向，在瞬间之本真状态中倾听基本情调，并从而替历史有力的践行汲取力量。这种力量与替本真状态准备就绪并非两回事。此在乃从同一情调里一并接收二者。这种情调提供触发启动力，使此在过渡至本真状态和参与缔造历史的践行。这种过渡和参与同样具有创始的性格。在历史的瞬间中，本质性的关键是：此在开创开端。我们寻找的情调就是要使此在具备

---

①　参看海德格尔：《存在与时间》，第136页："我们永不会无须情调，而总是借一对反情调来成为情调之主"；以及《荷尔德林赞歌两首》，第142页："只要此在存在，它便为情调所感染，所以情调总是只能通过对反的情调才能被感染转化，而仅仅一种基本情调方有能力从根基上产生感染转化……"——原注

能力，在瞬间的本真状态里成为"能够创始"（Anfangenkönnen）。

能够创始乃现实性之条件，它让基本情调现实地摆脱其差缺模态即非本真状态而出现，让基本情调现实地赢取历史性力量。在差缺状况下，基本情调仿如在等候被唤醒为本真状态。唯此却意谓，感染此在而使之进入能够创始之中的不可能是这些潜存等候的基本情调本身。必须另有一种独特的基本情调，另有一种能够创始之基本情调，它可让此在从中获取力量并得以准备就绪，以使潜存的种种基本情调成为本真的。到底有无如此一种感染进入能够创始之内的基本情调？我们又能否在海德格尔那里发现之？

我认为，确有如此一种基本情调，而且海德格尔也曾谈及之，此即"惊奇"（thaumazein），即不知所措的惊奇或惊讶。据柏拉图和亚里士多德，哲学乃始于惊奇。[1]依据海德格尔，惊奇为第一开端的基本情调；形而上学与吾人受哲学所铸造的文化俱自兹而兴。人们可以如是理解海德格尔借《哲学论稿》里的零星提示所表达的意思：假若吾人今天尚且获赠开出另一开端的力量，则此力量之所以能自吾人身上滋长，仅仅是因为第一开端的基本情调并非"过去之物"，它作为《存在与时间》所谓的"曾经之物"（Gewesenes）在历史上依然具有力量。

然而，系统上之另一考量点却似乎与此项假设并不协调。惊奇

---

① 参看柏拉图：《泰阿泰德篇》155d；以及亚里士多德：《形而上学》，982b12以下。关于此点，尤其可参看海德格尔：《哲学是什么？》，第38页以下；《哲学的基本问题》，第155页以下，第170页："是惊奇（将人）置入存在者作为存在者之内及其面前。这种置定本身是基本情调之本真的声音，它被称为'基本情调'，因为它以情调感染的方式将人置入其内，在其上和其内，语词、作品、作行能在发生中获取根基，历史则得以创始"；以及《哲学论稿》，第186页："假若［存在遗忘之］困迫并不具备从第一开端以来的来源之伟大，这种困迫又从哪里获取催逼进入对于另一（开端）的准备就绪之力量呢？"亦请参看《哲学论稿》第434页以下和《哲学的基本问题》第197页：恐惧作为另一开端之基本情调"以其方式在本身内蕴藏着……崭新的惊奇"。——原注

唤起第一开端，但是，当惊奇尚未爆发之际，当其尚未脱离仅为此在可能性的潜存状态以前，惊奇便如每种基本情调一般模棱两可。如是，究竟是何物以情调感染此在，使之准备就绪和具备能力，让惊奇获得在其本真状态里发用的机会？这个问题似乎把我们带入无穷后退，不断溯问最开端性的情调。然而在现象学上，这纯粹只是一种假象。在创建开端的惊奇这个意义上，惊奇乃独一无二的情调：惊奇有能力把此在感染入这种情调自身的本真状态内。由于惊奇本身便承载着它的创始力量，并由此使对无穷后退的担忧变得毫无根据，于是它便从其他所有情调中脱颖而出。在此人们固然可以追问：为何内在于惊奇里的创始力量恰恰在古希腊时期才实际地发生效用？但这里我们却必须重申，假若哲学希望透过回答这个问题而消除基本情调在历史上生效之偶然性①，则哲学便没有切合实情而只是枉费精力而已。

惊奇之独一无二的特性在于，它本身便承载着其变成本真状态的创始力量。此项特性可以在惊奇这种情调的现象内容上直接被读取。海德格尔在1937—1938年冬季学期之讲课里曾经这样描述惊奇的基本性格：惊奇让寻常事物显现为不寻常，并因而将人卷入茫然失措的状态中；亚里士多德在《形而上学》的相关篇章里也有谈及这种茫然失措的状态。②然而，海德格尔在准确描述之际却忽略了关键的一点：由于熟悉的事物变得不熟悉，世界整体对于惊奇者便宛如首次浮现，犹如全新和令人惊讶之物而披露于他面前。如上所述，

---

① 据海德格尔，亚里士多德将"惊奇"规定为"pathos"，实际上亦是针对这种被基本情调之困迫所侵袭的偶然性。参看海德格尔：《哲学的基本问题》，第175页。——原注

② 参看亚里士多德：《形而上学》，982d17-18；以及海德格尔：《哲学的基本问题》，第167页。这种茫然失措源于固执于不可说明之物，尤其当此在于惊讶里感存自身之时。参看海德格尔：《哲学的基本问题》，第163、168页。——原注

基本情调据《存在与时间》乃具有一种所谓"反身的性格"，它将此在带至其自我面前。正是通过世界出乎意料之重新浮现，惊奇者被掷回他自身之上，他由此便经验到他的自我仿如一个新生孩童，而世界之光对之则如旭日初升。但这里同时有着一种唤醒此在之运动：世界白日破晓，它要求惊奇者在趋向晨曦清新内已具备的种种可能性时，开创出一个新的开端。在1937—1938年的讲课里，海德格尔虽然已经觉察到上述这种"不期而然"和"清新"二者的世界性格，但他却未觉察到，正是此二者借情调感染将自身投进开发创始的运动之中。①

这种开发创始诚然具有两个面向：一方面，世界借其崭新存在的清新来吸引惊奇的人；另一方面，这个崭新存在的"不期而然"却使惊奇者迷惑，迫其以抑制自持去面对世界，以敬畏去面对"根本上某物存在而不是无"之神奇，以畏怯去面对世界开放向度自虚无锁闭状态释放而出之奥秘。②故而在惊奇内有一对立运作的运动状态：世界奇妙的崭新浮现之运动吸引惊奇者，以情调感染将他投入迎向世界的开发创始之中；与此同时，这种运动却又使惊奇者自持③，面对因崭新浮现而打开的无基深渊。

与世界相关的着迷和畏怯二者对反运作，此正是非本真状态与本真状态之间的模棱两可的基础；此模棱两可归属于每种潜存着作为此在可能性的基本情调，同样它亦归属于惊奇。惊奇的差缺和非

---

① 在《哲学论稿》第434页，海德格尔毕竟亦将在另一开端里的崭新之物标识为"重新创始的本源性之清新"。——原注
② 参看海德格尔：《形而上学是什么？》，第121页。在上文提及的哈尔论著中，他亦强调惊奇与畏怯之间的关系。参看哈尔：《情调与思想》，第274页。——原注
③ 参看海德格尔：《哲学是什么？》，第40页：惊奇"作为这种退却和自持，乃同时被牵扯入它面对之而有所退却之物，并甚至为此物所捆缚"。——原注

本真形态是单纯为世界着迷而无所畏怯，易言之，即是毫无节制而匆忙促迫的好奇；好奇追逐一切显现为意料之外的事物，追逐在此肤浅意义上显现为"奇妙"的事物。①

　　海德格尔仅就惊奇的创始性格之沉沦陷堕的形态而观察之。或许正因此，海德格尔对于本真惊奇的基本性格，即对于投入能够创始的情调感染状态几乎毫无觉察。他私下将此基本性格等同于无所畏怯的好奇之匆忙促迫，却未注意到，还另有一种被畏怯的惊奇所贯通感染的能够创始和"献身投入世界"。我将会在本文考察的结尾再谈论本真惊奇的现象。眼下我先跟随海德格尔一同探究非本真状态的惊奇。

　　《存在与时间》以"好奇"为名目②将惊奇的非本真状态确立为探讨的课题。关于这种好奇，奥古斯丁已曾将之描述为好奇（curiositas）之恶行，即回避自身而逃入贪求新鲜中。在《存在与时间》继后的存在史转向里，好奇显示为历史（historie），此即寰宇见闻般的打听侦察，亦即赫拉克利特曾批评的那种最初期科学的贪慕多知之意欲。③这种早期思想的自我批判提供了历史凭据，证明创建开端的惊奇自始便事实上为其本身的差缺模式所伴随。这种打听侦察无所畏怯并任由自身被世界冒升涌现之运动所吸引。在这种打听侦察里，"惊愕"（Er-staunen）或"趋前凸显的惊奇"（Hervor-staunen）变成惊奇的主导面；也就是说，惊奇只追随存在者从隐蔽状态步入在现状

① 参看海德格尔：《哲学的基本问题》，第180页。——原注
② 参看海德格尔：《存在与时间》，第170页以下。——原注
③ 关于海德格尔后来对好奇和历史学之批判，可看海德格尔：《哲学的基本问题》，第134、156页；以及《荷尔德林诗的阐释》，第76页。关于赫拉克利特对于欲求多知的批判，请参看拙著：《赫拉克利特、巴门尼德与哲学和科学的开端——一种现象学的沉思》，第75页，第188页以下。——原注

态的显露出现的活动。①

海德格尔偶尔将这种显露出现标识为"在现"（Anwesung）。②古希腊人被在现所吸摄而将"自然"（physis）、"真理"（aletheia）③、"理相"（idea）铸造为创始哲学的主导语词。存在者乃从隐遁之隐蔽状态被释放入在现之中；但因为古希腊人完全被在现迷惑而失去自制，所以他们便受禁阻，不能在对于惊奇的畏怯之真实保存内真正思索这种隐蔽状态。如是，以存在为在现之理解便成为决定性的意义，而形而上学则由之被带上遗忘隐遁的道路。④

海德格尔将注意力完全放在创始的惊奇之模棱两可上，并尤其集中于惊奇在存在史诠释下之非本真状态；这是由于海德格尔正需要这种模棱两可，借以给予关于另一开端的预瞻思想在现象学上的约束力。因为若不能在承载传统哲学的本源现象上指出一模棱两可之处，则对另一开端的冀望便毫无根据了。在传统哲学的本源处，曾有一种思想之可能性；它自始便应能为人所把握，但一直却被人漠视。⑤这种传统哲学本源处的模棱两可可以借着开端之惊奇现象来具体阐明，并替另一开端的思想预先确定其期望的境域。另一开端在这个背景烘托下显现为一种特定的历史处境；在这个历史处境里，在第一开端的惊奇内本无任何历史效力的畏怯初度获取在其本真状

---

① 海德格尔在晚期仍然在同样意义上做出诠释。参看海德格尔：《研讨班》，第331页以下。——原注

② 除《哲学论稿》外，可参看海德格尔：《哲学的基本问题》，第169页。——原注

③ 海德格尔建议译之为"无蔽"。——编注

④ 对于自我隐遁，亦即对于在古希腊人那里在"在现"之中首出之物保持不被质问的状态，《哲学论稿》第189页上如是说道：它"作为这样一东西隐蔽自身，并且仅让冒升（存在者本身之开放性［Offenheit、aletheia］，持续的在现）的'并不寻常'之物对于开端的思想成为重要之事，没有作为本身被概念把握的'本质运化'（Wesung）就是在现"。——原注

⑤ 可参看海德格尔：《哲学论稿》，第169、179、187页；在434页以下，另一开端里的创始被标识为某种事物，"它敢于投入第一开端之隐蔽的将来中"。——原注

态里发用的机会。

在这个现象学的基础上，我们可以顺从海德格尔对于哲学当前境况的描述。但我们却必须修正他的论旨，不再断言惊奇的基本情调在今时今日已经绝对销声匿迹。[①]仅仅由于我们准备就绪和具备力量在历史上能够创始，当前种种基本情调如畏、厌闷、恐惧才可能正如通常预期这类情调受控的情况那般，不会导致绝望和麻痹瘫痪。海德格尔断言，人们的这种通常预期仅仅源自非本真状态的看法，而那些被视作破坏性的基本情调可以赋予此在创造形塑历史的作品之力量。但我们之所以能认真做此断定，仅因我们预设了能够创始的基本情调依然存在，使得我们能够成为主宰种种基本情调的摧毁性的非本真状态之主人。

以上推论不容反驳。从之引申而出的结果首先是，我们无法接受海德格尔对哲学当前境况及我们时代整体处境之评价。我们的时代尽管仍然可以被视作一个过渡纪元，但它并非过渡至根本别异的另一个开端，而是过渡至（以《存在与时间》的术语来说的）"重－提"（Wieder-holung）曾在的第一开端。这里我们绝非意指对希腊开端的复辟。古希腊第一开端里的惊奇之光辉明亮自始便已因沉沦陷堕于非本真状态中而被晦暗所笼罩。因此之故，单纯再次投身此类惊奇之中也是于事无补的。

历史性地就情调感染的状态而论，今天要紧的是思索本真惊奇里与之共鸣共振的畏怯；畏怯感染使此在具备能力并准备就绪，如其所如地回应隐遁之为隐遁。在此意义上，我们必须在另一更审慎的惊奇里重－提第一开端之惊奇。然而，思想只有基于自古希腊以

---

① 参看海德格尔：《哲学的基本问题》，第184页。——原注

来的历史经验方能变得更为审慎。这种历史经验乃作为近代世界的基本情调（畏、恐惧、厌闷）所带出的困迫而向吾人倾诉。故此，我们无法避免而必须借助这些基本情调。海德格尔的基本情调分析，坚持近代基本情调之不可回避的性格。我认为，这一点在现象学上无可争议；可争议处仅在于，除零星暗示以外，海德格尔在其思想的整体筹划里并不承认惊奇的本真的历史性创始力量在今天仍然持续存在。

也许海德格尔的思想自始便具有倾向，低调处理作为任务而被指派给我们现今人类的那个开端与古希腊人的开端二者之间的连续性。正因此，在《存在与时间》里，海德格尔便已仅仅认可"畏"为独一无二将可能存在作为可能存在开显给此在的基本情调。畏迫使可能存在如其所如面对其"不可能性的可能性"，迫使世界开放状态之"此"面对虚无之锁闭状态。毫无疑问，此两极斗争对此在是建构性的。然而就此斗争在系统上却可双向观之，即一方面观察虚无如何挺立自身以对反"此"，另一方面观察"此"如何挺立自身以对反虚无。

前一观点所关注的是，在"畏"这种基本情调里，一切可能性的不可能性如何贯通感染能在，而抽走吾人一切支援的虚无又如何贯通感染能在。畏让在瞬间的决断状态中前赴于死成为可能；易言之，它使本真的"将来"（Zukunftigkeit）成为可能。这是海德格尔的考察方向。可是，我们亦可反向考察，即把焦点置于，此在如何自虚无或隐遁的锁闭状态里被作为能在而解放出来。这种解放同样在一种基本情调里贯通感染此在，而这种基本情调就是惊奇。惊奇即指：可能存在战胜不可能性；惊奇是能够创始的高昂情调。这种基本情调在瞬间里使得本真的曾在状态（Gewesenheit）①成为可能；而本真的曾在状态就在于：绽出重返于能在的显露，重返于从开端锁闭状态里显露出现的世界开放状态。与"前赴于死"对扬，这种"重返"即是诞生之重－提；盖因诞生就是可能存在从孕育的子宫的锁闭里显露产生出来。

此在面对可能存在的隐遁而存活为可能存在，即存活为"筹划"。此在因而同时可生可死地被情调所感染。前投筹划本身的被投掷性首要地便在于诞生之被投掷性。换言之，被投掷性在于自隐遁的黑暗庇藏里被释放入作为能够创始的能在之中。如此理解的被投掷性是在能够创始的基本感存性即惊奇里贯通感染此在的。前赴于死的此在确实是从畏这种基本感存性处接受冲击，因而任由自身在"立意拥有良知"（Gewissenhabenwollen）里被呼唤入本真状态之内的。但是，由此我们仍未说明，此在如何能具备能力和准备就绪，在瞬间的决断里做历史性的践行。而此在之所以能够如此，正因为此在能够从惊奇这种基本感存性处重－提诞生于创始的创建当中。②

海德格尔在《存在与时间》里虽然只是略做提示，但后来却有明确表示，诞生就是此在之本真的曾在。③在1934—1935年首次关于荷尔德林的讲课里，海德格尔疏解《莱茵河赞歌》（"Rhein-Hymne"）的第四诗节。该诗节有如下诗句："新生儿所遭逢之种种当中，诞生

---

① 关于本真的曾在状态之为"重回诞生之上"，参看冯·海尔曼：《海德格尔的艺术哲学》，第77页。——原注

② 在这个意义上，人们可以循汉娜·阿伦特在《论行动的生命》（慕尼黑，1960年，第242页）中的论述，后者反对海德格尔片面单从前赴于死来规定本真的此在："人不是为了死，是为了创始一些新的事物而出生的。"参看海德格尔：《存在与时间》，第391页，并关联于第373—374页；《荷尔德林赞歌两首》，第242页以下；以及《荷尔德林诗的阐释》，第148页注，第149页注。——原注

③ 参看海德格尔：《荷尔德林赞歌两首》，第244、248、428页。——原注

与光束所能成就最多。"海德格尔将位于"诞生"和"光束"之间的"与"读解为表达两股互相依持却又同时互相争斗的力量之间的关系。诞生是源自孕育的子宫的"来源"（Herkunft）力量，它与作为"本质目光"之光束对立，"巨大意志立意成为形构，其丰余满溢对反挤压着它（指本质目光的光束。——引注）"。[①]瞬间的创造力量于是显现为对立于诞生来源的力量。但我却认为，将"诞生与光束"理解为对同一事件的双重称谓是更符合原文和切合实情的：作为"光束"而闪照的瞬间乃一股足以奠立历史的力量，这股力量不外就是"诞生"，亦即自子宫的锁闭处显露而出现于能在的开放之中——而这个能在则依其本真状态而被经验为能够创始。

正如无人能从我身上夺去我在前赴于死里所正视的死亡一般，同样地，在与我的诞生的本真关系里，我亦将我的诞生经验为某种不可替换而为我本有之物。在能够创始里，我也是纯然被摆置到我自身之上。然而在这种彻底孤离内，瞬间却恰恰对我开显出社群的世界（gemeinschaftliche Welt）。人们在海学研究的专著里经常探问"相互共在"（Miteinandersein）之本真状态的具体性格，而能够创始的决断则正好为相互共在之本真状态奠立基础。在本真状态之模态中的惊奇即畏怯的真实保存，这种情调感染使此在心生畏怯去面对他人能够创始的奥秘。这种共在里的畏怯就在于，放弃侵占他人在其能够创始的本真状态里的彻底孤离的意图。古希腊人在城邦的共同生活里发现畏怯的重要性，而就此关键一面，古希腊人幸能成功地根据惊奇的本真状态来真实保存其某些情调内容。由于"诞生性"在海德格尔的此在现象学里未有机会适当开展，故此他在诠释希腊

---

① 参看海德格尔：《荷尔德林赞歌两首》，第243、247页。——原注

开端的基本情调时，便未能合理看待古希腊人这种对于本真惊奇中的一项环节的真实保存。

在瞬间中有着创造作品功业的力量，而作品功业则铸造出历史的世界。本真的惊奇使古希腊人具备能力创建出一个崭新类型的群体世界，而这个群体世界的性格则完全为能够创始所规定。在这种类型的世界内，在世存在的开放向度之所以开放，正是通过民众在互相畏怯下互相承认为"能够创始者"。城邦中本真的"城邦要素"，易言之，字面意义上的"政治之物"（Politische）①乃在于：城邦世界在作为能够创始者的城邦市民（即古希腊文的"politai"）之间开放为"居间的空间"；海德格尔虽然多番谈论古希腊城邦②，但由于他对惊奇的诠释片面，故此亦无法窥见这个"世界现象"。

所以，他完全贬义地使用"公共"（offentlich）这个概念，并且错误地判断了后来由其学生汉娜·阿伦特所发现的城邦公共性的世界性格③：城邦通过诞生性的能够创始者间的互相承认而成为一个公共社群，而这个社群的唯一创建意义便在于，于共同存在里让可能存在能成为可能存在，即能成为能够创始，复于共同存在里真实保存之。这个在世界历史上新型的和独一无二的社群形式合理对应本真的政治现象，自古希腊以来我们便称此社群形式为"民主"。

在民主内，能够创始者的互相承认乃开展于一种独特的对反策

---

① 海德格尔亦使用过这个概念，如在《荷尔德林诗的阐释》第88页："Polis规定出'政治之物'。"——原注

② 在他对索福克勒斯的《安提戈涅》第一台唱曲之多番诠解里，此点尤其显著。参看海德格尔：《形而上学导论》，图宾根，1953年，第161页以下；以及《荷尔德林赞歌〈伊斯特河〉》，《海德格尔全集》第53卷，瓦尔特·比梅尔编，美因河畔法兰克福，1980年，第97页以下。——原注

③ 海德格尔在他周全的观念史知识基础上，是能够发展出一个本真的亦即政治性的公共概念的。在《演讲与论文集》中（第173页），他对于拉丁文术语"res publica"之定义可为例证："公开显明地关乎民族中每个人的事务，'拥有着'每个人，并因此是公共地被处理的。"——原注

奕之中。为了维护他们的公共社群之世界性格，社群里的个人便须准备就绪，现身于政治世界之公共性内。而他们作为能够创始者之所以能够现身于公共性内，乃因他们虽就群体践行理应如何开始各有见解，但他们同时公开陈明其各自依持的理据。古希腊人称这种以语言开放陈明创始理据的活动为logon didonai，亦即"做出辩解"。可是，在开放陈明创始理据时，个人能够创始的诞生性奥秘恰恰抽离于公共性；易言之，让能够创始得以本真发生的隐遁之无基深渊恰恰抽离于公共性。这个无基深渊虽然贯通感染并提出规限，决定辩解将以何物作为理据陈置于开放性中，但这个无基深渊在公共上仅仅作为匿名不可支配之物而参与论辩活动。因此之故，做出辩解的民众最后永远无法在其论辩活动中毫无保留地互相协调，并在群体践行的问题上意见完全一致。民主正要承认此点，盖因它总是准备就绪，让辩解的公共意见相争有机会重新开始。只要这种准备就绪的状态依然保持生机活泼，民主便依然被畏怯的基本情调所贯通感染。

通过畏怯，民众便在民主（民主便是民众的国家形式）里构成公共性，同时承认所有人皆为能够创始的个体。由此，我们便摒弃了孤离而本真存活的少数与非本真存活的民众之间二取其一的困局。对于logos［逻各斯］即logon didonai［做出辩解］中的"辩解"而言，海德格尔曾提出两种诠释的可能性，而二者背后皆为本真状态与非本真状态之二取其一的想法。在海德格尔那里，逻各斯或显现为收集性的单元，而这个单元将存在者从隐遁的隐蔽状态里解放入在现之开放之内。[①]在赫拉克利特那里，这种意义的逻各斯已被视作

---

① 可参看海德格尔：《逻各斯》，载海德格尔：《演讲与论文集》，尤其参看第211页，第228页以下。关于下文的论述，参看海德格尔：《哲学论稿》，第28页，第96页以下，第319、343、414页；以及《荷尔德林赞歌两首》，第165页。——原注

孤离决断开创第一开端的少数人的事务，就如它在海德格尔的《哲学论稿》里亦同样是孤独迎向另一开端的少数人的事务一般。或者，逻各斯是在非本真状态的模态里显露，而不论在古希腊还是今时今日，它显露为民众之计量和盘算式的辩解。而同样地，正如赫拉克利特已经加以批判的那样，这种逻各斯与好奇同类。

海德格尔的两路诠释皆误解了逻各斯是如何规定古希腊的城邦思想的。[1]逻各斯乃互相交谈论说的形式。借此，个人能够创始的本真状态成为可能的畏怯而得以介入民众的公共社群之中。现代个人自由的人权宣言在哲学上本真的合法基础乃奠立在畏怯之上；而正是畏怯的贯通感染使得诞生性的能够创始者在古希腊开端里互相承认。[2]

这种关系首先显示出，与海德格尔的主导假定相反，惊奇这种诞生性的基本情调直至今时今日在西方历史的范围内仍未崩坏。海德格尔无法正视这种同样使人权、自由、民主因植根于古希腊开端而凸显为独一无二的状况。[3]于是，民主对他便只能表现为存在之被遗忘状态的一种谋算性的显现样式，与其他样式相并列[4]；而他在《存在与时间》继后十年里既无法洞识民主乃批判国家社会主义的合

---

① 关于远古"逻各斯"概念之历史性、系统性说明，请参看拙著：《赫拉克利特、巴门尼德与哲学和科学的开端——一种现象学的沉思》，尤其参看该书第174页以下。在下列著作中，我曾尝试自哲学之开端来阐明政治上的logon didonai［做出辩解］在古希腊人那里的意义：《意见的歧义性与现代法制国家的实现》；以及《胡塞尔与希腊人》。我已经以另一形式在《海德格尔与现象学原则》一文中提出我针对海德格尔关于logon didonai［做出辩解］的诠释之批判。——原注

② 在阿伦特看来，在人权宣言中宣明的个人尊严奠基于诞生性。参看阿伦特：《论行动的生命》，第167页。——原注

③ 西方典型的自由传统总是借着诞生性的"能够创始"而更新的，它故此便是一系列的"复兴"（Renaissancen）。参看阿伦特：《论精神生命》第2卷，慕尼黑，1978年，第21—26页。关于诞生性对于欧洲思想传统之意义，参看拙文：《胡塞尔关于人性欧洲化的论题》。——原注

④ 在《哲学论稿》中（第38页），海德格尔毕竟也承认，民主的意见之争的"定要合理""要求每个人皆放弃他一己的意见"，而在这里可以见一点真正哲学的踪迹。关于以古希腊开端来哲学性地诠释现代人权宣言，请参看拙文：《意见的歧义性与现代法制国家的实现》。——原注

理标尺，在其晚期思想里亦无任何动机，期待民主比集权系统对未来更有助益。我们在这里必须超越海德格尔。但我们之所以能够超越他，恰恰是因为通过情调感染的在世存在现象学，海德格尔使19世纪的哲学推进了决定性的一步。

（吴俊业　译）

第三编

政治现象学和交互文化现象学

第一章　生活世界与大自然
——一种交互文化性现象学的基础

所有与我们相关的东西在同我们相遇时，我们对它们出现的境域十分信赖，尽管我们并没有对它们做过专门研究。这个事实，以胡塞尔建立的现象学来看，是现象学的基本知识。所谓"境域"就是我们人类生活于其中的那些"世界"，如政治界、体育界、公务员界、计算机界等等。最后还有涵容一切的世界，即不同的文化。我们必须在这些世界中为我们的思想和行为定向，因为这些世界作为指引联系为我们提供规则，告诉我们注意力应该沿着什么途径前进：所有与我们有关的东西或事件，总是进一步指向另外一些同样可能为我们所处理的东西或事件。离开这类指引联系，任何独立的举止行为都是不可能的。

一般情况下，这些境域本身并不引起我们的关注。它们总是保持在背景中，它们总是处于我们的具体行为举止明确针对的那一"极"的阴影中；用胡塞尔的话来说，就是处于我们当作"课题"的事物的阴影中。我们可能关注的一切都是"走上前来"（hervorkommen）的东西，而且是就字面意义而言的"走上前来"。也就是说，对我们来说，我们所关注的都是我们从未作为课题加以关注，但却始终十分信赖的于世界之黑暗中"走出来""走上前来"的东西。正是在这个意义上，我们说，它们"显现"出来。在我们的生活中，不存在任何没有境域的出现事件（Vorkommnisse）。

人类一切可能想象得到的境域，通过意义的相互指引，都共属于作为唯一万有的"那一个"世界。胡塞尔将其称为"普遍境域"。这个普遍境域是一个通过它的开放性将一切涵容于其中的指引联系。在所有科学发生之前，或者在所有科学之外，我们人类在其中度过我们具体的生活的世界——我们以其为家的世界——就是这样一个境域性的世界。胡塞尔在他的最后一部著作中，将这个境域性的世界在术语上确定为"生活世界"（Lebenswelt）。[1]在日常生活当中，对于一般情况下无须作为课题而为我们所信赖的境域，即生活世界，我们偶尔也可能已经有所意识。比如，当我们注意到，由于我们行为举止的方向的转换，境域也跟着发生了改变。这样，我们对我们的境域也能产生某种影响，但这种影响绝对不会扩展到如此地步，以至于使我们有可能完全摆脱一切已经给定的境域。在每一种行为举止中，我们都处于对已经事先给定的生活世界的依赖状态之中。

在方法规范上以自然科学为走向的现代科学追求的目标，是一种无条件的客观性。此所谓"无条件的客观性"，应当被理解为一种关于世界的认识，后者是不受人的主观看法和立场影响的，即不以人当时的境域为条件的。这种追求独立于一切主观立场观点的努力，被胡塞尔称为"客观主义"。现代科学想通过这种努力来认识一个完全不带境域特征的世界。可是，根本就不存在这样一个世界，因为一切科学的所有研究过程、研究仪器和研究成果，无一例外地都只有被植入一定具体境域之后才能与人相遇。当然，这种不可去除的具有境域特征的世界可以被现代科学从意识中排除出去，因为一般来说，境域在我们的生活中往往是非课题性的。在这个意义上，

---

[1] 有关胡塞尔"生活世界"比较新的文献，还可参看我为《神学实用百科全书》第20卷撰写的同名文章。此外可参看拙文：《胡塞尔的哲学新导论——生活世界概念》。——原注

胡塞尔就可以说，现代科学是以对生活世界的深刻彻底的遗忘为基础的。

在我们的生活中，不管处境显得多么绝望，也绝不会发生我们最后找不到任何指引联系而告结束的情况。在每一个具体处境中，生活世界的普遍的指引联系都会更新变化；也就是说，现象学意义上的"显现"，即从境域中走上前来的事件的发生，是绝不会中断的。现象的这种无中断性、这种不会停顿的发生过程，其基础就是指引在不断地进行下去；这种不断的发生无非就是世界，只要我们把世界理解为作为普遍境域的具体的生活世界。这里，世界的存在具有一种发生的性质。按照人们习惯的想法，世界是一种静止存在，是一个巨大的容器，它可以容纳一切可能存在的东西；或者像维特根斯坦所说的那样，世界是"一切发生的事情"的总和。这个通常的想法是不充分的。现象学通过对所有人类行为举止的境域性质的说明把这个想法克服掉了。

新的指引联系总是不断展现于我们之前。这是一个"自发地"发生的事件，也就是我们人无须为之操心的事件。与此相反，每当我们人用自己的力量操办什么事情，我们总会注意到，境域性世界的发生、显现过程的自动更新总是已经在没有我们参与的情况下发生了，而且还在进一步地进行中。这种自发地发生、进行的过程，自古以来就被哲学称为大自然。当哲学和科学在希腊出现的时候，人们首先注意到的就是大自然，即physis。在早期希腊的自然哲学家那里，physis无非就是指世界（如果我们把世界理解为显现之发生，即先于人的一切干涉已经给出的显现之发生的话），因为它每时每刻都在自发地更新。

显现之发生就是生活世界的生气活力，也即是通过境域的自身更新而继续存在的过程。这就表明，生活世界与大自然向来关系密切，根本不无须附加的理智的连接。生活世界本身就是自发地发生的、具有大自然特征的显现过程。此外，我们人生活在许多不同的境域之中，而且能够涵容一切的境域就是我们这个星球上不同文化的境域。但文化是人类的作品；它们之所以能如此，是因为——正如我们上边指出的——我们人类对我们的境域有一定的影响力。因此，我们必须做出一种区分，区分出不能完全摆脱人的影响的诸多文化世界与对一切人而言共同的生活世界（即大自然），后者对一切人的行为举止而言是预先给定的。

在所有人类文化进行全球性融合的时代里出现了一些问题：在一切人类共同的这一个生活世界（大自然）与不同文化的诸多世界之间存在着何种关系？我们如何来更准确地规定人类生活世界这个大自然与诸多文化生活世界之间的关系？[①]人们首先倾向于把大自然的自发发生过程与在一定程度上受人影响的境域构成之发生过程加以分离，并且让第二种发生过程服从第一种过程。因此，与传统哲学一致地，胡塞尔对这个问题的回答是：那同一的大自然构成了我们的世界观念的最低层次，在它上面覆盖着不同文化的不同世界观。

这种层次模型也规定着现代自然科学关于世界的图景：那个统一的、没有人类影响的世界是自然科学研究的这一个一般大自然，而各种不同的文化可以说都是对这个唯一世界的阐释。自然科学家强调，他们要研究的是多种多样不同文化的上层构造的不加阐释的基础。对不同文化之间的理解来说，这就意味着，由于自然科学家们的研究涉及的是这一个一般大自然，所以他们能说共同的语言；

---

① 有关胡塞尔对人类生活世界的统一性与各种文化世界的多样性之间的关系的论述，参看拙文：《家乡世界、陌生世界和这一个世界》。——原注

而在科学之外的人与人之间存在着潜在的或者公开的争执和分歧，因为诸多文化世界的差异性限制了他们之间的相互理解。

但是，对上面我们说明的生活世界中的大自然与文化的关系来说，这个关于世界两重层次的看法是不正确的。生活世界无非就是境域的普遍联系。由于境域可以通过人的影响（也即是文化的作品）而发生改变，所以，生活世界从根本上讲就是文化，而且根本不可能存在纯粹大自然的一个低级层次，是摆脱掉人类的任何阐释的。但反过来讲也是正确的：因为在我们所能具有的每一种境域中，指引之发生都是自发地更新的，所以人们就可以从整体上说，境域性具有大自然的特征。作为生活世界的世界彻头彻尾是大自然与文化，它是作为文化的大自然，又是作为大自然的文化。

关于大自然与文化的生活世界意义上的统一性的一个极富启发意义的例子，是不同世界区域的气候。J. G. 赫尔德在研究古代思想的时候提出了下述看法：文化之间的区别主要归于气候的差别。20世纪30年代，日本学者和辻哲郎[1]的工作推进了赫尔德的这个思想，他在自己的书里对欧洲和日本的气候做了具体的比较研究。[2]对于自然科学来说，气候是自然界规律的某种特定联系，人们可以对它们加以研究，通过统计对它们加以确定。如果人们把这种气候理解当作前提的话，那么人们便可以假定，赫尔德与和辻哲郎是想声称，所有典型的文化差别，比如欧洲与日本之间的文化差别，都是可以从自然科学能够研究的事实中推导出来的。因为现代自然科学所涉

---

[1] 和辻哲郎（Tetsuro Watsuji, 1889—1960年）：日本近现代历史上著名的思想家、文化哲学家和伦理学家。《风土》是他的代表作之一。——译注

[2] 德译文参看和辻哲郎：《风土——气候与文化的联系》（*Fudo—Wind und Erde*），巴尼科尔（D. Fischer-Barnicol）、大河内（R. Okochi）译并序，达姆施塔特，1992年。——原注

及的规律是不受人类自由的影响的，所以就会得出一个自然主义的论题：人类的所有文化成就都是由自然规律来决定的。

自然主义根本就看不到，人有对他的境域发挥影响的自由。它像客观主义一样，拒绝承认世界的境域特征。但是，倘若人们把赫尔德与和辻哲郎算在自然主义的名下，那显然是对他们的误解。在他们关于文化来源于当地当时的气候的看法中，他们所指的气候并不是自然科学客观主义意义上的气候，而是指大自然与文化的生活世界统一性这个意义上的气候，尽管当时他们还不能用生活世界的现象学对此做出清楚的说明。这样被理解的气候的现实性尽管是不受人的有目的的活动影响的事件，但是，作为"纯粹的事实"，即作为独立于任何人的阐释的现实性，它们不会在人类生活中起任何作用。它们对于我们来说的意义，始终只能这样来获得，即通过我们的阐释，我们使它们成为特定文化境域中的现象。

尽管在生活世界中大自然与文化是统一的，但人们仍然必须问：如何能够把这一个世界，即自然科学家想要当作摆脱阐释的大自然来加以研究的世界，与多种多样的文化世界区分开来呢？是否有可能阐发出一种对整个人类的这一个生活世界的规定性，同时又不陷入客观主义或者自然主义的轨道？这恰恰是生活世界现象学试图回答的核心问题。在这里，生活世界现象学首先只能从对这一个世界的基本规定出发，而又不接受这些规定。这些基本规定构成现代自然科学的研究活动的未经讨论的前提。这类规定中的最重要的规定是这样一个假定：在大自然中处处起支配作用的是因果规律。

对于自然科学来说，因果规律意味着，在原则上应该完全有可能依据统治着大自然的规律性对某个自然过程未来的进展给出可靠的、精确的预测。自然科学给自己提出的任务就是发现这种规律性，以便做出这类绝对可靠的预测。但是，假如在科学产生前的生活世界中，人类生活不需要人们对未来进行预测，并因此没有在实践上尝试使这种需要合理化的话，现代自然科学从一开始也就根本不会想到为自己提出这项任务。

在上面谈到的气候领域中有极富教益的例子，这就是天气。自古以来，在所有的文化中都有人类对天气规律的认识，也就是依据天上的或者地上的某些征候，推断出近期的或者较远期的天气发展。现在，关键是要确定，生活世界中的这样一些天气规律——不管它们是以什么为基础的——绝不具有这样一种特性，也就是说，人们不可能对它们进行完全可靠而准确的预报。这类规律在一定程度上是有用的，因为它们是以某些因果联系为基础的。但这种因果联系总是涉及"某些情况"的因果性，而情况本身原则上包含了某种不确定性。预测始终只能是："在一定情况下，大概会出现这种或那种结果。"

当然，所有的人都乐意更多地预先知道人们所期待的某些自然过程，比如天气的变化。但是，现代自然科学以方法上的果断做出努力，不仅要逐渐提高预测的可靠性，而且试图将这种预报置于一个原则上不同的基础之上，不同于以往在一切传统人类文化的生活世界中不言自明的东西。科学用以取而代之的不同基础应该——也只能——这样来获得，即使预测不再以生活世界中的不确定的"情况因果性"为基础，而是以一种精确的因果性为基础。生活世界的因果性和预测之所以绝不可能是精确的，是因为情况总是具有处境的特征。一个处境是人的行为的各种条件的相互联系起来的整体。这个整体一方面对人来说固然是预先给定的，但另一方面也包含了为人提供自由的可能性，因为各种条件从来不是与阐释无关的事实，而是根植于境域中的现实性。自然科学这种想达到精确预测的尝试之所以区别于传统生活世界中的预测的所有形式，是因为这种尝试要摆脱与处境性的联系，因此也就是要摆脱与人的行为的境域性的联系。

通过上面的考察，我们便清晰地看到了人类统一的生活世界的第一个一般特征，它就是胡塞尔在其最后一部著作中首次提出来的"情况因果性"。[①]尽管这种情况因果性是自然科学关于精确的因果性的观念的前提，但是，它本身并不是关于生活世界的一个规定，人们不能用它来对世界或者人类生活进行片面的客观主义或自然主义的把握。现在，如果人们注意到，几乎在所有文化中，与天气和气候的特殊意义相应，传统的生活世界的预测首先总是指向"天空"这一视角，那么，统一的生活世界的第二个基本特征便显示出来了。对于这一点，胡塞尔没有予以充分的注意。

如果把"天空"这个概念理解为在生活世界的可经验领域中被解读出来的一个名称，那么，此时人们心里想的是"在大地上面"的完全开放的空间。[②]大地本身，正如它在生活世界中具体地显现给我们的那样，构成了我们脚下的基地。这个基地包含着物质，一切物质性的事物都是由此组成的。承载着这些事物的大地进入事物之中，延续着它的存在。在这个意义上我们可以说，事物是"由大地"组成的。我们人可以通过某些实践的或理论的活动，跻身作为基地和物质的大地之中，因而将光明带到大地内部的黑暗之中。但是，

---

① 参看胡塞尔：《危机》，第357页以下。——原注
② 下面的段落是以拙文《天空和大地作为自然生活世界的不变量》为基础改写而成的，原文载奥尔特、张灿辉编：《文化间性和生活世界的现象学》，《现象学研究》1998年特刊，弗莱堡/慕尼黑，1998年。——原注

能够这样做的前提是：大地自身是黑暗的和封闭的。[①]

　　大地构成了承载物质性事物的基础和材料。这一点我们在生活世界中只有通过下述经验才能看得到：事物都显现在一个空间中，与大地的封闭性和黑暗相反，这个空间是开放和光明的维度。这个开放和光明的空间就是天空。在天空之下，物质性的事物才能显露出来，因为它们在天空之下为自己找到了一个位置。一个空间能提供位置，这个空间是空的。值得注意的是，汉语中表示"空"（Leere）的字与表示"天"（Himmel）的字是同一的。[②]这就表明，天空不只是世界的一个区域。在某种意义上，天空就是世界本身，只要它为一切对我们的感官显现出来的东西提供位置。十分典型地，哲学的第一代经典作家柏拉图和亚里士多德更愿意用"ouranos"［天空］这个概念来指称世界整体。

　　天空为一切物质性的东西提供位置。在这个意义上，天空是一个"空"的敞开维度。在近代自然科学中，这个天空变成了"虚空的空间"，它成为对统一自然的客观主义研究的第二个基本规定（除精确的因果性之外）。自然科学理解的空间是一个在三维度上延展的无穷的位置连续体，对其中每一个具体的位置，人们都可以在计算上通过三维坐标加以确定。物质在这个位置连续体的虚空中蔓延；由基本粒子领域开始的力也在其中作用，现代物理学所研究的就是这些力的因果规律性。假如没有关于作为生活世界之天空的天空的一般人类经验，现代自然科学固然绝不可能获得它们的空间观，但

①　海德格尔最早在《艺术作品的本源》一文中对"黑暗"做了现象学的分析。参看海德格尔：《林中路》，第31页以下。——原注
②　参看拙文：《世界、虚空、自然——用现象学接近日本宗教传统》，载斯坦格尔、罗林编：《结构哲学——未来的"交通工具"？献给海茵里希·罗姆巴赫》，弗莱堡/慕尼黑，1995年，第117页。——原注

天空的生活世界空间却是某种与无限的位置连续体完全不同的东西。

对于现代自然科学来说，天空就是我们人类从地球上看到的所谓"太空"（Weltraum）的一部分。太空、宇宙是一种客观的即独立于我们人的主观经验而存在的、由"空位"即可以安置任何事物的位置组成的无穷集合。依据客观主义的看法，我们人的经验是后来才参与到其中的，我们只是给这些空位的某个局部领域起了个名字叫"天空"，因为天空所标识的空间位置复合体根据我们的主观视角向我们显现为我们头顶上方的区域。但依据这种看法，这个区域所包括的空间位置即处于无限宇宙中的场所是客观的，它们是现成存在的，不依赖于它们向我们主观地显现出来的方式。

但是，如果我们所遇到的一切都是从境域中走出来的，只有从这里它们才能获得为我们的意义，那么，这一点对于天空以及在其中有其位置的东西也必定是适用的。在前科学的生活世界的日常生活中，我们总是获得指示，指向某些确定的事物；关于这些事物，我们知道在哪里可以找到它们、在哪里可以得到它们。在这个意义上，我们活动中所涉及的东西，绝大多数都有一个属于它的确定"位置"。就像海德格尔在《存在与时间》中用现象学方法所表明的那样，日常的指引联系中包含着对这样一些位置的信赖，以及对我们达到它们的方式的信赖。[①]在生活世界的意义上，我们知道的空间首先而且一般地并不是一个独立于我们主体的、由太空中的空位组成的无限集合，一个任何对象都可以处于其中的集合。

只有当我们处于客观主义的束缚之中的时候，我们才可能假定，人首先有关于一个空位连续体的意识，然后就像对待一个空容器一

①　参看海德格尔：《存在与时间》，第22节。——原注

样，用事物把这个空间装填起来；人们把事物安排在这个连续体中，给每个东西一个特定的位置。但是，从现象学上看，情况正好相反：正因为对我们来说，大多数的事物在确定的地方仿佛都到位了，我们才有了对空间的了解。后来经过很长的历史抽象过程，欧洲人在近代才获得了把空间想象为位置的无限连续体的看法。对天空的看法也一样。"天空"并不是一个表示客观现存的广袤无垠的区域的主观名称，而是一个场所，后者为我们所依赖，因为某些事件在那里自然地具有它们的位置。也就是说，天空是许多位置的位置。这样一个由许多位置构成的整体，我们称之为"区域"（Gegend）。[①]

某些对人类生活来说十分重要的事件在这个区域里发生，它们在那里有规则地重复出现，或者一次性地出现。在这个名为"天空"的区域里发生的、对日常生活来说最重要的事件，就是天气。在拉丁语中，天气叫作"status caeli"，即"天上的状况"。在这个事件中，存在着一些我们天天可以观察到的变化；而主要在热带地区之外的文化中，存在着一些大的变化，它们标志着季节的更替。季节也使天空下的大地发生变化。但天气的变化通过天空来临，这些变化传达出季节的戏剧性变化。在天气中，我们感受到我们居住的世界区域的气候。所以，由人居住的世界的每个区域都有自己独特的天空，也就是天气区域，它就是一种相应的气候的特征。

关于与天空相联系的天气的意义，人们在哲学上还少有思考。一种对生活世界的现象学分析总是想避免自然主义，总是想超越大自然与文化这样一种毫无成效的对立。这种现象学的分析可以把下面这一点作为自己的出发点：只有当人类的自由已经被躯体化了，

[①]　参看海德格尔：《存在与时间》，第23节。——原注

也可以说被肉身化了，而且首先通过躯体性而与境域联系在一起时，这种自由才是具体的。这种肉身化了的自由不是加到纯粹生物学意义的肉体上的状态，也不是加到人的行为方式上的东西（这是自然主义的思维形式）；而不如说，这种自由的根源已经在我们以我们的肉身进行生活和行动的方式中了。我们之所以对天空和大地这两极充满信赖，就是因为我们是带着我们的身体居住在这两极之间的。大地承载着我们，我们感觉到身体的重量，后者把我们拉向大地，但我们又昂然朝向我们头上的天空。

但我们不仅在空间意义上说，我们"之上"有天空，而且从气候事件的意义上看，天空也在我们"之上"，因为在天空中发生的气候事件支配着我们。这种支配是一种超乎我们的肉身生命的支配。我们在某些天气下感到舒服，在另一些天气下感觉难受，我们由此遭遇到天空事件。但在大多数情况下，我们在我们的肉身处身状态中遭受的天气变化却是在气候的两极之间进行的。这两极是我们在一切重要的天气变化中都明显感觉得到的，那就是热与冷的对立、湿与干的对立。①

通过我们的触觉，我们认识到事物的上述四种性质、特性。我们能够在意向上把某个物质性的东西感受为热或者冷、湿或者干。但更为重要的是，我们的触觉感受对我们的身体状态到底起着何种作用？我们是有生命的存在，这一点我们只有在死亡威胁的背景下才能经验到。在我们的处身状态不稳定而失衡的情况下，我们可以亲身感受到这种威胁。触觉性质从根本上规定着我们自己身体的感受。当触觉性质保持在正常范围之内，因此引不起我们注意的情况

---

① 有关这个问题以及下面的思想，请参看我在《赫拉克利特、巴门尼德与哲学和科学的开端——一种现象学的沉思》一书中对赫拉克利特的分析。参看该书第355页以下。——原注

下，我们便感觉舒适。如果发生极端的情况，干扰了这个正常标准，影响了我们自己的身体状态，并且引起了我们的关注，那么，死亡对我们肉身生命的威胁就以这种方式表现出来了。对热度和湿度的感受是我们整个肉身状态的基础。通过这种感受，我们一方面可以在极端的热与冷之间保持平衡，另一方面也在极度的湿与干之间保持平衡。

热度与湿度成为感受性质，这绝非偶然。它们使人出生前在母亲体内羊水中的生活成为可能，也标示着人出生以后的最初营养。这两种性质与下面这一事实紧密相连，即我们只能通过活动我们的躯体或者躯体的一部分来感知物质性事物。活动性的前提是柔韧性，而柔韧性作为感受性质，表现为触觉处于湿润性和液体性的某种中等的和不引人注目的标准范围内。它体现为我们的舒适感。与此相关的危害生命的极端情况是潮湿和干燥。潮湿使生命窒息，使我们的肉体溃烂、腐朽等等；而干燥则使身体和生命干涸。在文化史上，在一些文化中，人们把死亡描写为干瘪；在另一些文化中，人们将死亡描述为溃烂或者腐朽。这完全取决于文化所处的地区的气候。这一点证实了上面两种极端情况对肉身生命的直接威胁。

除柔韧性之外，活动性的另一个前提是力量。通过一种力量感，我们在适度的热度的触觉性质中感觉到舒适。在极端的严寒与酷热之中，我们在身体上遇到的是毁坏生命的力量，因为严寒与酷热正好与我们自己的力量相抗衡，它们将我们的生命力量引向死亡。严寒使我们冻僵，失去了灵活性；酷热使我们疲乏而无法运动。文化发展史中对肉体死亡的处理，也证实了上述极端经验。在文化史上，主要有两种处理人类尸体的方法：或者用火的酷热将尸体焚化，或者将尸体葬于大地的阴冷之中。

　　天空中掠过的所有天气现象都是在热与冷、湿与干这两极之间发生的。这两极之间的关系是一种斗争。这里所说的斗争并不是一种隐喻。天气中，热之存在无非因为它是冷的对立；反之亦然。这种热的状态因此就是在一段时间中维持对冷的对抗状态。[①]这种两极的基本状态为了争夺暂时的优先权的斗争，如果没有力量供其支配的话，是不可能进行的。我们之所以能对这种力量有具体经验，就在于我们具有一种力量。正如我们前面提到的，它构成关于我们自己的身体的活动性经验的基础。在生活世界中，在我们自己的肉体上，也在天空的天气变化中，我们都能经验到一些基本状态，而这些基本状态的力量构成了现代自然科学中关于大自然的另一个基本规定（即力）的基础。

　　任何一种天气状态的优势都只能持续一定的时间。因此，天气现象的发展序列带有某种周期性。甚至对这种周期性的体验也是自然科学对自然的一项基本规定的基础；在这里，我们得以理解生活世界意义上的"时间"。自然科学把"时间"理解为前后相继的形式，它是"现在之点"（Jetztpunkte）的可计数的和可测度的序列。但这种对时间的理解，就像把空间理解为一个位置连续体一样，也是某种派生性的东西。在罗曼语系语言中，人们用同一个词既指称时间又指称天气，这个词源自拉丁语的"tempus"。这就表明，从现实的现在到下一个现在的转换，在原初意义上，也即在自然的生活世界意义上，并没有被体验为现在前后相继的单纯形式，而是被经验为我们身体的处身状态的一种转换。这种转换是不能同天空所经历的状态转换分割开来的。

---

① 关于这些关系的详细分析，参看拙著：《赫拉克利特、巴门尼德与哲学和科学的开端——一种现象学的沉思》，第342页以下。——原注

这样我们才清楚了，到底什么构成了作为区域的天空的特性。天空之所以是一个区域，不仅仅因为它是一个由可以放其他东西的位置组成的整体，而首先是因为，在那里有时日的变换，有昼与夜的更替，有四季交替过程中发生的那些事件。它们对于人的身体状态有着决定性的意义，并且使人们对力与时间的经验成为可能：热与冷、湿与干相互对立的两极状态为维持自己而进行斗争，为争得自己一段时间的在场而进行较量。

热与冷，湿与干，这四种触觉性质不仅决定着天气以及天空，而且还决定着在生活世界中被经验的大地。事物来自大地。也就是说，在质料上，我们是通过触觉而达到这些事物的，因为从某种物质的实际存在来看，所有其他官能都可能欺骗我们，而唯有触觉是例外。现象学诞生之前的现象学家亚里士多德就已经向我们指出，只有当我们用我们的躯体的"肉身"直接地、毫无隔阂地去触摸物体时，我们才能把物体作为物体来经验。[1]而在这种触摸中，最基本的感受就是热与冷、湿与干，因为就像上面简略谈到的，它们对我们的身体状态产生了决定性的影响。所以，在这四种性质中，正如亚里士多德已经看到的那样，可感知的物体作为物体向我们显现出来。由此，我们碰到了现代自然科学对大自然的另一项基本规定在生活世界中的基础，这项基本规定就是：物质性（Materialität）。

在古代和中世纪欧洲，整个宇宙学和自然科学都始终坚持认为，物质世界是由火、水、土、气四种基本元素构成的。作为自然科学理论，这种元素宇宙学理论在今天已经过时了。但是，亚里士多德为"四元素说"给出的证明并没有因此而失去意义。亚里士多德之

---

① 参看亚里士多德:《论灵魂》，422b17以下。——原注

所以认定有这四种元素，是因为触觉的四种基本性质只能有四种配合：热与干、热与湿，即火与气；以及冷与干、冷与湿，即土与水。

对于生活世界中这四种基本性质的冲突，我们不光是在天空气候中把它经验为热、冷、湿、干之间为维持自己而进行的斗争。而且在大地上，在我们自己的物质身体上，我们也经验着这种斗争。天空的元素（即气）吹着我们，或冷或热，或干或湿，它作为不断改变着方向和强弱的风决定着我们的身体状态。十分典型地，日语中表示"气候"的"fudo"一词——我们前面提到过的和辻哲郎的那本书即以此为书名——就包含着"风"（fu）一词。另一个词"do"的意思就是"土"，即大地。所以，日语中"风土"一词就具体地表达出，这四种对立性质是与天地交织在一起的，并且由此构成了对生活世界的自然而然的基本规定。因此之故，和辻哲郎是用触觉上相互对立的热、冷、湿、干这四极，来解释气候在各个文化生活世界之间的差异性的。

不无独特地是，亚里士多德并没有把热、冷、湿、干这四种基本的感受性质引入他的宇宙学中。亚氏没有在他讨论天空的著作《论天》（De caelo）中讨论这类问题，而是在他讨论生命的著作《论灵魂》（De anima）中讨论的。[①]这就表明，对这四种基本的触觉性质的经验与生活世界中的生活之间是有着紧密联系的。生物能"在水中、在地上和在空中"生活，靠的就是这些元素。人们今天在谈论，大地、空气和水的污染危及人的生存，带来了生态危机。于是，亚里士多德对元素的这种理解重又有了生命力。在这个充满环境危机的时代里，人们正在努力为生态学奠定哲学上的基础。但如果人们

---

① 参看亚里士多德：《论灵魂》，423b27以下。——原注

没有以现象学的方式分析有关生活世界中与天地相关的基本触觉的对立分极的经验，那么，这种哲学上的奠基工作就不可能是坚实可靠的。

这种分析涉及整个人类的生活世界自然。但与客观主义科学所研究的自然界不同，生活世界自然同时可以打开通达不同文化的差异的道路：对在触觉的原始对立中的作为自然的生活世界的基本经验，以及对不能与此分离开来的身体状态的基本经验，是以特定气候中的生活为基础的；因为热与冷、湿与干等基本性质的特殊组合分配，决定着特定地区的特定气候区的天气的各种可能性。

这两种基本的分极对立把生活世界的空间（即天空）与生活世界的物质（即大地）结合在一起。这些基本性质的斗争是力在作为大自然的生活世界中的首次显现，而且它就是力的第一个规律性。这种规律性是在生活世界起支配作用的事态因果性的重要基础，而且它又为最基本的预测开启了领域。由对立性的斗争而引起的周期性，构成了生活世界中基本的时间经验。这样，气候就规定了作为大自然的生活世界的基本特征：力、因果性、空间、时间、物质。后来，近代自然科学把这五个特征搞成了关于自然的客观主义规定。

现象学的分析要求把作为大自然的生活世界的五个基本特征的相互联系揭示出来。这五个基本特征对各种文化都是有效的。但在这里，我们应该注意，只有当我们同时考虑到，我们始终只能从特定的气候以及与这种气候相应的文化出发，才能对在所有文化中都与天、地相联系的对立的基本性质的斗争做出分析时，这些基本特征才能得到规定。上面的思索是由欧洲文化的一个成员做出的，它是以欧洲这块土地的温和气候为出发点的，所以并非偶然地，它与欧洲古代的宇宙学联系起来了；而与这个地区的气候状况相应地，欧洲古代的宇宙学在一种关于火、水、土、气四元素的理论中对基本元素做了系统化理解。

但是，哪些元素是基本的，这在不同的文化传统中是千差万别的。关于基本元素的观念不限于四种，也不一定非得包含上述欧洲古代宇宙学中成为标准的诸元素。举例说来，如和辻哲郎指出的那样，对于东亚季风气候中形成的文化来说，基本性质的对立性所具有的意义，完全不同于它们在欧洲温和气候文化中所具有的意义，又完全不同于热带文化中的情况——在那里，几乎完全没有基本状态的四季对立和斗争。对现象学来说，这还是一个广阔的研究领域，那就是对气候、对在同一个生活世界以及不同文化的生活世界中的自然与文化的统一性的研究。我们已经看到，有两种相互不可分割的两极对立性，就是天空与大地两极的对立，以及基本性质的两极对立性，它们在所有气候带和所有文化中不断重现出来，只不过有各各不同的组合。我们的上述洞见可以说在这个现象学研究方向上迈出了第一步。

（靳希平　译）

第二章 本真生存与政治世界

人类生存特有的世界关联乃是现象学的主要发现。现象学创立人胡塞尔将意识指向对象的意向关联提升为其新方法的主导思想，但最迟自20世纪20年代开始，他便认识到，这种意向关联预设了对象向指引联系（即境域）的嵌入；指引联系或境域则通过世界而开放给人类，因此根据现象学的理解，正是世界的开放性界定着人类。当海德格尔于1927年在《存在与时间》中以"在世存在"（In-der-Welt-sein）的现象学为出发点和定标去分析人的此在（Dasein）时，他只不过是从以上那个胡塞尔的基本洞见导出应有的结论而已。

特别引人注目的是，在胡塞尔和海德格尔对人类的世界开放性的分析中，有一个特殊类型的世界并没有作为世界而得到认识，那就是：政治的生存向度（Existenzdimension des Politischen）。政治是一个世界，这一点首先借公共性这个现象而得以显示。尽管与胡塞尔不同，海德格尔完全觉察到了这个现象在现象学上的意义，但是，因为他偏偏将之归属于常人的非本真状态的生存模式，所以也就不能对之做出正确评价。公共世界可被设想为本真的共在（Mitsein）的生活空间，这是海德格尔在《存在与时间》中未看到或者至少忽视掉的一点。

诠释家们自然早就注意到海德格尔对公共性的说明过于片面，对以本真性为模式的共在的分析过于贫乏，他们同时将这二者与海德格尔的国家社会主义的迷误联系起来。但是，对海德格尔在政治上失败的定论却使大部分人忽视了，胡塞尔对于政治世界特有的本质和权利也是同样盲目的。关于这一点，近几年来，借着卡尔·舒曼对胡塞尔的国家哲学的重构，我们已经不难认清了。[①]

人们在胡塞尔和海德格尔之后的发展中亦可看到，现象学面对政治世界性显得束手无策——人们只需想一想萨特对政治现象的一些严重误断就可以了。但这无疑是长久的传统遗产，而首先不可归咎于现象学。自柏拉图和奥古斯丁以降，哲学往往以多样的方式把政治世界宣告为非本真的世界，并且"与实际相反地"，把政治世界与一个恰恰被公共状态掩盖了的本真状态对立起来；后面这种本真状态，上起柏拉图的乌托邦理想国，经过托马斯·阿奎那的上帝之城，一直延续到眼下的理想交往共同体。

汉娜·阿伦特为当代哲学发现了公共生活空间的世界性。正如我们以下的考量要表明的那样，如若今日我们可以一种哲学上可证明的意义上谈论"政治世界"，那就要归功于阿伦特。虽然阿伦特并不自以为现象学家，但人们却应该将她发现政治之世界性这一点视为现象学百年运动中最重要的贡献之一。

在政治世界这个课题上，首先是由于对其非本真性的判决而阻碍了通往"实事本身"之绝无成见的现象学通道，因此现象学的迫切课题是，去解释本真性和非本真性的区别如何关系到在政治世界中的生存。因为阿伦特的兴趣不在现象学上，所以她也就不关心这个系统性的问题。因此，我们迄今仍不清楚，一种受她激发的有关

---

① 参看舒曼：《胡塞尔的国家哲学》。关于胡塞尔对于政治世界的盲目性的批判，参看拙文：《胡塞尔与希腊人》，第152页以下。对于海德格尔的相应批判，可参看拙文：《海德格尔的基本情调与时代批判》，第52页以下；以及《海德格尔与现象学原则》，第130页以下。——原注

政治世界的分析可在有关本真性和非本真性之现象学的系统中占有何种地位。

在我们的时代里，政治世界深受极权主义的诱惑，所以对政治形式中的共在的本真性之分析即从哲学之外获取了一种特别的迫切性。令人费解的是，偏偏是海德格尔这位本真性的现象学家能够为幻想所驱使，认为由希特勒领导的运动犹如一场历史性的起义，即使整个民族进入政治生存划时代的本真性之中的一场历史性起义。

我们下面的思考尝试从本真生存的世界开放状态的现象学观念出发，去获得关于政治世界性的规定的基础。在准备性的第一部分中，我们将回溯到"生活世界"（Lebenswelt）之概念上，一方面要说明非本真的一日常的生存与本真的生存二者间的区别的现象学含义，另一方面要论证下列论点：向本真的世界开放状态的过渡需要通过一种情调（Stimmung）才成为可能。第二部分将基于第一部分所得到的前提，阐发一种关于政治世界的现象学的基础。相应于第一部分所提出的论点，第三部分要追问，在为人开启出政治世界的那种情调中，人到底造就了何种经验。而借着对这种经验的阐释，我们将会阐明政治世界对于本真生存之基本意义。在结论性的第四部分中，通过考察20世纪政治中的极权主义的危害，我们将为先前铺陈的系统关系提供一种确凿的证明。

一

胡塞尔和海德格尔所开出的世界现象学，从其系统可能性来看，是完全能够发展为一种关于政治世界的现象学的。这个论点可在以下观察中找到第一个依据：胡塞尔和海德格尔各自以《观念》第1卷与《存在与时间》达成他们思想的系统，而这两部主要著作建立在一种系统平行的基本区别的基础上。二者之运作乃同样基于以下的假设：在日常生活里，世界作为世界对人类是保持潜在的，但世界对人来说能够成为明确的。[1]在海德格尔方面，这个假设隐藏于在世存在之日常模式和本真模式的区别中；在胡塞尔方面，这个假设包含于自然态度与现象学或哲学态度的二选其一的选项中，盖因"态度"即指一种对于某事的关系，在此情况下就是一种对于世界的关系。

在这里，"世界"概念无疑不应该被任意使用。它必须在现象学方法的意义上被理解，现象学方法基本上建立在相关性原则之上；在胡塞尔最后的著作《危机》的一个纲领性段落中，他称这个相关性原则为其毕生工作的主导思想。[2]这个原则说的是：存在者的任何规定性都回涉于它对人显现的方式。这种显现的特点就是我们前面提到的，即凡为人所遭逢的一切皆嵌入指引联系即境域之中，而所有指引联系或境域则皆在"世界"这个一切境域性显现的开放向度中互相归属。

胡塞尔和海德格尔一致区分出人之世界开放性的两种模式，它们根据现象学之相关性原则也必须对世界有效这一点做出解释：不仅是"在世界中"的事件对人显现出来，而且连作为显现向度本身的"世界"也与人有关，即"显现"概念所标明的那种关系。这种"关系"无疑必须具有独特性，因为境域性指引并不是以与当下显现着的在世界中的事件同样的方式为人所意识到的。后者引起我

---

[1] 现象学从胡塞尔到海德格尔的过渡的持续性即奠基于此。这个论点在我的以下文章中已得到论证：《世界的有限性——现象学从胡塞尔到海德格尔的过渡》，第130页以下。——原注

[2] 参看胡塞尔：《危机》，第168页注，第169页注。——原注

们注意，正如胡塞尔所言，并且在此意义上变成课题；而指引联系则仅仅非课题地为我们所熟悉和信赖，因为我们是在其中为自己定向的。

此外，现象学反思的事实表明，甚至世界也可能成为课题性的。非课题性的熟悉是显现的一种方式，在此方式中，虽然世界并不消失，但它作为世界却保持着隐蔽。因为——而且只要——存在着人类及其世界开放性，就会发生世界的显现。但这种显现可能以明确的或不明确的方式发生。对胡塞尔而言，世界的明确显现乃等同于它在哲学中的课题化，即科学上的课题化。但是，要能把世界特别地搞成研究对象，人就必须已经处于某种与世界的明确关系中了；换句话说，人就必须已经进入本真性生存模式中了。也就是说，本真性与非本真性的区别即是自然态度和哲学态度之间的选择的可能性条件。因此，这种区别比胡塞尔的这个选择更适合于作为继续思考的线索。

由上述说法将衍生出一个双重的问题：说世界在日常生存中作为世界而保持为潜在的，这话的具体意思是什么？如何能达到那种在本真生存中面对世界的新型开放性？假若世界之非本真显现和本真显现之间的区别确实要在现象学上被引入，则这种区别便必须是从显现自身的机制中产生出来的。我们在日常语言里已经将"显现"理解为一种运动。这种运动的本质特点乃在于，它是对立于一种可能的反向运动而进行的，也就是对立于自身保持隐蔽的运动进行的。在此意义上，"显现"的基本意义即可以被改写为"自身开启"（Sich-Öffnen）或者"从自身封闭中显露出来"（Hervortreten aus einem Sich-Verschliesen）。

因为显现包含着自身隐蔽和自身开启的对立性，所以我们就可能将世界的显现，即显现向度的冒升涌现，真正经验为一种出自隐蔽状态的显露、一种字面意义上的"出现"（Hervor-gehen）。但我们也有可能将世界领受为自明地和无可怀疑地被给予的。在这种世界经验之非本真模式中，尽管世界也已"为"人而存在于"此"，但因为没有经验到世界自隐蔽状态向其显现的开放状态的释放，所以世界作为世界也就依然对人保持封闭。

我们如何能达到这种经验呢？当胡塞尔把向着世界作为世界的显现的过渡刻画为一种态度的转换时，他对"态度"这个概念的选择似乎意指人可以通过意志决定去促成这种过渡。但这是不可能的，因为为了能够下决心把世界课题化，人必须早已对世界作为世界有所意识；而对境域之非课题的熟悉的界定恰恰在于：世界尚未作为世界显露出来。

若人的意志态度并不能决定世界自隐蔽状态的显现对他是否仍保持隐蔽，那么由此就会得出一个海德格尔式的结论：上述选择必定基于世界本身的隐蔽状态，隐蔽状态本身包含着对它本身的隐蔽。它隐蔽自身而使显现成为可能，故此在正常情况下，在显现中进行的世界显现本身也保持为潜在的。本真生存之所以可能，乃因为隐蔽状态本身就允许自己作为这种显现的来源向度而为人所注意。

然而，这并不意味着，隐蔽状态对于本真地生存的人来说可以变成世界中的一种对象。这样的话，它就将再也无法构成世界之显现的隐蔽来源。因此，隐蔽状态只可用间接的方法即在某些体验中呈现出来。这些体验使人察觉到，因为世界的显现是从隐蔽状态本身中被释放出来的，所以它就并不是人力所能掌握的。如此体验即是情调。

自柏拉图和亚里士多德把"惊奇"称为哲学的本源以来，人们已经认识到，必定有一种情调推动着世界开放状态的提升。[1]惊奇是对于世界存在而"非不存在"这样一个"奇迹"的"惊讶"。诚如传统对后面这个句子所做的补充——世界之光从虚无之黑暗中升起——所表明的那样，人们长久以来便已看到，惊奇的独特之处在于：在此情调中，我们可以觉察到世界从隐蔽状态的黑暗虚无中释放出来的过程。[2]

但是，人如何具体地达到本真生存的世界经验呢？在日常生活里，人的注意力并不放在世界作为世界之上，而是放在他在此世界中必须处理的事件之上。因此，我们的出发点就可以是：经由一种情调而引发的向本真性的过渡是在与这些事件的交道中发生的。也就是说，为了具体描述这种过渡，我们便应该首先去描述人在日常中与他在世界中所遭逢之事物打交道的类型和方式。

日常的生存乃由我们"每天"即人类生活中的任何时候都遇到的那些行为方式构成；而且这些行为方式之所以在"任何时候"都为我们所遇到，是因为它们是不可避免的。所有为了生命保存的缘故而必须发生的东西皆是不可避免的。由于生命保存的必要性，人的行为被赋予特定的目的，这些目的必须借着合适的手段而得到实现。这些手段一方面是合乎目地对人呈现出来的行为可能性，另

---

[1] 与自然态度的决裂预设了作为一种对世界开敞之情调的惊奇，这一点胡塞尔偶尔也是承认的，最清楚的一次是在他1935年的维也纳演讲《欧洲人的危机与哲学》中（《危机》论文即产生自这次演讲），载《胡塞尔全集》第6卷。另参看拙文：《胡塞尔的哲学新导论——生活世界概念》，第89页以下。——原注

[2] 同样的情况亦适合于"畏"这种情调。根据海德格尔在《存在与时间》中的论点，畏促动了朝向本真生存的过渡。不同于传统，海德格尔在其就职讲座《形而上学是什么？》中将哲学之起始回溯到"畏"这种情调。诚如他的后期作品——主要指有关此基本情调的学说的《哲学论稿》——所指出的，海德格尔于此所理解的"畏"却是那样一种情调，它在虚无主义时代中可以说系统地接继了古代欧洲之惊奇。参看海德格尔：《形而上学是什么？》，第110页以下。以此思考，海德格尔向前推进至胡塞尔仍完全没有觉知的领域。关于这一点，参看拙文：《海德格尔的基本情调与时代批判》。——原注

一方面则是人在实现目的时所需的必要事物。而这种类型的行为则通常被称为工具性行为。

与动物不同，人能够选择保存其生命的方法。人拥有这种选择可能性的活动空间，这是其自由之日常始点。活动空间即是指引联系，盖因为当下须实现的目的指向与之合适的手段，而反之手段亦指向其目的。但是，拥有指引联系特征的活动空间就是在现象学意义上的境域，而境域又是借着世界开放性对人类开启出来的。因此，人的基本自由与其世界开放性是无法分离的。

因为工具性行为原初地乃由生命保存的必要性所引发，所以人们可以将作为这种行为之境域的世界称为"生活世界"。迄今在人们使用这个被胡塞尔提升为哲学术语的概念时[1]，一种严重的混淆仍横行着。如若"生活世界"被理解为日常工具行为的指引联系，则这种混淆或许就可以得到澄清了。海德格尔没有使用"生活世界"这个名称，但他却在《存在与时间》中首次对指引联系进行了现象学分析，并将之界定为因缘关系（Bewandtniszusammenhang）。[2]而工具行为所必需的具体手段，则被海氏称为器具（Zeug）。[3]器具所指称的是在生活世界中最受人注意的事件领域。因此我们可以再次探问，我们日常如何与此类事件打交道。

工具性行为的基本特征是它的不安。因为我们总是将注意力放在当下各别的目的上，所以我们并不持留在这种行为的手段那里；我们让自己在器具世界的指引联系中朝向目的不断被指引，因此我

---

[1] 参看拙文：《胡塞尔的哲学新导论——生活世界概念》，第89页以下。有关"生活世界"概念的哲学参考资料的综述，参看拙文：《生活世界》，第599页以下。——原注

[2] 参看海德格尔：《存在与时间》，图宾根，1957年，第18节。——原注

[3] 参看同上书，第15节。——原注

们并不停留在作为具体手段而有助于工具性行为的器具事物之中。正是当器具事物好好尽其职务时，它们便一直不惹人注目，而且并不显现为器具。①当一件事物因为无用或不好使用而干扰我们时，它固然可以引起我们一时的注意，借此我们亦注意到受干扰的因缘关系或生活世界本身。但是，因为一种干扰只是为了被消除才在此存在，所以世界在这种情况中也只是过渡式地被注意到的。②

这种现象证明了关于日常世界之隐蔽状态的基本论断，我们的思考即由此出发。生活世界是在工具性行为里作为指引联系而犹如自明地为我们所熟悉和信赖的，而工具性行为自身则嵌入此指引联系之中。但是，因为我们在行为中可以说是遵循这些指引而活动的，我们自身便持续逗留在这种联系之内，所以，指引之整体的向度（即世界）就不能作为自身显露出来。如若因缘关系因干扰而闪现，那么它也只是在其显现的同时立即就消失掉；原则上，因缘关系作为世界是一直保持隐蔽的。为了让世界作为世界而出现，我们必须不光短暂地——如在一种干扰的情况下——中断被指引运动，而毋宁说，我们必须专心持留在我们的行为手段上。

只要生活世界一直保持潜隐，标志人类行为的世界开放性本身就还不能作为其本身显现出来。而且，因为自由是以世界开放性为前提的，所以这就意味着，连自由本身也仍然保持隐蔽。为了使二者能够变成明确的，便需要上述那种专心持留。而对于这样一种中断何以可能的一个现象学上的证明，就是我们上面已经提及的惊奇情调。

---

① 参看海德格尔：《存在与时间》，第16节。——原注
② 参看同上书。——原注

二

作为对于"世界"这个开放向度从隐蔽状态显露而出的经验，惊奇让世界从其自明性和不惹人注目的性格中凸显出来。但是，诚如我们的德语中说的，这种情调必须在世界中的某个事件上"引燃"（entzünden）自己。而这个事件借此可以说变成焦点，世界将在此焦点中作为世界而闪亮起来。换句话说，它变成"聚焦点"（Fokus），在其中，世界以非对象性的方式聚集而呈显出来。①

晚期海德格尔借助于譬如罐壶或者桥梁等去描述，日常器具事物如何可以被经验为世界作为世界自身的聚集之处。而借此，他就在现象学上将上述思想发展成熟了。②但是，人们从海德格尔处可能得到的印象是：似乎在生活世界的种种事件当中，我们只能够停留在这些日常器具事物之上。③为海德格尔所缺乏的政治世界现象学奠定基础的，根本上是下述论断：我们首先已经意识到了我们自己的行为可能性乃是生命保存的手段。我们在指引联系中首先已经被指引向这些手段。只有借助于它们的间接性，我们才可能也将事物作为手段来掌握。④

---

① 这种图解乃采自阿尔伯特·伯格曼，后者引入了"焦点事物和实践"概念。参看伯格曼：《科技与当代生活的特征》，第4页以下。——原注
② 主要可参看海德格尔的演讲《筑·居·思》和《物》。——原注
③ 把现象学的分析定着于事物之上，这一点也可在胡塞尔处观察到，也是他和海德格尔共同面对真正的政治世界之盲目性的征兆。惊奇致使人停留在事物之上，由此产生的是希腊人科学上的新的世界开放性。胡塞尔和海德格尔现象学的时代批判尽管有种种区别，但有一点是共同的，即他们本质上都是以科学的世界关系及其结果为定向的，而不是以那种几乎和希腊人的科学同时形成的人类面对真正政治世界的开放性为定向的。至于科学之世界开放性到底在何程度上源起于向本真生存的过渡，这一点将不能在本文中得到说明。早期科学的形成乃是由于，人类首次置身于一种与世界作为世界的关系之中。对于这个论题的一种论证，可参看拙著：《赫拉克利特、巴门尼德与哲学和科学的开端——一种现象学的沉思》。——原注
④ 对于工具性行为的间接性所做的更精确的解释，可参看拙文：《人性和政治世界》，载《哲学笔记》，巴黎，1992年。——原注

使在因缘关系内被指引的运动停顿下来，这一点首先意味着：并不借某种行为的现实实行而立刻超越此行为的可能性，而是持留在此种行为的可能性之中。连行为可能性——并且甚至首先是它们——都可能成为焦点，在其中，世界作为世界而闪亮起来，并且从其潜隐之中出现。总是在人们面临为一种特定行为做决定，把行为之可能性共同变成他们所"商议"的一个"事务"（Angelegenheit，希腊文为"pragma"）时，就会发生上面这种情况。"事务"是指在一种被给予的处境中的行为可能性，而"商议"则涉及在此处境中要处理的东西。

商议无疑也可以具有使工具性行为之不安继续存在的特质。只要参与商议的人仅过渡式地持留在被诉诸语言的事务上，这类商议便会出现。比如，向专家咨询即属此类。由于通过专家关于有利于目的之特定手段的可靠资讯，人们便没有必要继续持留在事务上，所以，这类商议总是旨在使自身变得无用。只有当所关涉的事务属于不可能有任何专家可供咨询的类型时，商议才变得不会被中断。在这类事务上，才会无可避免地发生原则上无尽的意见争论。[①]

然而，何时会出现这种没有专家可供咨询的情况呢？当人们必须对行动可能性做出决定，而这些行动可能性的后果又无法被确实地了解时，就会出现此种情况。此类处境中的商议之特性在于，它将众多不同的可能行动列入考量之中。而这样一来，可设想的选择便显现为各种可能性。而且这就意味着：行动的可能性特征将作为本身而出现。恰恰因此，行为的可能性才变成相关的商议持留于其上的"对象"（pragmata）。在此瞬间里，我们便摆脱了工具性行为

---

① 有关意见争论对于政治世界现象学的基本含义，可参看拙文：《意见的歧义性与现代法制国家的实现》，第13页以下。——原注

的不安，冲破了生活世界之潜隐性的禁区。

在这类商议中的意见争论乃受限于对行动之未来结果无法排除的未知性。因此，没有一个参与争论者可以宣称其意见为最后有效的真理。尽管如此，仍然可以设想，人们对处境的判断是恰当的或者较不恰当的。为了做出一个能够使其他参与者亦认可其为恰当的判断，人在形成自己的意见时便必须考虑到，其对处境的判断是有待商榷的。考量到这种有待商榷性的性质，这意思就是：赋予自己的意见以一种形态，通过这种形态，自己的意见有机会对所有可能具有其他意见的他人显现为可被接受的。能够恰当地对行动可能性下判断的人只能是那些人，他们不仅准备好去聆听自己的看法的声音，还准备好在意见争论中面对可能的相反声音去调整自己的声音。[1]

康德首先在他对于反思判断力的分析中清晰地阐明，以上这种准备心态如何能够变成具体的。这种准备心态乃在于，在形成一个判断的同时，也顾虑到其他人的观点。诚如康德所言，借此便可以赢取一个"普遍的观点"。[2]这个普遍的观点容许人去反思自己的判断，检查它是否适合于求得别人的认同。"反思的"判断力正是借此反省而得名的。[3]

意见争论可以变成一种为反思判断力所指导的围绕最切中的意见的竞争。只有这样，工具性行为的不安才能确实地被超越。只要人们依然怀有信念，相信意见争论可借着一种为那些现实存在的或

---

[1] 对于为什么看法是"声音"（Stimme），已在拙文《意见的歧义性与现代法制国家的实现》第13页以下得到了讨论。——原注

[2] 康德：《判断力批判》，《康德全集》科学院版第5卷，第40节，第295页。——原注

[3] 直到汉娜·阿伦特才完全清楚地认识到康德关于反思判断力的学说对于政治哲学的基本意义。参看阿伦特：《判断——有关康德政治哲学的论文集》，慕尼黑/苏黎世，1985年。阿伦特的思想主要被恩斯特·福尔拉特所采用和继续发展丰硕。在众多文章中，特别参看福尔拉特：《政治判断力的重构》；以及《一种政治哲学理论的基础》，第253页以下。——原注

者可设想的专家所保留的真理而告终结，则工具性行为的不安状态就会持续存在下去。只有在完全没有这种预期时，众多可能的行动才能在商议中作为可能性而保持开放。也只有如此，事务才能变成焦点，参与的人群不只过渡式地持留于其上的焦点。

在这些焦点上会引燃涉及"整体"之辩论。但是，这个整体正是世界。这样，世界即从其隐蔽状态中出现，而且是作为提供众多行动可能性的空间向度而出现。这些行动可能性本身进入那个开放的空间中，由此而改变它们迄今的状态。它们失去了自己在生活世界中的潜隐性，而被公开为在意见争论中的共同事务，变成"公共的"。德文词"公共的"（öffentlich）可借助于与"开放的"（offen）一词的语言关系，而令人联想起那种出现，即源自工具性行为之生活世界隐蔽状态的出现。由于其开放向度之光闪亮于公开意见争论的焦点之中，世界便获得了一种全新的性格；它变成公共事务的指引联系，亦即变成了政治世界。[①]

在工具性行为中，我们将生活世界里的事件一律视为达致目的之手段。这便意味着，通过从属安排（Mediatisierung），连目的也还是"可超越的"，它们在因缘关系中被指引向作为它们本身的"缘故"（Worumwillen）的其他目的。然而，所有指引环节可以说都勾连于一个不可超越的缘故，即勾连于当下行动者的生存上。在行动者的所有行动可能性中，对他来说重要的终究是他自身的可能存在。在工具性行为中，总是已经有这个"自身"在起作用了。但因为可

---

① 这个世界之所以超越生活世界，原因在于，它的性格是借着它使众多行为可能性变得清楚而明确；而在工具性行为中，众多行为可能性本身却保持隐蔽。对于由此所确定的在"生活世界"和"政治世界"之间的严格区分，我在哈贝马斯的《交往行为理论》中不能发现，特别参看该书第2卷《论功能主义理性之批判》，美因河畔法兰克福，1985年，第182页以下。这一点在我看来是一个标志，表明连哈贝马斯也未看清政治的特有本质和特殊权力，致使他在这方面与胡塞尔和海德格尔的区别，比他自己所想象的还要小。——原注

能性特征保持为潜在的，所以这个自身并不会作为其本身明确地表现出来。

根据海德格尔的解释，"本真性"乃这样一种生存方式，于其中，我之可能存在的独特的"本己"（Eigene），即我的"向来我属的"自身将对我来说变成明确的。而这种情况之所以会发生，乃是由于向着那个不再能被超越的缘故超越工具性行为的一切指引关联。[1]所有在因缘关系里出现的缘故的这种不可超越性乃是日常生存之不安状态的条件。正因为我在本真生存中"达到"我的不可超越的自身，所以，我能够专心持留在作为手段而被安置的行动可能性和事物那里。[2]

作为公共意见争论中的事务，行动可能性不仅让我的向来本己的可能存在凸显出来，而且与此不可分离地，也使他人的向来本己的可能存在凸显出来；因为在反思判断力的最佳运用的争逐中，我必须根据其他人的声音来调整我自己的声音。这种声音调整之所以必要，原因在于他人的声音始终可能是反对声音。因为他人可以不同眼光面对作为可能性的可能行为，也就是说，因为他人是自由的，所以他们就有能力对处境做出与我不同的判断。

通过可争论的公共商议，行动可能性首次作为可能性表现出来。由此，所有人的自由也就必然地在其行为可能性之选择中作为本身发挥效用。于是，当生活世界打开为政治世界时，不但世界开放性有所提升，而且所有人之自由也展现出来。因此，政治世界的开放的、自由的向度之所以能具体开展，乃因人们统合为一个社群。而

---

① 参看海德格尔：《存在与时间》，第18节，第84页。——原注
② 对这个论题的解释，参看拙文：《意向性和生存之充实》，载盖特曼、厄斯特莱希编：《人格与意义经验》，达姆施塔特，1993年。——原注

这个社群的唯一首要目的就是让所有人的自由能够显现，或使他们的行动可能性之明确的可能存在成为可能。

<h1 style="text-align:center">三</h1>

我们思考的出发点是，世界开放性之本真模式的转变必须通过一种情调来促动。在这种情调中，隐蔽状态将显露出来，而由此隐蔽状态，世界将会被释放显现出来。然而，如此一种体验是否也出现在有关自生活世界产生出政治世界的经验中呢？惊奇乃一种开显世界的情调之传统典型；惊奇燃起于某一事物之上，而该事物则失去仅仅作为消失在工具行为中的手段之功能。由于事物仿佛作为出自隐蔽状态的礼物，并且由此"犹如崭新般"对惊奇者显现，所以它们便让注意力集中于其自身。故此，惊奇有两种面貌：它唤醒了一种对于事物的强盛好奇心，而且这是一种对事物的主动朝向。但这种朝向同时是被克制自持所渗透的，换句话说，它是被一种面对无法通达的、致使世界显现出来的隐蔽状态而产生的畏怯（Scheu）所渗透的。然而，在政治世界的经验里，是否也有一种由畏怯伴随的朝向活动呢？

被反思判断力所承载的意见争论，旨在让他人作为他人而说话。而这里所谓"他人"，是指可各依其自由而下不同判断的人。若别人的意见无关紧要，则人们从一开始就无须争论。这需要对于他人自由的尊重。在政治世界的经验领域里，这种尊重即相应于借畏怯的惊奇而引发的对事物的好奇心。现在的问题是：这种尊重是否也一样奠基在畏怯之上？政治世界的兴起是否也揭示了某些特点，而基于这些特点，我们可以谈论这个世界自隐蔽状态而来的一种无法支配的显现？畏怯是否在此亦奠定了对于他人之自由的尊重呢？

上述问题的答案只能通过对那种行使反思判断力之竞争的更深入观察而得；经由这种竞争，行动的可能性才能变成公共事务。由于顾虑到意见分歧，人们有必要对其本身的判断进行反思，而意见分歧的出现是因为我们原则上对于未来并不确定。这种不确定性早已在当下出现，而且是由于我们在任何处境中皆有可能为无法预期的新事物所惊愕。新的事物赋予个别处境特殊的性格。为处境特别之处所惊愕，这意思是说：还未具有任何普遍的规则，据之吾人能就处境的特殊性来判断之。因为个别事件，即处境，是先于规则而被给予的，所以规则还必须被另外发现。根据康德，这正是反思判断力不同于规定性判断力即归属性判断力的效力。①

早已在处境中恭候的惊愕是不可预期的。因此，人们必须在每一与决定相关的商议中做好准备：总是一再有新的"机会"会提供给行动，因此也就总有其他行动是"适时的"或者是"不适时的"。对一个特定的决定来说，有一个"时机成熟"的时刻，但人们也可能"错失"它。意识到特定的决定有适时与否之"瞬间"（Augenblick），这种意识乃是日常时间经验的基本组件，而古希腊人则以"契机"（kairos）这个概念来表达之。

意见争论所涉及的是一个处境是否或在哪一方面可被衡量为可能的契机。由此便决定了，我们在此处境中到底能够如何行动。但始终还有一个问题，即我们在此处境中到底应该如何行动。凡有意提出可让别人采信的建议的人，皆必须以与他人共享的前提为基点。即使他欲倡议崭新的行动方式，他亦需要一个能与他人互相理解的基础。但他之所以能够奠立这个互相理解的基础，只是因为他诉诸

---

① 参看康德：《判断力批判》，序言，第179页。——原注

某些可被合理假设为所有人皆自明接纳的前提。

　　被特地表述为论题的信念自始便不可被期待能胜此任，盖因信念作为论题即可以变成意见争论的对象。但与此相区别，我们也还有另一种信念，这种信念以习惯之形式或者习常的行为规范之形式积习而成。这类吾人活于其中的信念之全体关系，即构成了所有公共的共同生活之基础，而古希腊人则称之为"伦理"（ethos）。

　　关于最合宜之判断的竞争在参与者中是以一种伦理的共同性为前提的。这并不意味着，伦理已预先决定了我们的所有行动。伦理只是预先规划，我们应该在哪些规范的境域中行动。而鉴于契机中的惊愕，我们总是必须重新决定，我们能够如何行动。于是，由于政治世界源自意见争论，故此它便占取了一个处于伦理与契机之间动摇不定的居间位置。

　　于崭新与平常、惊愕与习惯之间悬浮摆动乃人类生存的时间性之特性。我们在所有当前的行为中既继承过去，又眺望未来。[①]未来的不确定性透露在每一契机之令人惊愕的新事物之中，它乃奠基于我们在现实的当前无法确定地了解的行为的未来结果之上；这种结果必须首先在当前成为现实，才能显示出明确确定的性格。于是，未来的当前乃处于吾人认识可及之范围以外，并在此意义上是"不可追补的"。新事物从未来走向我们，我们却不能预先掌握未来。如此一来，契机即从未来的不可追补性而得到解释。

　　伦理也以类似的方式关联于过去：假若构成伦理的伦常（Sitte）[②]

[①]　这两个方面是"未来性"（Zukünftigkeit）和"曾在性"（Gewesenheit）。在《存在与时间》第65、68节中，海德格尔称此二者为时间性的"绽出"（Ekstasen）。——原注

[②]　伦理是那些长久以来已为人通熟的习惯的整体关系，我们称这类习惯为"伦常"。作为被体验的规范，伦常将借着相互关系而变得有约束力，而一个社会中对生活方式的认同或责难就是借这种相互关系而被表达出来的。在这样一种认同的相互作用中，伦理扮演着习惯的规范次序。因此，伦常道德（Sittlichkeit）的基本规则是所谓的"黄金规则"，它规定个人去自发要求自己做到那些他亦期待别人做到的同样之事。——原注

乃是在过去某一时点经由某一有意识的决定而被引进的，则它们便只是对可借论题表达而因此早已不再自明的信念的习性化而已；而在意见争论中，它们亦不会作为人们亲活其中的互相理解之前提来被加以使用。因此，伦理从中兴起的那个当前也是不可追补地处于我们的认识所及范围以外；为接受一种伦理而做之"第一决定"根本不发生在一个可以注明日期的历史"时点"，它最多只有一个神秘的"曾经"（Es war einmal）。规范性的常态（normative Normalität）[①]并不是从一个可在真实记忆中被当前化的过去而获取它的有效性的。

这里，我们便可以根据政治世界的经验而证明一个曾经最为启发海德格尔思想的推测，即人的此在通过其时间性而为有限的生存。[②]于此，"有限性"这个概念不可据其传统形而上学之含义来了解；也就是说，它不是一种无限性的否定。而毋宁说，它的意思是指："世界"这个开放性向度的开展乃抽离于人的能力，而归因于隐蔽状态。"有限性"意味着，正因隐蔽状态限制了行动的可能性，所以隐蔽状态才使世界及其行动可能性成为可能。

我们在伦理和契机中所遭受的限制是，它们在时间上的来源对于我们的知识而言乃保持为隐蔽和不可追补，并且因此亦抽离于我们的支配能力之范围。然而这种抽离却不是损失，反而在一种时间

---

① 作为习惯，伦常变成了"第二自然"。参看黑格尔：《法哲学原理》"伦常道德"一章，霍夫麦斯特版，第151节，第147页。——原注

② 在《存在与时间》中，海德格尔已依循"朝向死亡之存在"的本真性说明了如此被理解的时间性（参看《存在与时间》，第329页以下）。但是，在决定中承担自己的死亡却只是种种可能的有限性经验中的一种；此外它恰恰是这样一种经验，根据这种经验，也许最难在现象学上阐明：有限性乃本真之世界开放性的可能性条件。对诠释者而言，面对死亡之"英雄式的"准备心态的明显的唯我论特性，必定让死亡作为神秘的东西向诠释者显现出来，恰如一种本真的共在应当由此出发得到说明。因此，在本文下面的思考中，我们将把能够创始之自由置于中心点上。而在此自由中，生存的可能存在并不被经验为能够死亡，而是被经验为诞生之"重演"（Wieder-holung），被经验为诞生性（Gebürtlichkeit）。——原注

的双重恩惠形态中包含着政治世界兴起的条件：时间既让对某项行动适合的机会来临①，又无须我们的任何作为，单纯通过胡塞尔所谓"习性化之被动性"，让行为方式"沉降为"伦理的共同习惯，由此使这种行为的共同性成为可能。如此一来，政治世界之显现乃基于一种出自隐蔽状态的双重释放，并且就此意义而言拥有有限性的性格。

　　面对有限性，克制自持乃是合适的态度，这一点我们可以在畏怯情调中觉察到。但是，畏怯是否也奠基了对他人之自由的尊重，这个问题还是悬而未决的。只有当我们在辩论中须要质问，一种处境是否为一个契机，也就是说，它是否为一个机会，吾人可以借此开始或者在着重字义下"创始"（anfangen）某个新事物来回应在契机中所呈现出来的崭新之物时，才可能完全清晰地显示出：所有参与意见争论者都是自由的。这种本真地被经验的自由乃是能够创始（Anfangenkönnen）的自由。②他人在政治世界中之所以能够以本真方式作为他人与我照面，是因为他们能够以不同方式创始。因此，通

① 尽管亚里士多德已经在《尼各马可伦理学》中（1104a9, 1110a13）指出了契机对于行为的意义，但传统政治哲学几乎没有注意到作为"机会"的契机。最大的例外是马基雅维利，他对时间之机会、命运和处境（occasione, fortuna und qualita de'tempi）做了目光敏锐的论说。参看拙文：《马基雅维利的公民睿智——关于哲学向现代性转变中的范例变化》，载李莉编：《古代人和现代人》，印第安纳，1996年。——原注

② "决心"（Entschlossenheit），人能够借以在政治上将之作成一个开端的"决心"，是透过一种觉醒情调而成为可能的。在觉醒情调中，人把向来本己的可能之在经验为诞生性。在诞生中，人从一种允诺生命的隐蔽状态中感受到自己，亦即感受到他的向世界开放的可能之在。而且更甚者，在创发的再生中也即在新的起始中，人能够更新这种出自隐蔽状态的无法支配的出现。生活世界中的世界之潜隐源初地借着诞生的高昂情调而不是通过畏而被超越。因此，《存在与时间》对"决心"的现象学分析仍嫌不足。诞生性对于政治世界的意义为汉娜·阿伦特所揭示（对此特别参看阿伦特：《论行动的生命》，慕尼黑，1960年，第167页，第242—243页，以及别处），甚至对作为能够创始的自由的解释也要归功于她的现象学明见（对此主要参看同上书，第164页以下）。关于这些在此只能稍做提示的联系，可参看拙文：《海德格尔的基本情调与时代批判》，第50页以下。根据"能够创始"的现象学意义，胡塞尔的革新之伦理的激情便能以全新的方式得到辩护。对此可参看拙文：《意向性和生存之充实》。——原注

过一种畏怯经验就可以唤醒对他人自由的尊重；这种畏怯之所畏在于：契机，即能够创始的向度，是从其时间渊源的隐蔽状态而来得到允诺的。[①]然而，为了使创始的众多的分歧可能性能够在意见争论中形诸语言，就需要伦理的共同性；但这种共同性也只有在对时间渊源的不可支配性质的畏怯中才能被觉察。

四

在刚刚过去的一个世纪里，人类得以通过负面的形式检验了上面论及的种种联系。在现代民主时代里，对自由的尊重以"人权"的名义被宣布为政治世界的原则。因为政治世界自意见争论而兴，所以，言论自由权即是最基本的人权。[②]然而，现在似乎正是这种权利在要求，所有事情均须接受公开论战，甚至连伦理亦然。若一切皆有待商议，那么，这似乎也必定适合于那个使对常轨具有保障作用的规范发挥效力的"第一决定"（Erstentscheidung）。但正是这种期待使伦理必然地失去了它的约束力，因为伦理之所以获得这种约束力，恰恰是由于它无须特别通过"第一决定"而"得以生效"——伦理只能在已生效用的状况下被发现。因此，伦理在特意进行的"规范论证"中被安置而供人使用，所必须付出的代价便是：它已经不可能成为伦理了。

---

① 对在政治上的在世存在的本真性中的他人自由的尊重植根于对他人之诞生性的畏怯。然而，这种情调根本上是对一般世界升起之被给予过程的畏怯，而世界升起之被给予过程乃是出于自身隐蔽着的隐蔽状态的人之"此-在"之中。为了反对一个广为流传的、主要以伊曼努尔·列维纳斯为依据的意图（也即要在他人之本真经验中为现象学哲学寻找一个内在的开端），我将和胡塞尔与海德格尔一起，为坚持把本真的世界经验当作这种内在的开端而辩护。——原注

② 这个论题已经在拙文《意见的歧义性与现代法制国家的实现》中得到了讨论。——原注

由于伦理失去了约束力，政治共同生活的共同性即失去了根基。看起来，似乎人们只能通过一个立意使失去的伦理再次生效的"决定"来回应这种无根基状态。这就产生出一种极权主义式的诱惑，引领人们去规定一个社会的伦理。但这种行径背后却隐藏着人们的僭越企图，妄想去承担隐蔽状态本身保障世界的作用，并且因此摆脱生存的有限性。

在对契机的经验中亦形成一种类似的扭曲。为了决定眼前是否对"能够创始"是一个合适的机会，人们必须在一个处境中"正确"估计行为的未来后果。基于未来的不确定性，对这种正确性而言则只有一个唯一的标准，即基于他人可能的判断观点，来调整自己对于行动后果的判断。然而，如若我和其他人再也没有共同的伦理，则我就无法理解他人的判断观点。若伦理失去了它的约束力，那么反思判断力就只有在黑暗中摸索了。

在这种情形下，人们似乎可以就判断之正确性替判断力订立一个可靠的也即与根据他人声音进行的意见调整无关的标准，便可让判断力从它的无助困境中解放出来。所有政治判断之所以原则上是不可靠的，乃缘于未来的不确定性。因此，通过排除政治世界中那些始终不同的处境的惊愕因素，人们便相信能够发现他们以为可靠的标准。为此就需要假定：我们可以预期一个安全的未来，而这个未来则为任何政治行为预先确定了目的。所以，人们即妄想能够将不可支配的未来之事网罗在人类的认识和支配所及的范围之中。

以这种方法，反思判断力似乎便可以让位给一种归属性政治判断力了：由于历史的目的早已为人认识，所以对一切可设想的处境的特点下判断时所需的普遍规则亦同时已经为人熟识。这种普遍规则在极权主义的"纲领"中被描述出来。人们只需在企图掌握一切的政治管理的官僚制度中将此纲领运用到个别事件上即可。依循此法，所谓政治"计划"（Planung）便可再次采纳那种从生活世界而来已为人知的工具性商议的特征，而在工具性商议中自有专家献计。当然，对此类计划的相信由于对当下处境的明显盲目而自证为谎言，上述种类的政治专家们每天都暴露出这样一种盲目。"社会主义"国家政治"体系"的崩溃便是这种盲目所导致的后果。

对伦理的人为修复与意在取代契机的纲领性计划，这二者的共同点乃在于对有限性的反抗。随着畏怯感的丧失，对自由的尊重亦会消失，就像极权主义政体所显示的那样。胡塞尔和海德格尔分别以遗忘生活世界和遗忘存在的时代诊治，已经让我们注意到一点：对有限性的否定在欧洲是有一段长久的历史的。极权主义的危害并非从天而降。但对这一点的深究许是另一课题了。

（罗丽君、吴俊业　译）

第三章　世代生成的时间经验

一

在我们这个世纪里，人们试图研究我们是如何原始地经验时间的，由此便把关于时间的古老问题重新列入了研究议程。尤其是现象学的早期代表，如胡塞尔或者海德格尔，都曾经研究过这个问题。我们这里想重新接过这一问题。按照本文的观点，只有从原始的时间经验出发，一种关于时间的哲学理论才可能获得具有说服力的认识。我这里讲的原始的时间经验，是指那种经验，人们只有通过它才能注意到"时间"的存在；而且，这种经验因此也有可能促使人们去构成关于"时间"的概念。

到底是什么首先推动我们人注意到这个被我们称为"时间"的东西呢？显然，与时间相遇，是用不着某种非同寻常的体验或者事件的。对于时间的意识乃是我们"日常"生活的组成部分。时间意识与"日常"生活的关系是如此紧密，以至于在德语中（在其他语言中也一样），我们干脆就用一个已经表达出某种时间经验的概念，即"日常的"（alltäglich）这个概念，来指称平常的生活。自从海德格尔在《存在与时间》中对日常生存与本真生存做了区别之后，"日常性"和"日常世界"成了哲学中的流行概念。尽管如此，人们至今仍很少注意到，"日常的"这个词的构成已经是某种时间经验的积淀了。

　　"日常地"，亦即每一天，在前一夜的睡眠之后，生命重又苏醒过来。[①]平常生活的方式就是夜以继日、日以继夜的周期性。这种周期性不只是一个偶然的事实而已。它是一种必然性，而且这是因为我们人是生命体。我们"日复一日地"过生活，因为我们每日都有新的经验；我们每日都重新经验到，某些需要必须得到满足，如若没有满足这些需要，我们就无法活下去。在这个意义上，我们的生命是与"日子"（Tag）绑在一起的。生命必须"日常地"得到实施。古希腊早期诗歌经常把人刻画为ephemeros，即把人刻画为这样一个东西，他把自己的生命交给了"日子"——后者用希腊文来说就是"hemera"。希腊文"ephemer"一词的原本意思并不是指人"蜉蝣命短"，而是指人生经受日复一日的变化。人每日都觉察到自己是一个"日子动物"（Tagwesen），这在我看来就是关于时间的原始经验。正是首先通过希腊人所谓"度日"（ephemer）的时间经验，也就是说，由于我们注意到日常性乃是我们的生活形式，我们才得知有时间存在。

　　但是，我们不仅在日常状态中经验到生命的常新的苏醒，或者说，我们生命的周期形式。日复一日的生活是作为个体的人面对生命保存的必然性的方式。而这种必然性也体现在保存人类这个种类的生命的任务中。因为老一代人终将死去，所以，总是要有新一代人诞生和成长起来。人类的种类，即genera，必须周期性地更新，也即必须"世代再生"（re-generieren）。在这个意义上，人类的生命就是以"世代生成的"（generativ）[②]方式实现的。

---

① 在此上下文中，我们以中文的"生命"与"生活"两个词来翻译德文的同一个词"Leben"。——校注

② 此处"世代生成的"似也可以译为"传宗接代的"。——译注

　　"世代生成的"这个概念既表示，生命保存是通过个体和种类的"世代再生"过程实现的；同时，它也表示，在种类中通过周期性而实现的生命保存采取的是"代代相继"的形式。因此，除"日常性"之外，我们对自己的生命状态的经验的第二种基本形式就是"世代生成性"（Generativität）。以这种词语用法，我采纳的是一个在后期胡塞尔那里起重要作用的概念。①关于世代生成性的意识也是一种对时间的原始经验。我们不得不注意到时间的存在，因为我们生活在同龄人、老年人和青年人中间；也就是说，我们显然属于前后相继的世代序列中的某一代人。

　　通过生命力的不断消耗和不断周期性再生，我们的生命保存得以实现。黑夜的降临打断我们白昼的日常生活，就已经是生命力再生的开始。夜间的沉睡使我们的生命得以更新，因为它缓解了生命保存的压力。而这种缓解是与遗忘维系在一起的。在正常情况下，我们把沉睡与黑暗相提并论，这是因为遗忘与黑暗有着内在的联系。古希腊语中的动词"lanthanomai"就表明了这种联系。我们经常用"遗忘"来翻译这个动词，但它的真正意思却是：某个东西向我隐蔽自身。显现之物在其中隐蔽自身的那个东西就是夜晚的黑暗。个人"度日"生活的每天的再生，是在黑暗的隐蔽状态中和沉睡的遗忘中实现的。

　　因为无论是在"度日"的时间经验中，还是在"世代生成"的时间经验中，都呈现出周期性的再生的必然性，所以，这两种时间经验之间就存在着对应性。我们在许多文化中都可以看到这一点。个人的沉睡从世代生成角度看就是死亡，每个人作为某一代人中的

---

① 　关于此点，可参看拙文：《家乡世界、陌生世界和这一个世界》，第313页以下，第320页以下。——原注

成员都得遭遇死亡。所以，在欧洲，从古希腊文学开始，死亡与沉睡就一直被看作两兄弟。这个类比延续到"日子"与"生命"的内在联系和结构上。生命旺盛，如日中天；垂暮之年，如夕阳西下。从世代生成角度来看，衰老是一个过程，对此过程的经验是与对新一代的成长过程的经验不可分的；类似地，到晚上，人们精疲力竭，个体生命力的再生为新的一天积蓄了力量。疲劳与恢复的这种相对运动是与世代生成的时间经验的另一个基本特征联系在一起的：我们经验我们生命的时间，就如同白天走向黑夜一样——未来的储备不断减少，过去的积存与日俱增。

然而，我们要小心，切不可因为度日的时间经验与世代生成的时间经验之间的明显类似性而忽视了二者的差别。尽管度日的时间经验使人首先注意到时间，但同时，这种经验也使人受日子所束缚，从而使人无法看到那种时间，即那种包括个人生命的整体，此外也包括众多个人生命的相继序列的整体的时间。只有当人把他的生存和他人的生存置于当时那个世代之中时，上述人生的整体性才能被注意到。

只有当人的生命整体处在世代生成的序列之中时，人才能在严格意义上有所"叙述"。当然，人们能够在相互间讨论他们为满足日常需要而从事的各种事情，并且也不懈地去做这类事情，但他们并不真的会把此类讨论材料当作某种通过流传而保存下来、为后人所记忆的东西。此类材料会付诸遗忘。值得记忆的各种故事以及历史[1]，首先是在某种对日常生活的间距化过程中形成的；也就是说，它们是在摆脱了日常生命保存的压力的自由时间中形成的。在欧洲传统中，

---

[1] 此处"各种故事"（Geschichten）和"历史"（Geschichte）用的是同一个词，前者是复数，后者为单数。——校注

这种自由时间被称为"闲情逸致"。这个为闲情逸致以及亚里士多德所谓"善的生活"而备下的自由空间，原始地是通过世代生成的时间经验而开启出来的。

人能够叙述历史，因为人天生就有逻各斯（logos），天生就有语言。逻各斯原本是指比例关系。所以，这个词也出现在希腊数学中。对"逻各斯"的最好翻译是"辩解"（Rechenschaft），因为这个译名可以让人听出逻各斯与计算（Rechnen）和数学的联系。[1]我们的生活的周期和世代的周期是可以计数的，并且可以用这种方式得到计算。在各种文化中，有文字记载的历史都始于母系家谱、记年史或者编年史之类，这或许不是偶然的。无论是按世系延续叙事，还是按政府的历年更迭叙事，无论是按皇帝们统治的周期叙事，还是按什么其他方式叙事，历史叙事首先都是与可计数的周期性重复形式密切相关的。[2]

同计数相关的辩解性与语言性之间的内在统一性乃是逻各斯的特性。这种统一性关涉世代生成的时间经验的一种特有歧义性：一方面，在这种时间经验中，恰如在度日的时间经验中，生命保存的周期性形式得以显露出来；而另一方面，这种世代生成的时间经验之所以可能，恰恰是因为人能够冲破生命必然性的周期性重复的禁锢，获得一种关于那些事件的意识，这些事件由于其新鲜和独特的性质而脱离周期性重复的循环，并且因此要求通过叙事将其在记忆中保存下来。我们在世代生成中所经历的时间，恰恰就处于相同之

---

[1] 此处"辩解"意指：说明、解释某种行为的理由，以及对完成任务、履行职责的情况的报告。在德文中，"辩解"（Rechenschaft）与"计算"（Rechnen）有着字面上的联系；而在中文中，则无法显明此联系。——校注

[2] 关于逻各斯与数字的联系，可参看拙文：《作为数字的时间》，载罗斯编：《时间经验与人格性》，美因河畔法兰克福，1992年。——原注

物的循环轮回与线性叙事时间（Erzählzeit）之间的边界处。

　　由于上述这种系统性的关键作用，胡塞尔合理地指出，世代生成性在迄今为止的哲学中未能受到足够的重视，它理应受到更多的关注。海德格尔在《存在与时间》中谈到狄尔泰时，让人们注意到了"世代"概念的重要性[1]；但令人惊奇的是，他几乎没有探讨过世代生成性现象。在我看来，这与海德格尔对逻各斯的理解有关。[2]海氏完全无视逻各斯中所包含的数学计算的含义，明确地表示不同意把"逻各斯"翻译成"辩解"。[3]在海德格尔《存在与时间》的时间分析中，我们上面刚刚提到的恢复与疲劳、未来的减少与过去的增加之间的互补关系，也是同样没有受到重视的，尽管奥古斯丁、谢林和舍勒等思想家早已看到了这个现象对于原始的时间经验的重要意义。伽达默尔在1969年的一篇献给海德格尔的文章中，已经指出了上述这些关系，尽管他在文中并没有提到"世代生成性"这个概念。[4]

二

　　上面是关于世代生成的时间经验的一般性说明。下面我准备更为准确地考察一下世代生成的时间经验，而且从一个乍看起来十分平淡无奇的事实开始：世代生成的时间经验本质上总是与人们的共同生活密切相关的。只有在我们构成团体的地方（不管我们在这个

---

① 参看海德格尔：《存在与时间》，图宾根，1957年，第384—385页。——原注
② 特别在其后期思想中，海德格尔建议把希腊文"logos"译解为"聚集"（Versammlung）。——校注
③ 参看海德格尔：《根据律》，第181页。在这一点上，图根哈特的批评是有道理的。参看图根哈特：《胡塞尔与海德格尔的真理概念》，第368页注。对此也可参看拙文：《海德格尔与现象学原则》，第130页以下。——原注
④ 参看伽达默尔：《论空洞的和充实的时间》，载伽达默尔：《短论集》第3卷，图宾根，1972年，第221页以下。——原注

团体中是以同一代人为主，还是分属于不同世代），我们才能遇到世代生成性。不过，在一般情况下，度日的时间经验也是与一种关于团体的生活经验联系着的。因此，如果我们把与度日的时间经验和世代生成的时间经验相应的团体生活经验做一种相互对照，我们就能更清楚地看到这两种时间经验之间的差别。

当人们共同来实现他们日常的生命保存时，就产生了对共同工作进行计划的必要性。为了准备和生产满足需要的手段，这种计划是必不可少的。这种计划恰恰需要参与者的差异性。在其《政治学》的开头处，亚里士多德正是由此得出一个结论：在保存生命的劳动中不可避免地会出现一种落差，即两类人之间的一种差距：一些人由于具有计划性理智（即dianoia）方面的优势而经常负责发号施令，这类人就是despotes[①]；而另一些人则听命于前者，是duloi，是从事奴隶般劳动的奴仆。[②]在《精神现象学》的一个著名章节中，黑格尔把这种关系称为主—奴关系。在这里，德文的"主人"（Herr）一词还可以让人听出希腊文"despotes"的一点余音。希腊文"despotes"一词经过德文的转化成了"专制君主、独裁者"（Despot），但其原义指的是古代社会里大家庭的主人。这个主人凭其专制的命令权力把生命保存和维持的重负转交给了奴隶，而奴隶出于保存自身生命的利益而服从主人的命令。

所以，主人和奴隶的这种角色分配表示着那种共同体的特征，这种共同体的形成源于人们在度日的生命保存过程中的合作。这种主奴共同体以命令和服从关系为基础，所以它原则上是不平等者之间的一个共同体。与此完全不同的那种共同体之所以产生，是因为

---

① 希腊文，在家发令者，即主人。——译注
② 参看亚里士多德：《政治学》，1252a30以下。——原注

人们为了世代生成的生命保存之故而共同行动。这种共同体就是传统的婚姻。我这里讲的婚姻是指一种持久的关系，由男人和女人构成，他们在生儿育女中成为父母，即儿女的生产者和教育者。对后代的操心隐含着世代生成的时间经验。尽管在古代欧洲，只有男人才具有参与政治生活的权利（就此而言，男人拥有一种相对于女人的优势地位），但从世代生成、人类生命更新的角度来看，男人和女人却是平等的，因为在这个过程中，显然双方是同样必不可少的。

男人与女人在与世代生成的时间经验有关的婚姻关系中是平等的，而在与度日的时间经验相关的主—奴关系中却是不平等的。这二者之间形成了鲜明的对照。亚里士多德在《政治学》中第一个关注了这一点，而且也使用了"度日"这个概念，而迄今为止的阐释者们很少注意到这一点。[①]这种对立是亚里士多德在其《政治学》一书的具有奠基性意义的导论部分中提出来的。在那里，为了说明城邦的本质，亚里士多德从家（oikos）的本质出发，也就是从家庭生活空间的本质出发，来说明城邦的本质特性的形成过程。以这个发生性的推导过程，亚里士多德想说的意思是：家是政治共同体之所以可能出现和存在的前提条件，而且不需要进一步对此加以推导说明。对亚里士多德来说，这就意味着，在这两种人类共同的生活方式中必定存在着某种本质性的共性和某种本质性的差异。

这个本质性的差异表现在：城邦是这样一个人类共同体，在其中，人们依据相应的法律相互承认，承认每个人都具有自由平等的权利。也就是说，城邦是一个由公民（politai）组成的共同体。"政治"（politische）这个词的原始意义就是依据法律而建立起来的具

---

① 参看亚里士多德：《政治学》，1252b16。——原注

有平等地位的公民们的共同生活。如果掌权者不尊重公民的自由权利，而对其他民众采取这样一种态度，即一种在结构上与度日的生命保存中的主—奴关系完全一致的态度，那么，在"政治"一词的原始意义上的共同生活就失败了。因此，自亚里士多德以来，这种遭到破坏的共同体都被称为"独裁的、专制的"（despotisch）。由此可见，家与完美城邦之间的本质差异就在于：在共同体公民之间占支配地位的是平等，而相反地，在家庭成员之间占支配地位的则是不平等——最起码，在家里的共同生活是由度日的生命保存任务以及与此相应的专制关系来决定的；就此而言，情况就是如此。所以，只有当家里的共同生活者处于相互平等的地位上时，我们才可能找到家与城邦之间的一致性。但从本质发生的角度来看，这种平等首先存在于男人与女人之间的婚姻共同体中。

亚里士多德认为，民主制城邦的平等在家庭内部显示为夫妻的平等地位。亚氏这里所讲的男女平等似乎是迄今为止的女权主义哲学一直没有注意到的。当然，不可否认，由于他的其他一些著作，亚里士多德成了我们的哲学传统中贬低妇女地位的思想的先驱之一。但更为重要的是，凡是在讨论世代生成上必不可少的不同性别的人的共同生活的地方，亚里士多德都是毫不含糊地主张男女平等的。[1]根据他的这一立场，我们就可以说明，为什么亚里士多德在

---

① 认为在亚里士多德看来男人与女人是平等的，这种平等在亚氏那里甚至是政治平等的一个本质性基础，这个断言也许是令人吃惊的。但是，这个论点的可靠性不仅基于我们在本文中所引证的，而且也基于以下事实：在《尼各马可伦理学》中（1160b32以下），在对好的也即非专制的宪法与家庭里的朋友关系进行类比时，亚里士多德把男人与女人之间友好的"善意的"关系与平等关系相提并论；后面这种平等关系在一种金权政治（Timokratie）中（它本身由于与政治［Politie］的相似性，或者说与在此受到良好评判的民主制的相似性，而受到了积极的评价，参看1160b17以下）存在于拥有权力的贵族中间：正如贵族们在城邦的统治方面是相互平等的，男人与女人在家庭事务上也有平等的支配权。——原注

《政治学》一开始对城邦的本质做出解释时，就引人注目地加入了一段针对所谓"野蛮人"的激烈争辩。在这里，所谓"野蛮人"，亚里士多德将其理解为其他文化的成员，也就是那些人，他们落后于人的本质特性，即人的逻各斯天赋。通过占有逻各斯，人们才得以在某个政治共同体中共同生活；在亚里士多德看来，人是政治的动物（zoon politikon）[1]，因为人是具有逻各斯的动物（zoon logon echon）。[2]在希腊人对"野蛮人"这个概念的日常用法中，包含着对来自其他文化的人民的贬低，这是古希腊人的历史局限性。撇开这一点不谈，亚里士多德在此实际上是主张：男人不愿承认女人的平等地位，而是专制地对待她们，这种情况充分表明了"野蛮人"的无能，即"野蛮人"没有能力完全实现人的存在，不能在平等中共同生活。

亚里士多德为政治哲学所揭示的公民自由平等，乃是近代人权传统的来源。尽管在理论上还存在着分歧[3]，但在政治实践上，人权是有一个明确的冲击方向的；当人们以"人权"的名义指责不良状况时，这个冲击方向就显而易见了：它的抗议活动总是针对专制压迫的，这就是说，它是以人与人之间的平等关系为前提的。而这种平等关系基本上是可以在婚姻关系中经验到的，因为夫妻双方对世代生成的生命保存的平等参与就表现了这种关系。

在世代生成意义上被理解的婚姻关系，本身是在生育后代和对后代的教育中完成的。因此，婚姻关系就扩展为家庭；并且在与其他家庭成员的关系中以及在家庭成员之间，重又出现了婚姻平等问题，因为孩子们是潜在的父母。这一点也已经为亚士里多德所认

---

① 或译为"城邦式的动物"。——校注

② 参看亚里士多德：《政治学》，1252b5以下。——原注

③ 对此可参看拙文：《意见的歧义性与现代法制国家的实现》。——原注

识。[1]但由于把女人排除在政治生活之外，亚里士多德就把自己的考察工作仅仅局限于兄弟之间的关系。不过，凭借他所理解的兄弟关系的观念，亚里士多德成了后来那种发展的先驱之一，通过这种发展，fraternite[2]得以成为以人权为标志的法国大革命的主导性比喻之一。

由于夫妻和子女与世代生成的时间经验有着不可分割的联系，所以，为了更深入地考察这种时间经验，我们就需要对父母之间以及父母与孩子之间的关系做一种更仔细的分析。在上面，我们已经划清了夫妻关系与主—奴不平等关系的界限，使得夫妻关系的特征更加明确了。造成主—奴不平等关系的劳动具有工具性特征：通过劳动产出的一切，说到底都是达到个人生命保存之目的的工具。由于度日的生命保存与世代生成的生命保存的类似性，我们也就有可能把生儿育女解释为一种劳动，对子女也做一种工具性考察。

一般地，后一代人可能被父母和前一代人看作自己的老年生命保存的保险手段。于是，除度日的生命保存的共时分工之外，似乎也出现了一种历时的分工，即世代生成性的分工。众所周知，在近代之前的社会中，这种与后代的关系导致了人们对多子多孙的追求。而在现代社会中，儿童出生率降低，是因为个人的老年生活保障完全社会化了，是通过德国人所谓的"世代契约"（Generationenvertrag）来进行的。

尽管这两种老年保障方式（无论是对多子多孙的追求，还是世代契约）之间存在着各种差别，但二者在一个重要方面却是一致的：母亲的贡献（怀孕、生产、幼儿教育）都表现为一种效力于共同度

---

[1]　参看亚里士多德：《尼各马可伦理学》，1161a25以下。——原注
[2]　原义为"兄弟关系"，通常译为"博爱"。——译注

日的世代生命保存的劳动。妇女对于后代的世代生成方面的操心因此就成为生命保存的一个扩展了的种类，即通过日常不断重复的、为满足需要服务的奴役般劳动而达到的生命保存的一个种类。因为男人也必定对共同度日的世代生命保存有兴趣，而从生物学角度看，男人是不可能承担上面指出的母亲的贡献的，所以，妇女在世代生成方面的"成绩"就获得了一种工具性的作用，即专制关系中的奴仆为主人的劳动所具有的那种作用。为主人的度日生命保存而效力的奴仆，正如亚里士多德所言，就是一个活的工具。[1]妇女对后代的在世代生成方面的操心成为奴役劳动，并且由此失去了那个原本为她们与男人的平等地位奠定基础的特征。这一点恰恰就是上面提到的亚里士多德针对"野蛮人"的批评的真正根源。[2]

这种容易让人感到显而易见的生育的工具化，以及相应的妇女在婚姻关系中所处的奴役地位，其根源就在于抹杀了度日的时间经验与世代生成的时间经验的差别。照此看来，只有当婚姻关系提供出一种可能性，让人确凿无疑地经验到世代生成的生命保存与度日的生命保存之间的根本差别，在这个条件下，妇女的平等地位才可能得到实现。所以，问题就在于：在婚姻关系中存在着这样一种可能性吗？关于世代生成的生命保存，夫妻有可能取得一种真正的经验，也就是一种没有被工具化歪曲掉的经验吗？如若人类生命的世代更新没有明确地与日常的更新区别开来，那么，世代生成的时间经验从一开始就不可能作为本身得到展开。但是，真正地在世代生

---

[1] 参看亚里士多德：《政治学》，1253b32-33。——原注

[2] 在《巴黎手稿》中，青年马克思也曾把生儿育女解释为生产劳动，因而恰恰也犯下了亚里士多德所揭露的野蛮人的过错。可见，备受赞赏的青年马克思的人道主义自始就没有走得多远。只要我们今天已经习惯于把生儿育女称为人种的"生产"，则我们自己的人性看起来也就好不了多少。——原注

成意义上体验时间，或者说，在与度日的时间经验相区别的意义上体验时间，这到底是什么意思呢？

在世代生成意义上经验我自己的生命，这意思就是说，超出对个别日子的注视，远眺我的生命整体（作为生死之间的成长和衰老），后者作为整体归属于可以在历史意义上叙述的世代序列。但是，要想对人生整体开放自己，人就需要有一种泰然豁达的态度（Gelassenheit）。谁如果不能把自己的衰老至死亡的生命过程置于世代序列之中，他就无能于获得一种世代生成的时间经验，不可能真正超越度日的时间经验。真正的世代生成的时间经验要求个人做出某种赞同，他得同意，他只不过是世代链条中的一个过渡环节而已；更明确地说，他得为自己的衰老和死亡做好准备，以便为新来的一代腾出地方。

当然，我这个说法是容易引起误解的，因为它听起来好像是说，一种真正的世代生成的时间经验就在于一种听天由命，即人应当完全听命于一般生物的不断生成和消逝的自然规律。在非人的自然界，生物的特性就在于它为后代的生活做准备、腾地方，因为每个物种的延续都是在代代相继的个体的生成和消亡中实现的。[1]倘若人们对个体进行还原，认为它就是人类这个物种的一个几乎不可替换的标本，那或许是对人的一种毫无根据的自然主义式的贬低了。个人的尊严在于，他比上面讲的这种标本"更多"。自古希腊以来，哲学传统就把这个"更多"理解为人所赋有的逻各斯。这本身就是对人在政治上的自由平等的规定的论证。在这里，自由意味着自我规定，或者用康德的话来说，就是"自决"（Spontaneität）；也就是说，自

---

[1] 参看黑格尔:《精神现象学》，第137页以下。——原注

由的要义在于，个人能够在一种突出的意义上"创始"（anfangen），也即能够自发地开始做某种新的东西。

对自由的发挥基本上受到劳动方式的阻碍，在共同生活的专制关系中，这种劳动就是由奴隶完成的劳动。这样一种劳动表现为那些总是重复的事务的永远循环，而这些事务在生命保存的前提下是满足日常需要所必需的。生命保存的永远循环也包含着老一代人的不断衰老和新一代人的不断成长。因为妇女对世代生成性的贡献属于这种循环，所以这种贡献就可能表现为一种奴役劳动。正如阿伦特曾指出的那样，在其原初的具体含义中，"自由"就是拥有能力去打断毫无新意的奴役劳动的永远循环。自由首先意味着，能够开始做某种新东西，用一个词来讲，即"创始能力"（Anfangenkönnen）。[①]当康德谈到"自决"时，他已经以自己的方式看到了这种创始能力现象，而且在这里，"自我规定"这个概念也有了它的现象基础。只是由于人在一种突出意义上能够创始，这样一些有价值的东西才可能通过叙事而得以保存，不至于被遗忘。

如果面对自己的世代生成性的消失，人应该采取一种泰然豁达的态度，那么，就只有当这种态度并没有与人的创始能力相冲突，也就是说，只有当它不能被理解为对生命的永远循环的自然主义式的听天由命时，它才可能导致一种真正的经验，这种经验将突破通过专制方式组织起来的度日的生命保存的禁区。因此，问题就在于：人如何能够把这一点与他的自由、他的创始能力统一起来？人如何能够赞同他自己的衰老和死亡，即为新一代提供位置的衰老和死亡？

---

① 参看阿伦特：《论行动的生命》，斯图加特，1960年，第88页以下，第164页以下，第242—243页。——原注

使人的语言解说和公民政治参与成为可能的自由，与可以通过计算把握的人这种生物的生存周期性，二者并不是相互排斥的，这一点已经在"逻各斯"这个概念中表达出来了。但问题在于：这二者是以何种方式内在地联系在一起的？在没有以自然主义的方式贬低人的尊严的情况下，世代生成的时间是如何可能的？

三

现在我们应当来解答这个问题了。在此我想以海德格尔《存在与时间》中的时间观为出发点，因为尽管海氏既没有正确地对待世代生成性，也没有正确地对待与此相联系的逻各斯，但他的时间分析仍然包含着一种重要的认识，为说明世代生成的时间经验开辟了道路。那就是人对本己的死亡的准备。只有通过这种准备，人才能达到一种时间经验、一种超越日常状态的时间经验。这种对本己死亡的准备是与一种关于生命整体的情绪性经验联系在一起的。在《存在与时间》中，死亡意味着一种随时存在着的可能性，即一切生存可能性都成为不可能的可能性。这种可能性是在"畏"这种情绪中呈现出来的。在畏中，人觉悟到，处于生死之间的人生整体是一种唯一的可能存在。照海德格尔看来，只有当人准备好接受畏，并且为他的必死性做准备，他才可能不掺假地经验到自己的生存的时间性。这样一来，日常的生存便转变为本真的生存。

本真状态的生存样式和其中可能出现的时间经验是以畏之准备为基础的。根据《存在与时间》，只有通过一种彻底的孤独化，这种畏之准备才成为可能的。具体的个人把死亡作为唯一属于自己的东西接收下来，任何人都不可能代而行之。从术语上讲，"本真性"这个概念就是返回到向来为我"自己"所有的东西之中。①虽然这种返回也使人能够以新的方式把握与他人共同生活的生存可能性，但根本上，在这种对本己之物的专心中，以及对日常时间经验的超越中，他人是不起作用的。对于这一点，人们已经多有批评，但这种批评经常流于表面。在我看来，海德格尔在此领域中的分析工作之所以不够深入，首先是因为他没有弄清楚应当如何理解生存整体性。

尽管海德格尔也谈到从生到死的生命整体，但正如我们已经提到的那样，他没有深入探讨下面这一点，即这个整体是以世代生成的方式展开出来的，也就是说，是在对本己的衰老与新一代的成长之间的互补性的经验中展开出来的。海德格尔或许会把这种经验看作非本真的也即日常性的生存。但实际上，我们必须把生命整体的世代生成的时间经验与度日的日常状态——后者标志着日常的生存——的时间经验严格区分开来。我们已经注意到了主—奴关系的不平等与夫妻关系的平等之间的基本差异，二者分属于不同种类的共同体。在这种基本差异中又酝酿着民主制的政治平等。如果我们注意到这一点，则上述两种时间经验之间的区分也就特别清楚了。但海德格尔在哲学上对此类问题根本不感兴趣。

只有当我们从世代生成的时间经验出发来加以理解，认识到这种时间经验不同于度日的时间经验，能够为人开启生命的整体性，海德格尔所提出的对日常状态的超越才能够得到具体的把握。个人有可能鉴于自己的生命的世代生成意义上的整体性，通过与异性组成夫妻关系并且生儿育女，有意识地为新一代人让位。但是，如果他心里只怀着上面提到的两个动机，或是出于老年保险的动机，或

---

① 参看海德格尔:《存在与时间》，第42页。——原注

是出于自然主义的听天由命，那么，他就无法超越日常状态的禁区，也即度日的时间经验的禁区。

如果仅仅是因为看到，世代生成的生命保存自然地与老一代人的死亡联系在一起，因此才顺从我自己的生命的过渡性，那就还不是真正自愿地接受本己的死亡，而这说到底还只是受自然必然性的强制而表现出来的顺从。这样一种顺从与自发地创始的自由是不可同日而语的。据此看来，世代生成的时间经验与日常状态的鲜明区别就是有前提的。其前提在于：一方面是能够创始，并且做好准备以世代生成的方式去接受死亡；另一方面，这种创始能力和准备并不是相互分离的，而倒是要作为统一性来被经验的——这就是"逻各斯"概念已经暗示出来的那种统一性。

因为一种仅仅认识到自然必然性的顺从是不够的，所以要紧的是，对世代生成性的死亡的肯定（Ja-sagen）超出了一种纯粹以理智方式进行的肯定。它必须是一种发自整个心情（Gemüt）的肯定；也就是说，它不仅是思想性的，而是首先由情绪和感情驱动而做出的、对为下一代让位的行为的肯定。用海德格尔的话来说，这样一种肯定是由整个"处身状态"（Befindlichkeit）来承载的。无疑存在着这样的可能性，即为了另一个人的生存，某人以这种方式同意失去自己的生存。有人出于爱情牺牲自己的生命，此类现象就是这方面的证据了。

但是，在一般情况下，这样一种牺牲或奉献针对的是业已存在的他人，也即其生命与我的生命共存的他人。我出于爱为他人奉献出生命，他人的生存得以保存下来。生存意味着可能存在，这就是说，它是行动以及一再重新开始的可能性的持存。不过，在这种或者那种行动中，一切创始能力的前提却是：一般可能存在的开端亦即作为一种新生存的涌现的诞生，已经发生了。在其原初的开端状态中，创始能力就是诞生；只有在诞生中，这种创始能力才仿佛从零点开始发生。[①]

然而，诞生并不是那个被生来的人的一种能力；而不如说，诞生被归结于父母的能力。父母通过生育和培养让一个孩子的生命得以创始，这样，他们就能够把一个可以说纯粹的开端设立起来。这里讲的"让……创始"，如果其意思是指一种出于爱而进行的对自己的生命可能性的奉献，为的是孩子的生命可能性，那么，它就超出了老年保障，也超越了对自然必然性的服从和认识。当然，孩子作为这样一种爱的"接受者"在生育那一刻尚未生存，诞生的生存开端还是即将发生的事。所以，这种没有接受者的爱到底是如何可能的，似乎就成了一个谜团。

但事实上，父母之爱的接受者是同时存在的，那就是处于相互联系中的夫妻双方。对未来的孩子的爱起于夫妻双方相互间的性爱，因为前者被经验为父母相互间的爱的扩大、延伸或者证明。柏拉图是注意到这一现象的第一人，他在《会饮篇》里指出，性爱包含着"美之生育"（Zeugen im Schönen）。[②]不过，柏拉图马上把这种生育解释成不朽化，解释成对超时间之物的分有，从而又把这一现象掩盖起来。如果说父母在孩子身上继续生存，那么，这不是对永恒的分有，而恰是他们对本己的世代生成式的死亡性的自愿确认。

这样，我们在第二部分提出来的关于一种未经歪曲的世代生成的时间经验的问题，就已经得到了解答。我们的答案就是：这种时间经验是以对某个人——他的生存开端尚在准备中——的爱这种特

---

① 参看阿伦特：《论行动的生命》。——原注
② 参看柏拉图：《会饮篇》，206c以下。——原注

殊现象为基础的。这种爱实行的是奥古斯丁所改写的"我愿故我在"（volo ut sis）的字面意义。在以这种爱为形态的对下一代的肯定中，一种创造性的、起于本己的创始能力的生命更新，就从那种受日常需要的压力影响的继续生活中生长出来。这种肯定包含着对我这一代人的死亡以及我自己的死亡的同意。作为这样一种对死亡的接受，它就是本真状态的一个具体形态，是对日常状态的超越。

但这样一来，与海德格尔关于本真状态的看法不同，死亡就没有被赋予一种对于人之生存的别具一格的意义。[①]这是因为，与《存在与时间》中的描述相反[②]，死亡并不能保证对生存整体性的经验。人之生命的时间整体性，只有通过一种关于把这个整体性嵌入世代进程中的过程的原初经验，才能为人所理解。但这种原初经验是使后代的一种全新的创始能力成为可能的过程、一个充满爱意的诞生过程。在这里，本真状态的激情并不是由死亡来规定的，而是由生命来规定的；生命在后代的全新的创始能力中的更新受到父母的肯定，父母为这种生命的缘故而领受自己衰老的生命。在这里，本真状态并非源于对本己死亡的孤独接受，而是源于夫妻性爱的共同的创造性行为，这种创造性行为预先开放出一种全新的创始能力。关于这一点，马塞尔已有过指示性的说明。[③]

作为贯通整个生命时间的整体，每一种人类生存都归属于历史进程。[④]由于海德格尔抓住死亡不放，本真状态与生存的历史性之间

① 对此可参看拙文：《海德格尔的基本情调与时代批判》，第50页以下。——原注
② 参看海德格尔：《存在与时间》，第62节，第305页以下；并参看第46—48节，第235页以下，第266、301页。——原注
③ 参看马塞尔：《希望哲学》，慕尼黑，1957年；其中，"家庭的奥秘"，第77页以下，以及"作为父亲身份之本质的创造性责职"，第143页以下。——原注
④ 参看海德格尔：《存在与时间》，第374—375页。——原注

的联系在《存在与时间》中还是不清楚的。因此，海德格尔未能使"世代"概念变成一个卓有成效的概念，虽然正如我们上面提到的，他也注意到了这个概念。只有通过生命的诞生性的传递，生存才能以本真的方式向那种使历史成为可能的世代生成性开放自己。此外，由此也才能充分地开启出世代生成现象在人类学上的关键地位，而后者已经为胡塞尔所洞察了。

四

最后我想来做一种历史性的思考，它关系到我们的社会中真正的世代生成性时间经验的未来可能性。为此我想来谈谈现代之前的家庭的两个方面，正如它们在亚里士多德那表现出来的那样：在现代之前的家庭结构中，度日性的劳动与世代生成的生命更新在组织上是合于一体的。① 在近代之前的欧洲，整个人类社会就是建立在这样一个日常性与世代生成性的统一体基础上的；在今天的许多非欧洲文化中，仍然有这种情况。但从政治上看，作为生命保存的两种基本共同体的融合，即专制的主—奴关系与非专制的婚姻关系的融合，前现代的欧洲家庭以及非欧洲的传统家庭却是矛盾的。

只要家庭共同生活具有专制的生命保存的特征，并且在此意义上是"野蛮的"，那么，从中就不可能形成对一种政治上的平等自由的共同体形式的准备。日常生命保存的必要性转变为家庭主人的

---

① 家，即古代家庭的生活领域，亚里士多德在说明城邦的本质起源时就是以此为依据的。家不是绝对基本的；也就是说，家并不是按其特性来看不能进一步分解的共同体形式，而是两种共同生活方式的融合：度日的主奴基本共同体和世代生成的婚姻基本共同体。就此而言，这两种共同生活方式是"基本的"（此处所谓"基本"，依亚里士多德在《形而上学》1014b26以下的界定，就是按其特性来看不可分的东西）。——原注

专制统治。这种统治首先表现在妻子的奴隶式地位中，有时甚至也表现在儿子们的奴隶式地位中。[1]但它也可能扩大为某个主人对奴隶的统治，这个主人不仅在家里对家庭实行专制统治，而且也对一个或大或小的王国实行专制统治。因此，就像亚里士多德在《政治学》开头所说明的那样[2]，每一个受这样一种专制统治的王国根本上无非是家的一个"分蘖"（ap-oikia）；也就是说，它是把专制式家庭扩大化了。这就意味着：每一个以此种家庭为基础的文化，尽管也采取了社会共同生活的方式，但从总体上看，却都是具有专制本质的。

欧洲文化之所以能够发现政治维度、共同体的公民性质的维度，仅仅是因为在这种文化中至少出现了那种可能性的萌芽，即这样一种可能性：人们不是从其度日的和专制的方面出发来经验家庭共同生活，而是从夫妻平等以及相应地兄弟姐妹平等的角度去经验家庭共同生活的。只要家庭实际上被理解为不平等者的共同体，那就不可能出现一种名副其实的政治的公民共同生活，亦即一个由自由平等的人们组成的共同体。但在家庭中也有过这样的可能性：为了在一个自由的政治世界中的"善的生活"而超越日常的、由不平等决定的生活。这种可能性已经包含在真正的世代生成性的时间经验中了。从世界历史角度看，如果我们根据亚里士多德的说明来看，关于这种家庭（作为一种公民平等的文化的准备形态）的经验在古希腊人那里首次发挥了作用。

只有在充满奉献精神的爱中，世代生成性的时间经验对度日的时间经验的超越才是可能的。只要人们没有看到这一点，那么，上面描述的由希腊人开启出来的家庭理解就还不能真正发挥作用。为

---

[1]　参看亚里士多德：《形而上学》，1160b27-28。——原注
[2]　参看亚里士多德：《政治学》，1252b18以下。——原注

了弄清楚这一点，就需要从创始能力即自由出发对性爱做一种解释。在前现代的欧洲没有出现这样一种解释，因为在这个时代里，人们是基于一种在此角度上看自然主义的亚里士多德主义的立场，完全从通过繁殖的生命保存的角度——用托马斯主义的话讲，即人类的繁衍（propagatio generis humani）——来思考婚姻的。只是在主体性原则在现代思想中得到了贯彻时，一种对婚姻和家庭的不同理解才变得可能了。

真正说来，性爱往往被情人们经验为某种他们掌握不了的东西，也就是某种极其强大的东西，以希腊人的说法，是某种"神性的东西"。因此，性爱超出了一种仅仅依赖于情侣们的主观自由的实行活动。尽管如此，性爱也还可以被解释为某种主体性的东西，因为正是自由承担责任的主体让自己的内心产生出爱的感情。由此而来，在历史上才有可能从创始能力的自由出发重新去规定以爱为基础的婚姻。现代思想完全是以这种创始能力的自由为标志的，这种自由在康德那里被解释为主体的自决。

根据主体性原则的统治地位，在近代婚姻中渐渐形成了两个主体之间的一种自由地基于爱情来选择的结合。这样一来，家庭也获得了一种完全不同的面貌。在《法哲学原理》中，黑格尔做了一种直到今天仍有思考价值的尝试，他试图把现代关于作为主体爱情共同体的婚姻规定与古代欧洲关于家庭繁殖共同体的婚姻规定协调起来。①当然，与后期海德格尔一样，黑格尔也不是现代民主制度的支持者。因此，在他对家庭的周密重构中，黑格尔忽略了亚里士多德的考察．即在夫妻和孩子们的平等中，原初地酝酿着政治上的自由

① 参看黑格尔:《法哲学原理》，第155页以下（第158—181节），特别是第158、163、170、173节。——原注

平等。

主体性原则的统治地位同时也促使人们对在亚里士多德那里刚刚发端的关于人的规定——人是逻各斯的动物——做一种说明。唯到近代，作为政治动物的人的自由才完全清晰地显露出来，也就是当人权，构成现代民主制度之基础的人权，在美国和法国被宣告出来的时候。但是，把人解放出来，使之获得人的自由，这个过程无论在内容上还是在历史上都深深地植根于父母之爱，即预先把孩子的新的创始能力开放出来的父母之爱；进一步讲，就是植根于老一代人为提供有利于下一代人的这种创始能力的生命条件而具有的操心中。自由不是现成摆在那儿的东西，而是通过父母的世代生成意义上的慷慨奉献而"诞生"的。在卢梭《社会契约论》开头的纲领性表述——人"生而自由"——中，仍可以让人听出我们这里讲的这种联系。

但在主体性原则中自始就存在着一种发展可能性。随着这种发展，近代远离了它的意义本源，乃至全然遗忘了这个本源——这是胡塞尔和海德格尔以不同方式描写过的事情。因为人在世代序列中的生命时间的整体构成那种对于后代的家庭操心的时间境域，所以合乎逻辑地，我们欧洲的传统——但其他前现代的文化亦然——把以生育后代为目标的男女关系理解为一种原则上终生的结合，即婚姻。此类以主体性原则为标志的发展过程之一就是：在今天，以主体性的爱情自由为名，人们开始打破生儿育女与世代生成性的婚姻生活共同体之间的牢固纽带；而且反过来，把与生命的世代更新毫无意义关联的固定性爱关系视为与婚姻具有同等地位的事情。

诚然，对终生婚姻的彻底抛弃在北美和欧洲也是新鲜事物，刚刚开始成为一种在社会上蔓延开来的行为。但要说这只不过是一种瞬息即逝的时尚，那或许是一种错觉了。事关一种发展过程，而就主体性原则的一种无限制的统治来说，这种发展是顺理成章的，而且它完全可能导致如下后果，即终有一天，西方社会的大多数人将不可能获得真正的世代性经验。生儿育女或许将仅仅被视为性爱关系的创造或效应的多种可能形式中的一种可能性；对哲学来说，其后果就是：我们将缺乏一个经验基础，将根本不能理解我们在此所阐发的这样一些有关家庭的思想的实质。

上述前景并不对立于如下要求，即每个人都得进入婚姻生活并且在婚姻范围内生儿育女。为后代服务，是有各种各样的可能性的；而为后代服务，也就是以一种符合自身生存的方式参与自启蒙时代以来享有"人类教育"之美名的伟大工程。以我们这里所做的思考，我们并不是要端出什么"伦理要求"，而不如说，我们只是想以一种现象学的方式唤起一种原初的经验。为教育年轻人所做的全部贡献，作为关于后代人对前代人的依赖关系的经验，指向这种原初的、植根于肉身的经验形态；它们乃是这种原始的性爱效应的变化形式。无论对年轻一代的教育的具体贡献有多大，只要人们彻底遗忘了有一种关于世代生成性的原初经验，那么，这种贡献的意义就还是悬而未决的。

根据本文开头的思考，世代诞生意义上的创造性地生成的爱情乃是人类"创造"（creare）的原初形式，任何"创造性活动"从意义角度看都得归结于这种原初形式；因为只有在一种爱情（也包括肉体上的生育后代）中，我们才能经验到人之本质的完整统一性，即自由的创始能力与人对于世代序列的肉身自然上的归属关系的统一。不无可能的是，人们再也看不到上述事实，类似于色盲总是对颜色无动于衷。以生育为基础的世代序列对历史具有奠基作用，这一点使得世代序列对于历史性国家来说变得至关重要。也许有一天，对于世代生成的创造活动的原初优先性与它对历史可能性的意义之间的内在联系，有关婚姻和其他性爱伙伴关系的立法，我们将会视而不见，不再予以理会。

　　一方面，为了彻底更新对后代的家庭式的爱的观念，西方人或许必须破除摧毁婚姻的主体性原则的魔力。但另一方面，从世界历史上看，唯有这种原则才使人权的发扬光大成为可能。人权乃是一种普遍的民主的世界伦理的不可扬弃的成分；若没有这种世界伦理，今日全部人类文化的共生繁荣就注定会在一种充满野蛮斗争的世界文明中终结。在没有主体性原则的情况下，我们是不是也可以设想人权和对后代的家庭之爱呢？东亚和伊斯兰社会具有强烈的家庭观念，也许他们比西方人更有可能保存世代生成的时间经验的基础？但是，反过来讲，也许这样一种对家庭观念的保持是有代价的，这就是：人们只是在表面上应用民主制度的自由平等的共同体形式，而没有能够基于对人权的信念内在地居有这种形式。借助于亚里士多德的想法，我们难道不是可以提出这样一个问题吗？

　　无论情形如何，在此问题背景中值得注意的是：东亚和伊斯兰许多对西方持批评态度的人指出，我们上面提到的发展成了年轻一代的包袱。他们有理由认为，我们西方社会固然庄严地宣告了人权，但只有少数人想得到，在对后代的家庭式操心与人权要求的可信性之间可能存在着一种内在的联系。西方人对意义本源的遗忘也包含着下面这一点：他们没有意识到，迄今为止以家庭为基础的对下一代的爱和关怀构成了人权的有效性的真正意义基础。

　　问题是：如果这种酝酿着关于政治平等的经验的家庭伦理继续萎缩下去，那么，对于一种原初的世代生成的时间经验来说还留下何种机会呢？在西方，而且也许在世界范围内（由于受整个人类的"西方化过程"的影响），我们不是面对着这样一个时代，在其中，人类生活的全部关系越来越在一种支配一切的日常状态的层面被平均化了？是否存在着一条出路，让我们摆脱以主体性原则为标志的度日的时间经验的那种咄咄逼人的普遍统治地位呢？

（靳希平　译，孙周兴　校）

第四章　多文化和民主的伦理

人类在历史地成长起来的共同世界中一起生活。人们往往把这种共同世界称为文化。地球上所有文化的成长越来越紧密相连，人类的统一性正在不可阻挡地变成一种历史现实性。作为随之出现的世界政治共识的基础，人权这种民主制度的规范原则已为联合国的所有成员国——至少在口头上——所承认。无疑，这种承认有其佯谬的反面：在第二次世界大战之后的数十年里，人们习惯于把原本只与个人有关的自决人权转嫁到整个民族上面，目的是以此方式保障民族的文化"认同"或文化"同一性"。而这就给某些好战国家的代言人以某种可能性，使他们有机会以保卫文化认同为理由，为他们在国内迫害基本人权的伎俩辩护。

显而易见，所有这些为了达到在国内蔑视人权的目的而在国际讨论中标榜人权的人，势必因此陷入一种矛盾之中。但在这里，却令人痛心地表现出那些让人注意到此类矛盾的知识分子的无能。哲学家们提出这些矛盾，并且引证论据，以论证人权的有效性。然而，无论这些论据如何可信，却无一可以阻止某个统治者以民族自决权为名义，去剥夺自己国家的国民的人权。相信哲学拥有效力，去保证人权规范在人类共同生活中得到遵循，这或许是一种幻想了。不过，仍存在着一种力量——而且只有一种力量——拥有这样一种效力，那就是自古传承下来的习惯。这些传统习惯是如此深入地根植于某种文化中，并且是如此不言自喻，以至于即使是一个强大的统治者，若不遵循这些习惯，也会危及自己的地位。

如若竟有一种类似于担保之类的东西，保证一个国家的统治者不能持续地触犯人权，那就只有通过这样一种情况，即在有关文化中，对所有人的自由的尊重已经成了一种不必讨论即为有效的习惯。这是因为，凡在讨论中能够成为辩论对象、成为课题的东西，也就可能受到人们的支配。因此，对自由的真正尊重取决于以下事实，即存在着相应的行为模式，它们是在前对象性的和前课题性的意义上作为不言自明的东西而为人所熟悉的。这就是"好的伦常"，也就是人们在一个社会中历来给予褒扬并且认为值得仿效的行为方式。希腊人把一个文化中此类伦常的整体称为"伦理"（ethos）。[①]一个社会的伦理是由其中的个人的某些固定态度来承担的，因为对个人来说，此类态度已经成了不容置疑的习惯，并且因此通常就决定着个人的行为。只有这样一些根深蒂固的习惯性的态度才能够——如果毕竟要有的话——给出一种担保，保证人类的自由在一种文化之中受到尊重。

因为文化的伦理作为前对象性的不言自明的东西对人来说是熟悉而可信的，所以，这种伦理就能为他们的行为提供一个家园（Heimat）。并非偶然地，在希腊人的前哲学的语言中，"ethos"这个词指称的是生物长久的居留地、居所。同样并非偶然的是拉丁文和德文中的下述语言联系：拉丁文中表示我们上面讲的承担某种伦理的"行为态度"的词语是"习性"（habitus），它是从动词"habere"派生出来的。但从这个动词而来，也还有另一个变化形

---

① 参看拙文：《本真生存与政治世界》。——原注

式"habitare"，意思是"居住"。"习惯"构成伦理和习性的基本特性，而在"习惯"（Gewohnheit）这个德文词语里也含有"居住"（wohnen）一词的词干。对人而言，一种文化的伦理是他们在行为处事时共同居住的家园。

如今，有大量哲学家相信，基于习惯而保存下来的规范——它们构成了不同文化的当下伦理，比如法兰克福学派的代言人哈贝马斯称之为"传统道德"——可以而且必须持续地为道德规范的有效性所取代，而后者应该超越所有文化而对人类整体具有约束力，我们这个时代的哲学的主要任务就是论证一种由此类道德规范构成的普遍的"后传统的"世界道德。但对于这一点，必须注意的是，这样一种规范论证根本无助于说明以下事实，即人类行为能够在固定习惯中扎根安家。如果哲学仅仅把规范论证视为自己的主要任务，那么，它说到底就只会助长今日人类与日俱增的无家可归状态（Heimatlosigkeit）。

在世界历史上，一种以保障对自由的尊重为己任的伦理是公元前5世纪在希腊人那里首次出现的。这就是在希腊人那里——而不是在别的任何地方——形成的民主的伦理。今天在某些国家中，人们标榜民族自决权而不断损害人权；这些国家的领袖们现在就遭逢了一个对他们有利的处境。在西方世界中，许多哲学家将民主的自由伦理（Freiheitsethos）相对化，其原因在于他们相信可以借此增进精神沟通和理解。他们所依据的主要论证是，自由伦理与所有其他伦理一样，也只不过是某种特定文化的习惯而已——在此是指从欧洲发端的、主要经过美国而张扬开来的西方文化。因此，要求不属于西方文化的民族接受这种伦理，是与民族的自决权相抵触的。

上述论证自始就是最明显不过的了，因为民主的自由伦理起源于欧洲文化，这是不容置疑的。遵循康德路线的哲学家们会以为，只要有"发生"与"有效性"二者之间的区分，就足以驳斥上述论证了。他们解释说，虽然民主制度对个人的尊重具有一种与特定文化相联系的历史发生过程，但这种尊重的有效性或者普遍约束力却并不取决于这种发生过程。我们在此不拟讨论这个论证，而只指出一点：这个论证同样也是无效的，正如同我们开始时提到的那个提示，后者指出了在那些引用人权规范为迫害人权辩护的政治统治者的态度中存在的矛盾。对某个规范之效力的论证性辩护在任何社会中都不会使这种规范自我实现。事关宏旨的只是不依赖任何论证而存在的规范，也就是一种作为自明习惯的相应伦理。但这种习惯却基于一种历史性的发生。

作为民主基础的人权规范乃是自明的前对象性习惯，对这样一种规范的实践将使民主变成各民族人民的家园。若要达到这一步，则哲学就获得了一项比任何对规范有效性的基础论证更为重要的课题：哲学必须表明，一种民主伦理作为习惯、作为行动中的人的居所，在全世界范围内都是可能的。然而，因为与那些为规范论证的理论家所达到的普遍道德不同，每一种伦理皆植根于一种特定文化的世界之中，所以，哲学此外还必须表明，一种将在世界范围内变成习惯的民主伦理不能仅仅与欧洲—西方文化传统相符，而且也能够历史性地与其他文化的伦理相联结。

或许只有这样一种伦理才不会损害各民族的自决权，因为它也能与其他文化的传统习惯相符合。因此，与规范论证者们的普遍道德不同，它也不至于带来剥夺全世界人类之文化家园的危险。下面我们要表明的是，这样一种在世界范围内可接受的民主伦理在历史上是可能的。但在此之前还得追问一下，这种在欧洲文化中形成的伦理究竟是否值得为所有文化所接受。在今天，主要在东亚和伊斯兰地区，有许多西方世界的批评者指控民主的自由风气，说它是一种主体性个人主义的根源，后者最终导致了任何一种伦理的失落以及上面刚刚指出的无家可归状态。

我们必须严肃对待这种批判。首先它涉及一种对民主制度来说根本性的基本人权，即言论自由权。基于这种权利，在西方世界，凡事都能够经过公开争论的考验，伦理亦然。如果像今天所发生的那样，凡事都可以在民主讨论中成为课题和辩论对象，那么，这一点也必须适合于作为良好伦常而存在的行为规范。但是，恰恰随着这种课题化和对象化，伦理势必会丧失它的约束力；因为伦理之所以拥有约束力，正是因为它非课题地、前对象性地在习性上为某个人类共同体所依赖。

这种发展带有某种悲剧性：在近代欧洲，民主伦理首次得到完全应有的重视，因为言论自由清楚地被承认为民主自由的基本要素；而恰恰这样一来，这种伦理持续地为那种使言论自由成为可能的争论所损害。这种发展最清楚的征兆是那种在今日发达工业社会中占上风的预期：人们期望所有迄今仍被视为良好的习惯都注定迟早会受人支配。我们的自由将发展为摆脱良好习惯的解放权。这在历史上是可能的（在这一点上，东方地区的西方批评者是对的），因为近代欧洲已经把人对世界的态度建立在主体性原则上，也即建立在自由的发挥上了。[①]

在美国和法国的启蒙时代，这个主体性原则的政治表达就是人权宣言。其间，因为人们感觉到，由于伦理约束力的丧失，人们失

---

① 此处可参看拙文：《民主伦理及其未来——一个现象学的沉思》，载《交互文化的伦理——什么是我们今天和未来可以掌握的？》，维尔茨堡，1998年。——原注

去了他们行为的家园，所以，面对那种向主体性的越来越自由的发挥前进的启蒙激情，一种深刻的不安在全世界蔓延开来。作为对这种处境的回应，在20世纪出现了极权主义和原教旨主义的政治体制。它们的基础是这样一个假定：只能通过压制言论自由方能保存或修复伦理。但以此假定，人们却误解了政治争论与民主伦理二者之间不可消解的内在关系，那就是：只有当人们不再自说自话时，争论才会真正作为争论而得到实现。但为避免自说自话，人们却需要某种共同的东西，需要一个具有不可怀疑的自明性而发挥效用的理解基础。而且正是因此，在政治空间中就只能考虑一种伦理的前对象性地存在的行为规则。

也就是说，正是政治争论使得一种民主伦理成为必要的。言论自由的批评者误认了这种关系，即现代世界需要伦理，并非为了避免政治争论，而是为了使政治争论能够作为一种争论而进行。完全可以说，近代主体主义导致了一种持续的伦理衰微，因此损害了民主的内在核心。但这个过程不会因为人们结束了言论自由和争论而停滞不前。

诚然，人们可以问：我们真的需要争论吗？确实，在所有政治行动中，我们实际上都会遭逢这种争论。但是至少作为理想情况，难道不是可以设想有一种和平的、结束了任何此类争论的共同生活吗？就算我们别无他法而只能慢慢接近目标，但我们的政治共同生活难道不应该至少以达到这样一种理想情况为目标吗？自柏拉图以来，哲学家们一直梦想着这样一种理想状态，原因即在于身为学者的他们乃追求着一种能在原则上克服争论的真理中的共同性。连哈贝马斯也立于这个传统中，因为他接受了卡尔-奥托·阿佩尔的思想，认为每一个参与讨论的人，也包括参与政治争论的人，都理想地预设了一种交往和沟通的可能性，而借着这种沟通，所有的人最终能够相互达成一致。

对此我们必须说，对于科学来说，至少对于现代自然科学而言，这样一种完全一致的理想是绝对有意义的。但这种理想恰恰不适合于政治争论的特性。在伦理学的奠基之作《尼各马可伦理学》第6卷中，亚里士多德早已在原则上把运用在政治讨论上的"phronesis"即"明智"与科学的思维方式"episteme"即"知识"区分开来了。两千年之后，康德通过其"反思判断力"（reflektierenden Urteilskraft）概念仔细地阐明了这种区分。康德称反思地使用判断力的人，即意识到他自己如何做判断的人，为一个具有"扩展了的思想方式"的人。当这种人做出一个判断时，他会设身处地为所有其他判断者着想，并且依照其他人的可能判断而反思他自己的意见。只有带着如此模式经过反思而得意见，人们才能成功地参与政治讨论，因为只有这样一种意见才有机会真正在争论中为其他人所考虑。

参照他人的意见来反思自己的意见，我就能意识到自己的判断的主观观点。这种主观观点的产生是由于我在做判断时有着与他人不同的境域。而境域是我们的意见的活动空间。这一点该如何理解呢？现象学创立人胡塞尔解释道：境域规定了我们能够从生活中的某个事件转向其他事件的方向和顺序；这里，我们生活中的事件是指我们当下正在关心的东西：一个人、一件物、一个机构、一种想法等等。换句话说，我们当下正在关注的世上事物会根据其意义而把我们继续指引到何处，这取决于境域。每个境域皆是一种指引联系，当我们想掌握自己之行为的某些可能性时，我们即让自己为此种指引联系所引导。[①]

在此意义上，每个人皆在他所信赖的境域中辨认方向；我们有理由说，每个人都活在他自己的世界中，而且在做判断时他首先依赖于自己的世界。只有反思判断力的扩展了的思想方式才给予我们可能性，使我们得以超越我们自己的境域的界限，并且使我们得以在自己的世界与他人的世界之间来回活动。但这种活动性并不意味着，我们由此可以完全取消与作为我们的判断的出发点的境域的关系。这一点也适合于公共争论所涉及的共同政治世界。从我们当下本己的个别境域出发，我们才能为他人的境域开放自身，而只有通过这个途径，我们方可通达政治世界。

正是这一点使得判断力的反思运用与它在科学中的运用区分开来。在此重要的是赋予判断以一种客观性，以此客观性，境域的个别性和多数性或许可以得到彻底克服。以科学判断的客观说服力，我能够在思想上战胜我的论敌；因此，在这里可以想象出一种理想的交往和沟通，在其中，任何争论或许都可以结束了。反之，在一种民主的讨论中，借助于反思判断力的论证，我却只能促使我的对手聆听我的声音，并且有可能促使他们基于对自己的判断力的反思性运用而接受我的论证。但是，他们能不能做到这一点，却是没有任何保证的。

借着对判断能力的反思性运用，我们虽然仍未从事任何科学，但因此已超越了我们的个别境域。这就意味着，原则上我们已对那个涵括所有个别境域的境域——也就是那种指引联系，在其中，所

---

① 参看拙文：《境域与习惯——胡塞尔关于生活世界的科学》。——原注

有个别的指引联系都互相指引着——开放自己。对于所有境域、所有个别世界来说，这个无所不包的境域是为所有人共同拥有的这一个世界。而尚未科学化的对于这一个共同世界的接受态度的最为突出的形式，就是民主制度中的政治争论。[①]

因为在这种争论中事关宏旨的是对共同行为的决定，所以，我们将通过争论而把这个共同世界经验为一个开放的空间，后者为不同的境域提供场所。在行为处事时，我们即在这些境域中为自己定向。这个空间的开放性表现在，所有有权参与政治争论的人，亦即所有公民，都可以公开发表自己的意见。在争论的公共特性中显示出，民主的政治世界犹如一个开放的空间，因为原则上所有公民都能够在争论中使他们的境域发挥效用。这种联系也在语言上得到了传达，因为在德文中，"公共的"（öffentlich）这个概念是与"开放的"（offen）一词联系在一起的。

公共性格是民主的一个必要特征，因为争论使民主变成一个共同世界，同时由于意见众多而引起争论，而单单透过意见之众多，世界便开启自身为开放的空间。政治世界之所以存在，仅仅是因为它在商讨中通过与之相关的众多意见而出现。如此一来，政治世界的特性乃在于，那个使世界变成世界者，亦即那个为众多境域提供场所者，本身就在政治世界中显露出来。民主的政治世界的独特之处乃在于，它在这种独特意义上是可显现的；它作为共同世界显现出来。但是，这种显现是与众多相互争论之意见的多数性联结在一起的。民主世界的开放空间并不是单纯静态地在那里；相反，正如汉娜·阿伦特率先看到的那样，它必须特别地通过众多分歧的政治

---

① 参看拙文：《胡塞尔与希腊人》。——原注

见解间的张力而保持开放。因此，争论对于民主来说是不可或缺的。而且，民主的精神与基本上从科学上读解出来的关于一个理想的、无争论的交往共同体的概念是彻底矛盾的。

争论是以言论自由为前提的。对言论自由的保障就在于，不能阻止任何公民从自己的境域出发形成并且公开发表意见。基于这层关系，在一个政治世界中必须做出的决定就在本质上带有一种蛊惑：人们倾向于去贯彻那些从自己的判断境域出发而显现为正确的行为可能性，而没有借着对判断能力的反思性运用为他人的境域开启自身。凡受此蛊惑所驱使的人，原则上即已准备朝向暴力。而凡为暴力所控制之处，对于扩展思想方式的准备也将随之停顿。[①]

任何一种暴力都是一场生死之战的潜伏的或公然的开始，因为暴力是一种强制，它是对他人的威胁。而威胁终究意味着：生命遭受到危险。由此可知，政治世界的伦理只可能奠基于一种态度、一种伦理习性（habitus），借着后者，将可阻止在参与争论者之间的暴力使用，并且将可望实现在他们的共同生活中的和平。然而，人们却不可将和平与一种毫无张力的状态混淆起来，后者不仅会阻止生死存亡的斗争，而且也会阻止一种意见争论。[②]因为公共的政治世界经由争论而保持开放，所以，这样一个世界中的公民共同体所依据的伦理态度的特性恰恰就在于对下面这一点的尊重，即他人基于他们自己的境域而达到不同于我自己的判断。

但这样一来，就有以下问题凸显出来：到底是什么促使人们在努力贯彻自己的意见以及由此得出的行动决定时对他人放弃使用暴力？在政治世界中，如果我在贯彻自己的意见时诉诸暴力，那么我

---

① 关于这一点，可参看拙文：《本真生存与政治世界》。——原注
② 参看拙文：《意见的歧义性与现代法制国家的实现》。——原注

也将阻止其他人作为公民带着他们受境域限制的意见出现在公共争论中，也即出现在政治世界的显现空间中。谁诉诸暴力，谁就夺取了他人对于这种显现的活动空间，并且只为自己要求这个活动空间。有鉴于此，承载着政治世界的伦理态度就必须具有如下特性，即它促使我们克制自己在世界中的显现，并且由此为他人留下空间，使他们能够以自己的言论自由而表现出来。

事实上，形成了民主制度的希腊人早已认识到了上面讲的这种态度。他们以"羞怯"（aidos）一词表示这种态度。羞怯的基本特征是抑制自己在世界中的显现，通过这种抑制，其他人的显现才有了空间。属于这种抑制的是那些行为方式，它们会小心对待其他人，照顾到其他人。在德文中，"畏怯"（Scheu）一词也许是最符合上述意义的概念。从柏拉图早期对话录《普罗塔哥拉篇》中的那个神话可以得知①，希腊人早已意识到，政治世界中的共同生活基本上是通过畏怯的伦理而成为可能的。根据康德的著名断言，国家也可以作为一个"魔鬼的国家"而存在。但是那却不适用于民主；作为公共争论的世界，民主必须以一种在市民中居支配地位的畏怯伦理为基础。因为民主制度中的争论释放是以畏怯为依据的，所以在我们的这一个世纪中，极权政体摆脱了所有畏怯，并且消灭了那些被他们视为害虫而被他们宣布为不受欢迎的人，就不是偶然的了。

在历史上，畏怯伦理是原初的民主伦理。随之而来的是现代对于个人尊严的尊重。这种尊重和人权应该在政治上受到保障。诚如上述，启蒙时代的宣言是现代主体性原则的政治表达。但这并不意味着，对于人性尊严的尊重只能以主体主义方式加以论证。这种尊

---

① 参看柏拉图:《普罗塔哥拉篇》，322c以下。——原注

重的真正历史性起源是畏怯的伦理态度，而这种伦理态度是随着希腊民主制度的奠基而被发现的。也就是说，在现代主体性原则兴起之前，它早已经是可能的了。尽管如此，人们仍可以对畏怯的民主伦理提出异议，指责它只涉及一种关于人类共同生活的典型的欧洲—西方式的观点，因此这种观点似乎不具有全世界范围内的有效性。据此，我将转而来讨论以下仍然悬而未决的问题：民主的自由伦理是否可以与其他文化的伦理相协调？抑或，民主在全世界的传播是否剥夺了非欧洲文化的人们的行为的家园？

对此问题的回答，可以从我们最后获得的如下洞见出发：通过政治世界的公共性格，世界的开放性本身才首次作为一个为众多境域提供场所的空间的开放性而出现。作为如此被理解的开放维度，世界透过民主的争论才可以说第二次敞开自身。只要这种争论没有发生，世界的开放性格就保持着隐蔽；而且只是借着希腊民主制度的形成，它本身才进入敞开域之中，因为它作为公共性显现出来。随着民主的兴起，世界自己的"开展"（Aufgehen）才作为一个开放维度而发生，这就如同人们提及一棵植物发芽时说，它"长出来"（aufgeht）了。

然而，这样一种开展或自身开启却只能被理解为与一种封闭状态或者一种自身闭锁相反的运动。在政治世界中，世界的开放存在能够以一种新型的方式——作为公共性——发生，这一点是以这同一世界的一种先行的封闭状态或隐蔽状态为前提的。如果民主的公共的政治世界基于一个封闭和隐蔽的世界，那么，这也必定适合于它的畏怯伦理。可见根本性的问题是：人们是否以及在何种意义上能够谈论这样一个带有它本身的畏怯伦理的隐蔽世界？事实上，在希腊人那里是有一个封闭的世界的，它构成了作为政治世界的新世界之开启过程的背景，而且可以说构成了这个世界之形成的跳板。这个世界就是那个家，即居所（oikos），古代大家庭共同生活的住所。

这个家是生命保存得以发生的共同体，而且具有双重形态：它既是需要的满足，即满足个体继续生活必须得到满足的日常需求，又通过养育小孩而保障了人类这个种类的继续存活。希腊人的社会生活本质上是以开放性与封闭性之间的基本差异为特征的，因为有两种生活空间：一边是城邦，城市的公民社会；另一边是居所，家庭共同体。借着其公共性格，城邦区别于具有隐蔽性的居所。如此一来就可以说，政治世界的自身开启的意义在于：它是对立于家的隐蔽状态而实现的。

以哈贝马斯的话来表达，人在居所生活空间中的行为乃具有工具性行为的特性；这种行为有助于提供生命保存所需的手段。为了达到生命保存的目的，我们被指引向相应的手段，而且这些手段又指引着它们所服务的目的。在此意义上，"家"就构成一种指引联系，也即一个"境域"。"境域"意味着世界。若人们从字面上采用"生活世界"（Lebenswelt）概念，即生活是以自我保存为特征的存在方式，那么，这个居所的世界就是希腊人的"生活世界"。人的工具性行为原初地是这样被引发的，即他觉察到某些需求向他显示为生命体自我保存的必要性。经由胡塞尔，"生活世界"这个现象学概念已变成了一个世界通行的、超出哲学之外广为传播的术语。但是，到底该如何去理解它，迄今仍是不清楚的。我建议，通过把这个概念用作表示古代人的居所这个生命保存世界的名称，首先历史地以直观来充实这个概念。

如若居所的隐蔽世界构成民主争论的公共世界的基础，因此也构成畏怯伦理的基础，那就出现了一个问题：我们是否在欧洲文化之外也能看到这样一个世界？然而在这个问题被提出的同时，它就已经得到了回答：家族的共同生活以及个人和人类在家庭居所里的生命保存似乎是少数社会的现象之一；对于这些现象，我们可以有相当把握断定，它们曾在整个人类中蔓延，而且现在仍然分布于地球上的大部分地方。

　　至少对中东和东亚的发达文化来说，人们不能怀疑，传统上作为生命保存位置的家庭共同生活构成了人类生活的基础。比如在日本，家迄今仍类似于在希腊人那里的情况，是一个具有隐蔽性的地方，一个与世界上其他的"户外"（Drausen）完全不同的"户内"（Drinnen）。至少在定居民族那里，居所式的共同生活也许构成了所有伟大文化的主要基础。这个事实在今天很容易被人完全忽略掉，其原因只在于，在发达工业国家里，传统居所的角色已经普遍为19世纪以来所谓"社会"所取代了。但是，本文开头提及的伊斯兰和东亚地区那些西方主体主义的批评者看到了主体主义主要对作为他们的文化基础的家庭组织的危害。这样一来，家庭世界也就特别地被保存在记忆中了。

　　此外，为了生命保存的共同工具性行为的生活世界并不需要具有古代大家庭的社会形态。有迹象表明，在现代西方世界变化极大的生活条件下，生活世界仍维持着一种家的特性。比如，我们事实上以包含了"oikos"［家］这个希腊词的"经济学"（Ökonomie）和"生态学"（Ökologie）这两个概念，来表示我们对于现代社会生命保存的社会条件和自然条件的研究。

　　假设在一个居所式的生活空间里，生命保存包含着一种关于共同生活的普遍的、人性的经验，那么，这就为我们提供了一种可能性，使我们得以把民主伦理理解为一种习惯，而这种习惯也可以历史地与非西方文化的伦理相协调。但为此我们就必须表明，畏怯伦理不只是在民主的公开性中出现，而是早就在居所中开始了。

在古代希腊的大家庭里，但同样也在其他文化里，家居生活的特征是三代同堂的共同生活。这不只是一个对偶然历史状况的断定。因为居所是生命保存的共同体，所以，它的成员就必定表现为生命保存的某个特定阶段的代表。但这里有三个此类阶段：第三代的充满活力正在绽放的生命——后代；第一代的日落西山面对死亡的生命——祖父母一代；以及中间一代的被固定的、为工作填满的生命——成年人一代。因为居所中的共同生活有益于生命保存，所以其成员每天都不可避免地取得了有关不同世代生命的处身状态之间的矛盾的基本经验。

可见，家所促成的关于生命的基本印象，乃是人们在此意义上所称的"世代生成的"（generativ）经验。这种经验的内容是存在于世代生成的上升生命与下降生命之间的张力，是人类生存介于出生不久的旺盛与逐渐接近死亡的萎靡之间的冲突。关于在居所中出现的这样一种冲突的经验随时都带有以下诱惑：用暴力把生命维持方面的世代竞争者排挤出生活，或者不容许他们进入这种生活。在那些世代生成地对立起来的生命基本方式的处身状况之间的张力，或许能够被不同世代的家庭成员经验为一种不留情面的斗争、一种在自我保存方面老年人和年轻人互相对抗的斗争。但是，以这样一种生死斗争，以这种世代生成的处身状况之间的冲突（作为暴力）的公然出现，居所或许已经消灭了自身。因此，家庭共同体才以羞怯的态度来防止这种斗争。

在这种联系中，"羞怯"概念不仅可以用"畏怯"来说明，而且也可以用"羞耻"（Scham）来说明。这意思是说，每个家庭成员都让居所中的其他同居者受到照顾。这种照顾的要义在于：旺盛的生命力与枯萎的生命力，亦即强盛性欲对生命的提升与疾病、衰老和死亡对生命的削弱，这样一种区别并没有得到张扬。人们畏怯于让世代生命的这些显现方式表现出来，并且羞耻地把这些显现方式掩饰起来。只有当年轻一辈试图将老年一代从生活中排挤出去，以及老年一代被迫去对抗而保卫自己时，各个世代的处身状况之间的冲突才会清楚地出现。但是，这种冲突却保持在隐蔽之中。而且，由于上升的和下降的生命过程是居所之外的生活者所看不到的，所以家庭共同生活的隐蔽性就为上述冲突的隐蔽性提供了基础。通过对这种隐蔽性的保护，家庭成员让彼此生活——在"让"（lassen）的一种得到强调的意义上。每一代人都有他自己的世代生成性的世界，而借着羞怯，家庭成员就互助互为地为这些世界的共存提供了空间。

公共政治世界这个开放维度的开展是作为对家的隐蔽性和自我闭锁的反运动而得到完成的。但是，甚至居所也已经是一个世界、一个开放维度。居所世界与政治世界的不同之处在于：在前者，世界的开放性仍未具有公共性特征；相反，这种开放性还保持着隐蔽。这一点是如何可能的呢？我们在本文中强调了两点。一方面，在居所生活空间中的不同世代以基本方式经验着世界的开放性，因为居所生活空间为不同世代的特殊世界、它们的具有各自处身状况的世代生成性的境域提供了场所。但是，为不同境域中的生命让出空间者无非就是为在境域中发生的任何行为提供场所的作为开放维度的世界。另一方面，恰恰作为特殊的世代生成性世界的共存位置，居所是一个隐蔽的生活空间，因为羞怯，即隐含着羞愧的畏怯，使具有各自处身状况的各个世代成员之间的互相保护成为可能。所以，居所生活世界事实上是这样一个地方，在那里，人们日常信赖于作为开放空间之给予者的世界；而且这恰恰是因为，这个开放维度由于羞怯而保持着隐蔽。

这样，政治世界之伦理与原初的居所生活世界的反向联系就得到了具体说明：使家具有世界特征的羞怯始终保持为这样一个东西，它也为政治世界的世界特征提供了保证，因为政治世界的世界特征是以畏怯为基础的，这种畏怯为每个公民提供了言论自由的空间。在民主的政治世界兴起时，作为伦理习性的羞怯并不是凭空而降的；相反地，凭着这种羞怯，家庭生活世界的基本习惯一起得到了承接。那种来自居所的对其他世代的生命权利的信赖感，那种羞耻的保护态度，现在就成为对所有他人的权利的尊重，即尊重他人依照自己的境域去判断和行动的权利。

无论在家庭世界中还是在政治世界中，起支配作用的都是一种不可扬弃的冲突，即当下世界为之提供空间的那些不同世界之间的冲突、世代生成性的世界之间的冲突以及在政治讨论之判断的当下个别境域之间的冲突。在这两种情况下，羞怯伦理都阻止了那种暴力，那种会把这种冲突变成一种对于共同世界具有摧毁性的生死斗争的暴力。也就是说，存在着一种关于人性尊严的非主体主义意识，而具有居所基本经验的一切文化的成员都是能理解这种意识的。

这并不意味着，具有这种基本经验的一切文化都已经拥有一种民主伦理；民主是在希腊人那里才形成的。但也许由此已经表明，这种民主伦理历史地能够与所有此类文化的伦理联系起来。而且，与这些文化中的那些对西方世界持批评态度的人的看法相反，民主伦理未必会使在这些文化中生活的人失去家园。诚然，人们最后可能会问：是否这种羞怯伦理其实已经属于过去，因为它源起于一种在今天似乎已经奄奄一息的文化传统？——基于在西方发达工业国家中婚姻和家庭的崩溃，一个咄咄逼人的危险是，曾经由居所世界（Oikos-Welt）提供出来的世代生成性经验的可能性消失了。

　　对于这种危险的哲学描述和评判或可另撰一文。[①]不过，与此无关地，我们可以举出一个证据，表明即使在未来多文化共同成长的人类中，羞怯伦理也还有一个机会：在充满惊恐的20世纪末，伴随着恐惧的对迫害人类、践踏人性的极权主义和原教旨主义政体的反抗已波及全世界。而在此动荡中，无可否认地仍会一再出现这样一种可能性：对他人的人性尊严的羞怯将变成牢固的习惯。

（罗丽君　译）

---

① 关于这一点，可参看拙文：《世代生成的时间经验》，载德·莫里罗编：《埃迪特·斯泰因年鉴》第2卷，维尔茨堡，1996年。——原注

文献来源

1. Teil: Phänomenologie im Ausgang von Husserl

Kap. 1: "Husserl und die Griechen", in E. W. Orth hrsg., *Phänomenologische Forschungen*, Bd. 22, Freiburg/München, 1989.

Kap. 2: "Der Streit um die Wahrheit. Zur Vorgeschichte der Phänomenologie", in englischer Übersetzung unter dem Titel "The Controversy Concerning Truth: Towards a Prehistory of Phenomenology", *Husserl Studies* Vol. 17, No. 1, 2000 (in deutscher Sprache unveröffentlicht).

Kap. 3: "Horizont und Gewohnheit. Husserls Wissenschaft von der Lebenswelt", in H. Vetter hrsg., *Krise der Wissenschaften — Wissenschaft der Krisis? Wiener Tagungen zur Phänomenologie*, Frankfurt a. M./Berlin/Bern, 1998.

Kap. 4: "Intentionalität und Erfüllung", erstveröffentlicht unter dem Titel "Intentionalität und Existenzerfüllung", in C. F. Gethmann und P. L. Oesterreich hrsg., *Person und Sinnerfahrung. Philosophische Grundlagen und interdisziplinäre Perspektiven*, Darmstadt, 1993.

2. Teil: Heideggers Phänomenologie der Welt

Kap. 1: "Die Endlichkeit der Welt. Phänomenologie im Übergang von Husserl zu Heidegger", in B. Niemeyer hrsg., *Philosophie der Endlichkeit*, Würzburg, 1992.

Kap. 2: "Heideggers Weg zu den 'Sachen selbst'", überarbeitete Fassung eines

Aufsatzes, der in deutscher Sprache zuerst erschienen ist in *Vom Rätsel des Begriffs.*

Festschrift für Friedrich-Wilhelm v. Herrmann zum 65. Geburtstag, Freiburg, 1999.

Kap. 3: "Heidegger und das Prinzip der Phänomenologie", in A. Gethmann-Siefert

und O. Pöggeler hrsg., *Heidegger und die praktische Philosophie,* Frankfurt a. M.,

1988.

Kap. 4: "Grundstimmung und Zeitkritik bei Heidegger", in O. Pöggeler und D.

Papenfuss hrsg., *Zur philosophischen Aktualität Heideggers,* Bd. I, Frankfurt a. M.,

1991.

3. Teil: Politische Phänomenologie und interkultuelle Phänomenologie

Kap. 1: "Lebenswelt und Natur. Grundlagen einer Phänomenologie der Interkulturalität",

in K. K. Cho und Y. H. Lee hrsg., *Phänomenologische Forschungen,* Sonderband

"Phänomenologie der Natur", Freiburg/München, 1999.

Kap. 2: "Eigentliche Existenz und politische Welt", in K. Held und J. Hennigfeld

hrsg., *Kategorien der Existenz. Festschrift für Wolfgang Janke,* Würzburg, 1993.

Kap. 3: "Generative Zeiterfahrung", überarbeitete Fassung der deutschen

Erstveröffentlichung, in J. Sánchez de Murillo hrsg., *Edith-Stein-Jahrbuch,* Bd. 2,

"Das Weibliche", Würzburg, 1996.

Kap. 4: "Die vielen Kulturen und das Ethos der Demokratie", überarbeitete Fassung

eines Aufsatzes, der in spanischer Übersetzung ("Las múltiples culturas y el ethos

de la democracia desde una perspectiva fenomenológica") erschienen ist, in *Areté,*

revista de filosofía Vol. X, No. 2, 1998, Pontificia Universidad Católica del Perú.

编后记

本书作者克劳斯·黑尔德（Klaus Held，1936— ）教授是德国现象学学会前主席，执教于德国乌泊塔尔大学。黑尔德是奥地利籍哲学家路德维希·兰德格雷贝（Ludwig Landgrebe）的弟子，而后者曾是海德格尔的学生，又做过胡塞尔的助手。这种师承并非无关紧要。主要受兰德格雷贝的影响，黑尔德也试图接通胡塞尔与海德格尔的现象学，在这方面用力甚多。他的第一本书以胡塞尔为课题，书名叫《活生生的当前——以时间难题为引线对胡塞尔先验自我存在方式问题的阐发》（海牙，1966年），被列为《现象学文库》第23卷；后有一本以海德格尔思想为主要背景的大书，名为《赫拉克利特、巴门尼德与哲学和科学的开端——一种现象学的沉思》（柏林，1980年），是书为作者奠定了学术地位。近些年来，黑尔德致力于开展一门关于"政治世界"的现象学哲学，其努力已经形成了《处于多文化交叉口上的欧洲》（特里尔，2001年）、《世界现象学》（弗莱堡，2001年）以及即将出版的《生活世界与政治》等作品。

编者尚未读到黑尔德教授的两本出炉新书。眼下这本中文版的《世界现象学——黑尔德文集》收录了作者的十二篇代表性论文。编者按课题对它们做了相对的分划，组合为三编，第一编立题为"作为起点的胡塞尔现象学"，第二编立题为"海德格尔与世界现象学"，第三编立题为"政治现象学和交互文化现象学"。前两编呈现作者对胡塞尔和海德格尔哲学的阐释以及对二者之间哲学联系的梳理工作，也传达了他在此基础上建立起来的"反主体主义的世界现象学"的立场；第三编则代表了作者在政治现象学方向上的思想尝试。这个安排是经过编者与黑尔德教授的多次讨论之后形成的。

作为"思想的可能性"（海德格尔语），现象学自诞生之日起就在不断衍化中，一直在"应用"和"实践"中。它一开始就把自己的目光落实于"意识"和"知识"领域；之后得以进一步扩展题域，特别在人类学和存在学（本体论）两个主要路向上卓有建树。在20世纪下半叶，现象学取得了世界化的广泛效应，已经成为一门在全球范围内可讨论的学问。就当代德国的学院哲学来说，现象学无疑仍然属于主流之一（另一个重要方向自然是西方马克思主义）。虽然似乎风骚不再，没有什么重大的突破和原创，更少见标新立异的轰动事件，但当代德国学者对现象学哲学的稳步推进仍然是卓有成就的，见证了作为思想方式的现象学的恒久定力。本书作者黑尔德教授的工作具有一定的代表性，可以让我们了解当代现象学的新动向。而这也是我们编译本书的目的所在。

参加本书翻译工作的同人来自海峡两岸和香港地区。这些同人都与黑尔德教授有点关联，或曾作为访问学者听过教授的课，或正在教授手下攻读博士学位，可以说都与教授有师生之谊。所以，编者这次邀大家共举译事，本身是带有某种纪念意义的。正值黑尔德教授六十五周岁荣休之时（2001年），我们愿以本书中文版来纪念黑尔德教授长期以来对中国现象学研究的关心和支持。

就译事本身来说，因为是多人合作，而且是多地的合作，固然有有趣的一面，但也有令人痛苦的地方。译文的统一工作就十分困难。中国香港、中国台湾的同事的译文风格与大陆的习惯有着比较大的差别。哲学专业术语就不待说了,三地都有自己的"传统",在文体表达上也有不小的差异。这是没有办法的事。承蒙各位译者的同情和理解,编者对全书译文做了必要的校改和修饰,特别是对基本术语、书名、注释格式等做了统一加工。因此,如若眼下的译文中尚有错讹或失当之处,编者应负担主要的责任。

值得一提的是,对于一些现象学哲学的重要术语,吴俊业先生在译文中提出了不少颇具创意、令人深受启发的译名。但同样为了照顾全局,特别是为了适应大陆学术翻译的习惯,编者有时候也只好割爱,放弃他的一些译名建议。

黑尔德教授为本书的编辑和翻译提供了全力支持,并且同意把本书的中文版权无偿转让给编译者。友人倪梁康教授承担了最多的翻译任务,并且在组织和编辑方面出了大力。记得靳希平教授的第一篇译稿是在大年三十那天(2001年1月23日)发来的,我理解他并非存心要让我感动一下,而是确实太忙了。罗丽君女士、吴俊业先生、梁宝珊女士都是十分用心、认真地参与译事的。三联书店舒炜先生为本书的出版投入了许多精力。在此一并致谢。

孙周兴

2001年2月28日记于乌泊塔尔伏林根街52号

2001年8月31日再记于杭州求是村寓所

修订版后记

本书是德国当代哲学家克劳斯·黑尔德教授的一本专题文选。作为当代政治现象学的代表人物之一，黑尔德教授一直致力于政治哲学和生活世界现象学的研究，颇多创建，并且积极从事国际现象学的交流和推动工作，指导和培养了一大批来自世界各地的学生和访问学者，使他当年担任教职的乌泊塔尔大学哲学系成为国际现象学研究的重镇。可惜在黑尔德教授荣休（2001年）以后，乌泊塔尔大学的现象学研究传统虽然并未完全中断，但明显开始走下坡路，已经不再有当年的荣光了。

不过，黑尔德教授本人在荣休以后仍然笔耕不辍，出版了好几本研究著作，差不多可以说达到了一个令人赞叹的写作旺盛期。他最新出版的主要著作有《政治世界的现象学》（2010年）、《自然生活世界的现象学》（2012年）、《欧洲与世界——关于世界公民现象学的研究》（2013年）、《合时宜的沉思》（2017年）、《圣经信仰——关于其起源和将来的现象学》（2018年）等。要知道，他如今已经是八十几岁的高龄了。

1999—2001年间，大概有一年半的时间，我作为洪堡基金学者在黑尔德教授那里访学，不但参加了他的好几门课程，而且就住在他家对面，平常经常可以见面，跟他多有交流。记得有好几个早上，他跟我打招呼：你昨晚又很迟吧？当年在学校里，印象最深的是他主持的高级讨论班，参加者甚众，都是在傍晚举行的。黑尔德教授在课堂上经常激情洋溢，也喜欢跟学生们论辩，但不喜欢有人跟他抬杠。抬杠最多的是他的学生彼得·特拉夫尼博士（Dr. Peter Trawny），他当时是私人讲师，直到现在也还没有谋得正规的教职，不过总算在乌泊塔尔大学成立了一个海德格尔研究所，也算是黑尔德教授的乌泊塔尔现象学事业的继续。

2001年6月我回国以后，黑尔德教授两次访问中国：第一次是在广州，是梁康学兄安排的；第二次则是梁康、希平和我一起邀请的，请他在三地做了若干个演讲。这期间，我也两次回访过乌泊塔尔：第一次，黑尔德教授还住在原先的别墅里，是特拉夫尼博士陪我同去的；第二次去时，老先生亲自开车到火车站接我，这时他已经搬了家，住到一处森林公寓里了，说是为了老两口免爬楼梯和少做家务——我记性不好，都不知道这是什么时候的事了。

本书的编辑和翻译工作是我在2001年回国前完成的，初版于2003年，收入三联书店的"学术前沿"系列。国内哲学界近些年来一直处于政治哲学热中，自然也有不少学者希望从现象学角度进入政治和生活世界论域，开展政治现象学的研究和讨论，故本书出版以后也获得了国内学界的一些关注。但如果要系统地了解黑尔德教授的有关思想，我以为尚需研读他的其他一些著作。倪梁康学兄已经组织翻译了黑尔德教授的早期代表作《活生生的当前》。而就政治现象学而言，我们恐怕更应该翻译他荣休以后完成的几本著作。我期待汉语学界有更多这方面的工作。

看到本书"编后记"末尾落款：2001年2月28日记于乌泊塔尔伏林根街52号。一晃竟然17年过去了。17年太久，其间发生了太多太多的事，世界、政治、技术、生活都发生了巨变。书的意义呢？它还能一如既往地指引我们吗?

感谢黑尔德教授再次授权本书中文版。但这次我把本书收入我主编的《未来哲学丛书》,改由商务印书馆出版了。

孙周兴

2018年12月30日记于沪上同济

2019年9月14日补记

未来哲学丛书出版书目

《未来哲学序曲——尼采与后形而上学》（修订本）　　　孙周兴 著

《时间、存在与精神：在海德格尔与黑格尔之间敞开未来》　　柯小刚 著

《人类世的哲学》　　　孙周兴 著

《尼采与启蒙——在中国与在德国》　　孙周兴、赵千帆 主编

《技术替补与广义器官——斯蒂格勒哲学研究》　　陈明宽 著

《陷入奇点——人类世政治哲学研究》　　吴冠军 著

《为什么世界不存在》　　〔德〕马库斯·加布里尔 著

王熙、张振华 译

《海德格尔导论》（修订版）　　〔德〕彼得·特拉夫尼 著

张振华、杨小刚 译

《存在与超越——海德格尔与汉语哲学》　　孙周兴 著

《语言存在论——海德格尔后期思想研究》　　孙周兴 著

《海德格尔的最后之神——基于现象学的未来神学思想》　　张静宜 著

《溯源与释义——海德格尔、胡塞尔、尼采》　　梁家荣 著

《世界现象学》（修订版）　　〔德〕克劳斯·黑尔德 著

孙周兴 编　倪梁康 等译

《未来哲学》（第一辑）　　孙周兴 主编

《未来哲学》（第二辑）　　孙周兴 主编

图书在版编目（CIP）数据

世界现象学 /（德）克劳斯·黑尔德著 ; 孙周兴编 ; 倪梁康等译. — 修订版. — 北京 : 商务印书馆, 2023
（未来哲学丛书）
ISBN 978 - 7 - 100 - 22592 - 2

Ⅰ. ①世… Ⅱ. ①克… ②孙… ③倪… Ⅲ. ①现象学
Ⅳ. ①B81-06

中国版本图书馆 CIP 数据核字（2023）第112779号

世 界 现 象 学
（修订版）

〔德〕克劳斯·黑尔德 著

孙周兴 编

倪梁康 等译

商 务 印 书 馆 出 版
（北京王府井大街36号 邮政编码 100710）
商 务 印 书 馆 发 行
山 东 临 沂 新 华 印 刷 物 流
集 团 有 限 责 任 公 司 印 刷
ISBN 978 - 7 - 100 - 22592 - 2

2023年9月第1版　　　开本 640×960　1/16
2023年9月第1次印刷　　印张 18½
定价：95.00元